高等学校教材

生活中的

毒物

主　编　姜岳明　洪　峰　曹　毅
副主编　徐培渝　魏雪涛　肖　芳
主　审　郑金平　余沛霖　王取南

人民卫生出版社
·北京·

图书在版编目（CIP）数据

生活中的毒物 / 姜岳明，洪峰，曹毅主编 . —北京：
人民卫生出版社，2020.8
ISBN 978–7–117–30384–2

Ⅰ. ①生… Ⅱ. ①姜…②洪…③曹… Ⅲ. ①有毒物
质 – 高等学校 – 教材 Ⅳ . ①X327

中国版本图书馆 CIP 数据核字（2020）第 158355 号

人卫智网	www.ipmph.com	医学教育、学术、考试、健康，购书智慧智能综合服务平台
人卫官网	www.pmph.com	人卫官方资讯发布平台

生活中的毒物
Shenghuozhong de Duwu

主　　编：姜岳明　洪　峰　曹　毅
出版发行：人民卫生出版社（中继线 010-59780011）
地　　址：北京市朝阳区潘家园南里 19 号
邮　　编：100021
E － mail：pmph @ pmph.com
购书热线：010-59787592　010-59787584　010-65264830
印　　刷：河北新华第一印刷有限责任公司
经　　销：新华书店
开　　本：787×1092　1/16　**印张：**15
字　　数：365 千字
版　　次：2020 年 8 月第 1 版
印　　次：2020 年 9 月第 1 次印刷
标准书号：ISBN 978-7-117-30384-2
定　　价：49.00 元

打击盗版举报电话：010-59787491　**E-mail：WQ @ pmph.com**
质量问题联系电话：010-59787234　**E-mail：zhiliang @ pmph.com**

编 者

（以姓氏笔画为序）

于德娥（海南医学院）

王兰芳（同济大学）

王取南（安徽医科大学）

王迪雅（中国人民解放军空军军医大学）

王金勇（大理大学）

区仕燕（广西医科大学）

戈　娜（包头医学院）

仇玉兰（山西医科大学）

石兴民（西安交通大学）

卢日峰（吉林大学）

卢国栋（广西医科大学）

冯　昶（南昌大学）

匡兴亚（同济大学）

朴金梅（青岛大学）

任　锐（哈尔滨医科大学）

刘　智（长春中医药大学）

苏键镁（湖北大学）

李　宁（河南农业大学）

李　静（徐州医科大学）

李少军（广西医科大学）

李仕来（广西医科大学）

李建祥（苏州大学）

李春阳（郑州大学）

李艳博（首都医科大学）

杨　萍（广州医科大学）

肖　芳（中南大学）

余沛霖（浙江大学）

迟宝峰（内蒙古医科大学）

张　君（安徽医科大学）

张　怡（遵义医科大学）

张　晶（北华大学）

张　婷（东南大学）

张　婷（浙江中医药大学）

张　楠（内蒙古医科大学）

张玉媛（蚌埠医学院）

张志刚（陕西中医药大学）

张春莲（西南医科大学）

张剑锋（广西医科大学）

张晓芳（中国人民解放军海军军医大学）

张翠丽（山东大学）

陈　艳（嘉兴学院）

陈锦瑶（四川大学）

欧超燕（桂林医学院）

周　雪（华中科技大学）

周　辉（北京大学）

庞雅琴（右江民族医学院）

郑金平（长治医学院）

孟姗姗（空军军医大学）

孟晓静（南方医科大学）

胡恭华（赣南医学院）

姜岳明（广西医科大学）

洪　峰（贵州医科大学）

贺小琼（昆明医科大学）

贺云发（广西科技大学）

敖　琳（中国人民解放军陆军军医大学）

聂继华（苏州大学）

顾爱华（南京医科大学）

徐　进（南京医科大学）

徐　毅（合肥工业大学）

徐培渝（四川大学）

高　怡（山西医科大学）

郭寅生（深圳市疾病预防控制中心）

前　言

　　苏州大学、四川大学、浙江大学、中南大学、上海交通大学、合肥工业大学、吉林大学、青岛大学、中国医科大学、安徽医科大学、贵州医科大学、浙江中医药大学、新乡医学院、海南医学院、广西医科大学等学校在本科生中已开展《生活中的毒理学》有关的课程教学。在教学的过程中，我有幸阅读了《生活中的毒理学》《毒物魅影：了解日常生活中的有毒物质》。但是，国内尚无出版发行的高等学校教材。为此，我们组织 75 位教授、专家撰写《生活中的毒物》。全书分为 17 章，以典型案例为主线，通过案例分析和新知识拓展，培养学生的学习兴趣，加强毒理学科普教育，希望提高读者认识、分析和解决生活中毒物的能力。

　　本教材编写得到人民卫生出版社和编者单位的大力支持，有 55 所高校教授、专家在繁忙的工作之余挤出时间完成书稿，广西壮族自治区工人医院（又称广西壮族自治区职业病防治研究院）和深圳市疾病预防控制中心同行也积极参与编写。北京大学郭新彪教授、安徽医科大学王华教授审阅了第一章，首都医科大学陈月月教授审阅了第十章，给我们提出了宝贵的修改意见。由于我们的水平和时间有限，本教材可能仍有不完善或不当之处，敬请广大读者不吝赐教和指正。

姜岳明

2020 年 6 月

目 录

第一章　绪论

　　案例 1-1　阳桃中毒。阳桃是一种热带、亚热带水果,酸甜可口,带点清爽,但并不是所有人都适合食用,对于肾病患者来说,阳桃可能会产生致命的伤害。1990 年,据某儿科杂志报道,阳桃引起儿童血尿 14 例。此后,国内外不乏阳桃中毒的病例报道,尤其是慢性肾病透析患者食用阳桃后出现呃逆、恶心、呕吐、肢体麻木,甚至意识障碍、癫痫、昏迷等症状。2011年,某大学第一附属医院肾内科报道,2 名儿童大量进食阳桃后出现头晕、腹痛、呕吐、尿少,血肌酐突然增高等症状,出现急性肾衰竭。据研究,阳桃富含草酸,大量摄入,草酸盐结晶会造成肾小管堵塞或坏死,引起急性草酸性肾病;尤其是在机体缺水状态下,大量饮用阳桃汁,可能导致急性肾功能衰竭。阳桃可引起变态反应,损伤肾小球毛细血管基底膜,损害上皮细胞足突。阳桃含有神经毒素 caramboxin,肾功能正常者少量食用阳桃,该毒素会经肾随尿排出,但肾病患者的清除率降低,导致血液中毒素累积,血液到达大脑,产生兴奋、惊厥和神经抑制效应。

第一节　概　　述

　　自然界中的毒物五花八门,种类繁多。如希腊苏格拉底(Socrates)死前服用的毒堇汁,我国古代狩猎涂抹在箭头上的乌头,投毒案中经常使用的砒霜、氰化钾,银环蛇的毒液,蚂蚁叮咬产生的蚁酸,夹竹桃的强心苷等。人们生活在化学物的海洋里,日常会遇到各种毒物,稍有不慎就会由于使用不当或过度暴露而出现生活性毒物中毒。

一、生活中毒物的定义

　　外源化学物(xenobiotics)指自然界存在或人工合成的有生物活性的物质。目前,全球约有 800 万种化学物,在市场上流通的化学物超过 1 077 种,年产量超过 4 亿吨,且每年还有上千种新化学物问世。这些化学物,多数情况下无害,或者对人类生命活动有益,但特殊条件下可能产生毒性。某些化学物仅对特定生物产生损害效应,而对其他种类无害,如某些抗菌药物可以杀死致病细菌,而对人体细胞无害。毒物(toxicant)指在一定条件下,较小剂量能够对生物体产生损害或使生物体出现异常反应的外源化学物。最初,毒物来源于动物、植物、微生物、矿物等。毒物的确定必须考虑暴露特征(如剂量、途径、频率和时间)及可能的影响因素。

　　生活中的毒物指在人类生活环境中,通过吸入、饮食、皮肤暴露等途径进入机体,经其固有毒性或体内活性代谢产物,引起生物学损害效应的有害外源化学物。毒物可以是固体、液体和气体,机体暴露或毒物进入机体后,能与机体发生物理、化学或生物化学反应,引起机体功能或器质性损害,以致引起病理学改变,这个过程称为中毒。

　　毒物毒性是指某种毒物引起机体损伤的能力,毒性大小常用毒物剂量与反应之间的关系来表示。毒性单位一般以化学物质引起实验动物某种毒性反应所需的剂量表示,气态毒物以空气中该物质的浓度表示。所需剂量(浓度)越小,表示毒性越大。最常用的毒性反应是动物死亡。常用的评价指标有:①绝对致死量或浓度(LD_{100}或LC_{100}),即染毒动物全部死亡的最小剂量或浓度;②半致死量或浓度(LD_{50}或LC_{50}),即染毒动物半数死亡的剂量或浓度;③最小致死量或浓度(MLD或MLC),即染毒动物中个别动物死亡的剂量或浓度;④最大耐受量或浓度(LD_0或LC_0),即染毒动物全部存活的最大剂量或浓度。实验动物染毒剂量采用mg/kg、mg/m^3表示。我国食品安全标准急性经口毒性试验(GB 15193.3—2014)急性毒性(LD_{50})剂量分级见表1-1。

表 1-1　急性毒性(LD_{50})剂量分级表

级别	大鼠经口 LD_{50}（mg/kg 体重）	相当于人的致死量	
		mg/kg 体重	g/ 人
极毒	<1	稍尝	0.05
剧毒	1~50	500~4 000	0.5
中等毒	>50~500	>4 000~30 000	5
低毒	>500~5 000	>30 000~250 000	50
实际无毒	>5 000	>250 000~500 000	500

二、生活中毒物的判定

　　1. 毒物毒性取决于暴露剂量　任何外源化学物达到足够剂量,都可成为毒物。中世纪瑞士科学家兼医生帕拉塞尔苏斯(Paracelsus)指出:"所有的物质都是毒物,没有什么物质无毒性,药物与毒物的区别在于剂量"。因此,人们知道剂量决定毒性。无论是空气、水,还是食物,如果使用不当或过量,都可能变成毒物。如食盐是人类不可缺少的,一次口服 15~60g,将损害健康;一次口服 200~250g,可因其吸水效应和电解质严重紊乱致死。人们赖以生存的氧和水,如果超过正常需要进入体内也可能引起损害,如纯氧输入过多或输液过量过快时,会发生氧中毒或水中毒。正常情况下,氟是人体必需微量元素,但过量氟化物进入机体,会使机体钙磷代谢紊乱,导致低钙血症、氟骨症和氟斑牙。

　　2. 毒物毒性取决于其进入机体的路径　人被毒蛇咬伤后,若不立即注射抗蛇毒血清,蛇毒进入循环系统,人会很快中毒或死亡。但是,若能马上从伤口处吸出蛇毒,则可以救活被毒蛇咬伤的人。蛇毒是含有多种酶类的毒性蛋白质或多肽,若进入人体消化道,消化道酶作用可使蛇毒失去部分活性,然后再经肠道吸收,不会全部直接进入血液循环,则相对安全些。

　　3. 毒物毒性取决于其理化性能及生物学特性　这是毒物发挥毒效应的关键。一种物质在体内(水、脂肪、淋巴液、血液)的溶解性是毒效应产生的一个重要因素。溶解性取决于化学键种类,而化学键本身又与物质分子结构密切相关。氯化钡可用作防治植物害虫的杀虫剂,有良好的水溶性,经饮用或注射进入人体会产生很强的毒性;而硫酸钡常用作 X 射线造影剂,几乎不溶于水,口服或灌入胃肠道后不被吸收,以原形经粪便排出,因此不会产生毒作用。

三、生活中毒物的分类

生活中毒物按其用途、性质分为:①金属和类金属,如铅、镉、砷、汞、锰、镍、铍、铝及其化合物等;②农用化学物,如农药、化肥等;③环境污染物,如环境内分泌干扰物、持久性有机污染物、空气颗粒物等;④食品中有毒成分,如天然毒素、食品变质后产生的毒素,食品添加剂及污染物;⑤生物毒素,如微生物、动物或植物产生的毒性物质;⑥家居有毒化学物,如香烟与尼古丁、酒精、咖啡因、化妆品及其他日用品中的有害成分;⑦纳米材料;⑧电磁辐射;⑨药物,如西药、中草药。

四、常见或罕见的急性生活性中毒

1. 农药中毒 2012—2016 年,济南市农药中毒 2 237 例,非生产性农药中毒病例数和病死率明显高于生产性农药中毒。引起中毒的农药以杀虫剂为主,其次是除草剂。病死率以百草枯最高,其次是敌敌畏。

2. 一氧化碳(CO)中毒 2013 年 11 月—2014 年 12 月,聊城市人民医院急诊科对 216 例 CO 中毒患者调查显示,中毒多见于冬春寒冷季节,主要是环境通风不良,其中燃烧煤炉性中毒者占 86.6%,室内火炕或农村地暖(燃烧柴禾或废旧垃圾)烟道阻塞性中毒者占 10.2%,燃烧木炭性中毒者占 2.8%,车内开动发动机取暖性中毒占 0.5%。

3. 铅中毒 2012 年 8 月 8 日,台州一家 4 口因饮用锡壶储存约一年的陈年米酒 500~1 000ml,12d 后出现急性铅中毒。由于锡壶为铅锡合金制造,在酸性环境中长期浸泡,锡壶的铅以铅离子形式溶解在米酒中,经消化道吸收,造成铅中毒。

4. 药物过量中毒 Orsini 等在美国纽约市布鲁克林北部社区中心医院进行单中心急性药物中毒前瞻性调查,纳入调查为 2015 年 9 月至 2016 年 2 月从急诊收入 ICU 的 65 名成年急性药物中毒患者,其中 55 名患者尿和 / 或血清药物筛查阳性。最常见的药物依次是阿片类(33%)、可卡因(24%)、美沙酮(22%)、苯二氮䓬类(18%)和大麻(16%)。其中 16 例患者分离出不止 1 种药物成分,23 例患者血清检出乙醇,提示经典消遣性药物是急性药物中毒最常见的成分。伊朗回顾性调查(2010 年 3 月—2017 年 3 月)显示,引起中毒最常见的是抗抑郁药物(36.6%)、阿片类药物(26.2%)和杀虫剂(13.9%)。苯二氮平䓬类药、三环类抗抑郁药、阿片类药物、杀虫剂中毒患者死亡率较高。克罗地亚萨格勒布大学医院急诊科对 2001 年、2010 年、2015 年急性中毒的前瞻性调查发现,抗抑郁药是自杀未遂的主要药物。法国西部毒物控制中心收集了 1999 年 9 月至 2016 年 9 月的二甲双胍中毒患者 382 例,其中二甲双胍致乳酸性酸中毒 63 例,有 2 型糖尿病病史和年龄 >60 岁的人会增加严重中毒风险。

5. 酒精中毒 酒精摄入过量可引起先兴奋后抑制的中毒表现,出现讲话含糊不清、站立不稳、暴躁易怒、昏睡、昏迷等情况。克罗地亚萨格勒布大学医院急诊科在 1 593 例急性中毒患者(2001 年 331 例,2010 年 618 例,2015 年 644 例)中发现,乙醇是主要毒物。

6. 阳桃中毒 据 1993—2016 年 33 篇文献显示,纳入有吃阳桃史伴明显急性症状的患者,发现打嗝(65%)最常见,混乱和癫痫与死亡率最相关(死亡率分别为 42% 和 61%)。慢性肾功能不全和终末期肾病透析患者死亡率分别为 36% 和 27%,提示有肾功能受损的患者阳桃中毒风险较高。患者进食阳桃 400~500g 后,会迅速出现中毒、急性肾功能衰竭。

7. 嘉兰中毒 斯里兰卡常见的草药中毒。嘉兰是一种含有秋水仙碱的开花植物,高剂量秋水仙碱可引起急性中毒,食用嘉兰可造成轻度急性肾损伤、横纹肌溶解。

8. 洗衣粉中毒 2002 年 9 月 26 日,常熟市某小学发生 71 名学生集体食物中毒事故。据流行病学调查、临床资料分析和实验室结果,发现是洗衣粉污染食物引起的中毒。据斯里兰卡南部报道,有人用含草酸和高锰酸钾的洗衣粉自杀,洗衣粉引起急性肾损伤。

9. 红火蚁蜇伤性中毒 红火蚁蜇伤可引起发热、头晕、全身荨麻疹、炎症、水疱和无菌脓疱、过敏或过敏性休克。

10. 草乌中毒 2015 年 11 月 15 日,温州医科大学附属第一医院急救中心接诊 9 例因同餐误服草乌药酒而中毒的患者。2019 年 11 月 13 日,昆明发生 8 人食用草乌中毒事件,其中 2 人死亡。在我国西南地区,尤其是云南部分人有冬天食用草乌、附子等进补的习惯。草乌、附子等所含的乌头类生物碱的毒性很大,食用不当,传统进补物很可能变成夺命毒药。

五、新的毒物检测技术

1. 分子印迹光子晶体技术检测食品痕量毒物 吡虫啉、莠去净、甲基膦酸等农药检测限分别为 10^{-13}g/ml、10^{-8}ng/ml、10^{-6}mol/L,兽药氯霉素、17β- 雌二醇检测限分别为 1ng/ml、1.5ng/ml,三聚氰胺和双酚 A 检测限分别为 10^{-5}mg/ml、10^{-10}mol/L。

2. 热脱附 - 电喷雾电离 - 质谱法快速鉴别毒物 可在 30s 内从精神药物中毒者尿中检出氯胺酮、3,4- 亚甲二氧基甲基苯丙胺和 3,4- 亚甲二氧基苯丙胺。中毒者胃灌洗物口服药物含量检出限为亚 ppm 级。

3. 筛选技术检测和鉴定毒物 用 Thermo TXQ Quantum XLS 气相色谱 - 三重四级杆质谱仪检测 57 种常见毒物和内标,农药、鼠药检测限为 0.1ng/μl,药品检测限为 27pg/μl,毒品检测限为 0.4ng/μl,该方法一次扫描可完成样品的定性、定量分析。

4. 尿液多药筛选(UmDS)方法 用气相色谱 - 质谱(GC-MS)和液相色谱 - 串联质谱(LC-MS-MS)检测尿靶向和未知毒物。盐析辅助液 - 液萃取(SALLE)和混合蛋白沉淀 / 固相萃取(PPT/SPE)板联合提取急诊患者尿液样品,用 GC-MS 和 LC-MS-MS 检测。用 GC-MS 做未知药物筛选,LC-MS-MS 做靶向药物筛选。在通过 GC-MS 分析后,利用自动质谱反卷积和识别系统建立内部库搜索文库。LC-MS-MS 使用 Cliquid 2.0 软件在 MRM 模式下采集、处理数据。使用 SALLE- 杂交 PPT/SPE 和内部文库,开发 GC-MS 和 LC-MS-MS 的 UmDS 方法,可在短时间内从 185 个含未知毒物的急诊患者样本中检出毒物。

5. 全自动固相萃取、GC-MS、LC-MS-MS 定性定量同时测定水样中 55 种农药 以 Oasis HLB 固相萃取柱富集水样,二氯甲烷洗脱,用 GC-MS 和 LC-MS-MS 定性定量分析,检出限为 0.002~0.263μg/L。

6. 快速检测毒物的发光细菌 在含多种农药混合物稀释液的测试中,发光细菌检测阳性的 4 个检材对青海弧菌 Q67 的发光强度抑制率依序为 100.00%、90.41%、84.26%、88.81%,提示青海弧菌 Q67 发光检测方法是一种快速、灵敏的毒物检测方法。

7. LC-MS 联用技术 用 LC-MS-MS 技术和 GC 法同时检测人全血、血浆、血清、尿阿片类药物(可待因、吗啡、氢可酮、氢吗啡酮、羟考酮和海洛因);用高效液相色谱(HPLC)- 串联质谱技术可有效检测人体血浆、尿、肝微粒体纳洛酮和羟考酮浓度。用 LC-MS 联用技术检测人血浆盐酸洛哌丁胺、多潘立酮、美利曲辛等药物含量,检测尿新烟碱类杀虫剂代谢产物(N-去甲基-啶虫脒、5-羟-吡虫啉、N-去甲基-噻虫胺)、血甲胺磷和乙酰甲胺磷浓度,检测食物蜡状芽孢杆菌产生的呕吐毒素、贝类食物的腹泻毒素。

第二节 毒物学的基本原理

案例 1-2 2018 年 11 月的某日,某县实验小学 10 名学生,因食用校外路边摊贩卖的火腿肠,出现呕吐、抽搐等表现,其中 3 人较严重,学校立即将学生送往医院。据当地的职业病防治研究院报告,在 10 份血、尿样品中均检出氟乙酸根,表明这是一起由氟乙酰胺类鼠药引起的食物中毒事件。

毒物学是一门研究化学物质对生物体毒性反应、严重程度、发生频率和毒作用机制的科学,也是对毒效应进行定性和定量评价的科学。毒物学最先从药理学分化、发展而来,已成为具有完整基础理论和成套实验手段的独立学科,并产生了很多新分支学科。毒物学基本原理包括剂量-效应/反应关系、危险度评价、个体易感性,它们之间紧密相关,构成了毒物学的研究基石。

一、剂量-效应/反应关系

剂量-效应/反应关系指化学(或物理、生物因素)作用于生物体时的剂量与个体出现特异性生物学效应的程度之间的关系。剂量-效应是从毒理学角度考虑多少量的化学物质会对生物体产生什么样的影响或毒效应。日常经验可以告诉人们如何减少暴露剂量来避免或降低不良反应,例如吃一个苹果有好处,吃五个苹果可能会引起胃痛。早晨喝一杯咖啡恰到好处,猛喝三杯可能会觉得不舒服,因为"毒药和良药的区别在于剂量是否合适"。要估测一种物质的作用,确定剂量是一个关键步骤。剂量指化学物质的暴露量,是对人暴露于化学物在数量上的一种衡量。剂量一般用化学物质的数量与体重的比值来表示。那么,一个体重约 70kg 的成年人和一个体重约 5kg 的儿童,喝下一杯大约有 100mg 咖啡因的咖啡,儿童的相对剂量比值相当于成年人的十几倍。在相同的有害物暴露水平之下,儿童的实际摄入量要比成人大得多。而且,儿童还有其他一些重要的生理因素,以致他们更易受到有害物质的影响或伤害。

剂量-反应关系指用于研究外源化学物的剂量与在群体中出现某种特定生物学效应个体百分数之间的关系。反应是计数资料,又称质效应,只能以有或无、正常或异常表示,如死亡或存活、患病或未患病等。剂量-反应关系曲线有对称或非对称 S 型、直线型等,它是外源化学物安全性评价的重要资料。应用剂量-反应关系的前提:①反应是由化学物暴露引起的;②反应的强度与剂量有关;③有定量检测毒性的方法和准确表示毒性大小的手段。剂量-反应关系的毒理学意义:①有助于发现化学物的毒效应性质;②获得的有关参数可用于比较不同化学物的毒性;③有助于确定观察对象的易感性分布;④是判断化学物与特定毒效应间因果关系的重要依据;⑤是安全性评价与风险评定的重要内容。

二、风险评价

风险指一个人或一个人群暴露于一种有害物质或境况时引发伤害、疾病、功能丧失或者死亡的可能性。危害指物质的天然属性,在特定的条件或环境下,任何物质都可能造成一定的危害。我们每天都会遇到有潜在危害的物质,包括家用厨房的火、房间照明的电、用于清洁的家用化学品、开动汽车需要的汽油、药品里的化学成分等。人们可以使用这些有潜在危害的物质,但必须设法回避触发危害的条件。例如人们利用汽油的可燃性开动汽车,然而可燃性是一种危害,它会引起无法控制的火灾。

危害与风险的衔接是暴露。没有暴露,就没有风险。减少危害或者暴露,或者两者同时减少,就能够减少风险。一旦拥有了知识和经验,人们就能够判断暴露于特定物质是否具有风险,并采取一系列降低风险的措施。不过人们无法预见所有可能引发的危害,所以降低风险的主要方法是选择危害性较低的物质。对物质危害特性的详细描述,是安全使用这种物质的前提。例如放射性物质只有放置得当,才能确保储存与运输的安全性。人们应当根据放射性材料的特性,使用适当的防护措施和安全警示。实验室人员常常在胸前佩戴可测量放射性物质暴露量的徽章,确保他们接受的辐射量不超过安全值。但是,迄今人们仍然没有找到一个安全的方法来妥善处置放射性废料。

三、个体敏感性、易感性和差异性

易感性指对同一种有毒物质的同等暴露,一些人身体产生的反应比另一些人更大。易感性主要与年龄、性别、健康、遗传背景、敏感性有关,一些人对某些物质特别易感。一些人对蜂刺过敏,被叮咬一次可能会丧命,但对大多数人来说,蜂叮咬一次只是一件较小的事。

多重化学品敏感性(multiple chemical sensitivity,MCS)是一种特殊敏感性现象,其特征是少数人暴露于食物、药物或化学品出现不良反应,如头痛、极度疲倦、注意力不集中、记忆力降低、哮喘等,而大多数人对其不起反应。MCS 是在对一种化学品过敏后发展起来的,其过敏泛化使得身体对同类化学品也过敏,低水平暴露就会发生过敏反应。不管 MCS 如何产生,关键是要找出过敏原,然后减少暴露,从而缓解病情或阻断发病。

一般来说,年幼者和老年人敏感性较高。年幼者易感是因为器官还在发育,正在分裂的细胞比成熟细胞更易受到伤害。如铅对儿童的神经系统比对成人的影响要大得多。儿童出生时或出生后,特别是在 7 岁前,大脑快速生长,在 18~19 岁前,大脑发育还不成熟。儿童在 1 岁前,肝代谢能力较低,咖啡因对新生儿的半衰期以天来计,而成人以小时来计。老年人敏感性较高,是因为他们的代谢能力较低,对发生效应的代偿能力也较弱。

性别在易感性中起着重要作用,部分原因与激素有关。怀孕可引起女性生理的许多变化,影响某些物质的吸收、分布和代谢,进而影响效应。如怀孕使肝代谢咖啡因的能力减弱,咖啡因半衰期延长,提示孕妇高水平血液咖啡因会比孕前维持的时间更长,以致发育的胎儿在咖啡因中暴露时间也会延长。杀虫剂和多氯联苯可贮存在孕妇的脂肪中,哺乳时可转移进入婴幼儿体内。

个人健康状况也是影响易感性的因素之一。不健康的肝或免疫系统可能使身体无法忍受生活中的一般暴露。如糖尿病患者可能较喜欢用人工甜味剂以减少糖的摄入,但是碳酸饮料中的人工甜味剂对一些不能代谢苯丙氨酸(人体必需氨基酸之一,合成阿斯巴甜的主要原料)的人会产生毒性。因此,疾病的生理病理变化是评估一种物质暴露时必须考虑的一个重要因素。

遗传差异也可使人们易患病或因外源化学物产生不同影响,如临睡前喝同等量的咖啡,会使一些人失眠,有些人却不受影响。

第三节 生活中毒物的过去、现在和未来

案例 1-3 某女士花 3 千元在美容院购买了一套美容套餐,目的是治疗脸上的痤疮。该套餐包含 40 次美容服务和 5 款化妆品。该美容院承诺,5 款化妆品均为纯中药配方,没有任何副作用,使用 15d 即可见效。这位女士刚开始使用这套化妆品时,祛痘、美白效果确实明显;然而,连续使用七八次后,她的脸出现过敏症状,脸、眼睛肿了,眼睛甚至肿成一道缝,另外还有乏力、失眠等症,并因急性肾衰性昏迷被送进 ICU。实验室检测显示,患者的尿汞含量超出正常人 20 多倍,医院诊断为低蛋白血症、肾病综合征。该女士向当地药监部门举报,经执法人员核实,在国家药监局网站上没找到该系列化妆品的相关备案信息。另外,执法人员将扣押的化妆品送检,结果显示,该美白面霜并不含中药成分,而汞含量高达 9 427mg/kg,超标 9 000 多倍。

社会经济的快速发展,人们生活方式的不断转变,外加环境污染等因素,生活中与人们生存息息相关的毒物种类、作用特点和健康效应也随之发生着深刻的变化,以致对生活中毒物的认识和管理也成为现代毒理学的重要研究领域。美国毒理学家 Steven G.Gilbert 博士在 *A Small Dose of Toxicolgy* 中指出:"现代社会离不开科学和化学品的使用,当我们对这些化学品的健康影响了解越多,我们作为消费者就越能作出明智的选择"。

一、生活中毒物的过去

毒物和毒理学术语来源于古希腊浸泡弓箭的毒素,这正是古代人们狩猎、作战的常用材料。在人类发展历史上,毒物与生活就密不可分。我国不仅有"神农尝百草"的故事,还有"一日而遇七十毒"的记载,反映了毒物与药物、食物等生活必需品如影相随。成书于汉代的《神农本草经》是我国现存最早的中药学典籍,由于收录了各种有毒植物、药物、解毒剂而成为毒物研究者的重要参考资料,其中记载的不少毒物来源于生活,如乌头、鸦片、硫黄、汞等。公元前 1500 年,埃及 *Ebers* 文稿收录了约 700 多种毒物、药物。公元前 399 年,著名思想家苏格拉底(Socrates)饮用毒堇汁(毒芹碱)而死。古希腊人对这种植物的毒性已经非常了解,只是当时还不清楚是哪种成分致死。我国魏晋时期士大夫流行服食的"五石散"(又称"寒食散")是由钟乳石、紫石英、白石英、石硫黄、赤石脂等矿物炼制而成,服后使人全身发热,并产生迷惑人心的短期效应,长期服用可导致慢性中毒。

二、生活中毒物的现在

1. 来源广泛,多途径暴露 长期以来药物都是与人类暴露关系最频繁的化学品,也是最容易产生严重后果的生活中毒物。20 世纪 50 年代,反应停(沙利度胺,thalidomide)在西方国家作为镇静安眠药上市,用于治疗孕妇恶心、呕吐等妊娠反应,以致产生超万名先天畸形婴儿。药物安全性评价是不少国家的法规制度,但是由于动物实验外推到人类应用存在局限性、不确定性,监管制度严重滞后,中药、天然药物由治病良药变为毒物的事件仍然时有发生,如龙胆泻肝丸的肾毒性事件。人们对自然资源的过度开采和利用破坏了生态平衡,产生环境污染,以致多种毒物不断进入生活环境。1962 年,《寂静的春天》提出农药、除草剂等

环境污染问题,向世人敲响了警钟,这些化学物经水、土壤、大气、食物等进入人类生存环境,造成难以估量的有害影响。据流行病学调查,神经退行性疾病发病率增高与大规模滥用农药有关。此外,某些生产工艺也为新的毒物提供了来源。如某些地区以家庭作坊为单位采用多年前的拆解、酸洗、焚烧等工艺,处理电子垃圾(E-waste),造成生活环境条件恶化,当地一些儿童血液中多环芳烃、多氯联苯、铅水平上升,严重影响生长发育。毒物可经口、呼吸、皮肤暴露途径进入人体。石化工业发展以来,石化产品已渗透到人们日常生活,作为活性剂、防腐剂、乳化剂等用于牙膏、沐浴露等个人护理用品上,如果违规添加或超量添加,可能通过长期皮肤暴露产生有害效应,如染发剂中的对苯二酚、护肤品中的丙二醇、香水中的甲苯等。2018年,数位女性称因使用含滑石粉产品(包括婴儿爽肤粉、粉底、眼影等)而罹患癌症,致美国某著名公司收到近47亿美元的巨额罚单。日常生活中不仅存在一些天然毒物和损伤因素,还有各种人为污染物,不安全的食品、药品和日用化学品,这些都是人类生活中毒物的主要来源,可经多途径和方式进入人体而影响健康。

2. 种类繁多,新毒物层出不穷　毒物以化学品的种类和数量最大。据美国化学文摘,迄今全球化学品有700多万种,其中以商品上市的有10万多种,经常使用的有7万多种,每年还有1 000多种新化学品涌现,如各种日用化学品,包括除虫剂、消毒剂、洗涤剂、干洗剂等;我国合法的食品添加剂有23类2 000多种。目前,人们除了关注农药、有机溶剂、重金属等传统毒物的研究,也聚焦到环境持久性有机污染物、新兴产业及材料、营养素、营养强化剂、转基因食品等新的公共卫生问题。持久性有机污染物(persistent organic pollutants,POPs)有降解难、蓄积性强、远距离迁移、毒性大等特点,是一类可在环境中经食物链逐级蓄积、递增,对环境与人类产生有害影响的化学物。2001年,《斯德哥尔摩公约》首次对三类12种POPs进行限制或禁止生产和使用,涉及9种有机氯杀虫杀菌剂、2种工业污染物(二噁英和呋喃)、1种化工产品(多氯联苯)。如多氯联苯,在美国密西根湖,从湖水、底泥、鱼虾至密西根鳟鱼,浓度放大近百万倍。"日本米糠油事件"(1968年)和"中国台湾地区油症事件"(1979年)是多氯联苯污染食品和饲料,导致数千人中毒、多人死亡的食品安全事件,中毒孕妇出现死产、早产,产出"油症儿"。目前,《斯德哥尔摩公约》开放性限制名单中增加了全氟化学物(如全氟辛基磺酰氟等)、溴代阻燃剂(如多溴联苯醚)等新型污染物,这些化学物都与人类生活关系密切。纳米技术是21世纪的标志性成果之一,除了职业性暴露,纳米材料也被用于化妆品、食品、纺织品、各种涂层和包装材料中,估计有一千多种基于纳米材料的民用产品进入人类日常生活。纳米颗粒与一般基本材料在理化性质上存在诸多差异,人体暴露其中后,在体内的吸收、迁移、代谢、毒效应过程都可能与非纳米级传统毒物不尽相同。尽管已观察到纳米颗粒对心血管、呼吸、肝、肾、皮肤等可产生影响,但其毒效应和作用机制尚有待深入研究。

除数量庞大的化学品外,还有越来越多的生物性、物理性有害因素出现在人类生活中。首先,生物毒素是有明显毒效应的生活有害物,其中真菌毒素可经多环节污染饮用水和食品,有生物富集效应,很难去除。我国国家质量监督检验检疫总局规定,黄曲霉毒素B1是大部分食品的必检项目之一,高温、高湿地区食品污染较常见。微囊藻毒素是蓝藻水华产生的次生代谢产物,有较强的肝细胞毒性。由于我国水体富营养化程度较重,蓝藻水华暴发的面积、强度、藻毒素含量都在不断增加,由此带来的生态环境与健康问题引起了人们的重视。其次,网络信息技术的发展,手机、电脑等使用与日俱增,电磁辐射是增长最快、最普遍的环境因素。目前,每个人都不同程度地暴露在复杂电磁场环境中,电磁辐射对生物体是否有损害效应,是否有致突变、致癌、致畸效应,迄今的科研尚未给出明确答案。

3. 健康效应复杂化 长期、低水平、复合暴露是环境与生活毒物对人体影响的主要方式,尽管生活中毒物引起的急性中毒已逐渐减少,但是低水平暴露的慢性毒性和远期影响已悄然发生。糖精是食品工业中使用最久的合成甜味剂,在20世纪因为其安全性高而得到广泛应用;然而,一些致癌实验结果使糖精的安全性受到了质疑,曾被要求食品中停止使用糖精。有关糖精的代谢动力学、致癌实验和流行病学调查显示,动物致癌阳性结果是高水平糖精在尿液产生的结晶刺激膀胱内膜细胞所致。人类使用糖精不会达到如此高水平,不会引起膀胱癌。1999年,国际癌症研究所(international agency for research on cancer,IARC)将糖精的致癌性评价由2类B组(对人类可能致癌物)降低为3类(现有证据不能分类为人类致癌物)。低水平毒物暴露在某些情况下可能出现"毒物的兴奋效应(hormesis)",指低水平毒物暴露引起机体产生适当的刺激效应,而高水平暴露则出现抑制效应。低水平暴露时,兴奋作用表现为促进机体生长发育、延长寿命、增强防御能力、修复损伤,有的还表现为对后续高水平毒物损害的适应性反应。目前,观察到低水平某些抗肿瘤药物、杀虫剂、多氯联苯、重金属、电磁辐射等暴露时,机体出现刺激效应,这些发现对于正确认识生活中毒物的健康效应有十分重要的意义。

生活中毒物在慢性暴露条件下对健康的影响,除了一般毒性,人们更加关注其远期的潜在影响,如致突变、致畸、致癌和发育损伤。IARC指出,80%~90%的人类肿瘤与环境因素有关。20世纪80年代,Doll R.和Peto R.发现,环境因素引起的癌症死亡百分比中,饮食、烟草、酒精依序是35%、30%、3%,这些一般人群暴露概率极高的危险因素占了癌症死因的一半以上。流行病学调查和动物实验显示,吸烟可引起肺癌;饮用水源微囊藻毒素是我国南方一些地区原发性肝癌发病的主要原因;饮水和燃煤型砷污染可使饮水、食物、室内空气砷超标,以致皮肤癌发生率增高。此外,生活中毒物产生的最深远的危害是对生殖发育过程的影响。近年来,人类生育力有下降趋势,10%~15%育龄夫妇出现不孕不育,其主要原因可能与环境污染有关。目前,越来越多的物质被判定为环境内分泌干扰物(environmental endocrine disruptors,EEDs),这是环境中天然存在或污染的、可模拟天然激素的生理和生化作用的外源化学物,对人和动物激素代谢、内分泌、免疫、生殖系统产生不良或有害影响。代表性EEDs有多环芳烃、邻苯二甲酸酯(PAEs)、双酚A,如PAEs是重要的塑化剂,主要用于玩具、食品包装材料、医用血袋和胶管、清洁剂、个人护理用品等产品中,PAEs与原材料之间为非共价结合,易于迁移、释放而污染环境。多种PAEs可干扰内分泌,降低精液质量、影响胎儿发育,一些PAEs有致突变、致癌效应。生活中的毒物长期低水平暴露引发的远期效应是值得人们聚焦的重大公共卫生问题。

三、生活中毒物的未来

(一)发现传统毒物新毒性

1. 有机氯杀虫剂 20世纪30年代开始广泛应用有机氯杀虫剂,大多数有机氯类杀虫剂化学性质比较稳定,能蓄积在动物、人类脂肪,对一些离子通道产生干扰,并表现出一定的神经毒性。目前,大部分有机氯杀虫剂已停用,硫丹、林丹、甲氧滴滴涕等少数产品因尚未观察到慢性毒效应,尚在一定范围有限使用。据报道,血清4,4-DDE和2,4-DDT水平与伊朗东南部妇女患乳腺癌风险增加有关,有机氯农药对伊朗东南部大肠癌的病情进展有促进作用。

2. 邻苯二甲酸二(2-乙基己)酯(di-2-ethylhexyl phthalate,DEHP)　日常和工业生产应用广泛的化学物,在塑胶玩具、保鲜膜、塑胶容器、室内装潢、化妆品、塑胶手套、医用塑胶手套或输血袋等,都可见其踪影。据研究,DEHP在人体和动物体内有类雌激素效应,可干扰内分泌,改变睾丸细胞DNA甲基化状态,使精液量和精子数量减少、精子运动能力降低、形态异常,甚至会导致睾丸癌。某些化妆品芳香成分也含有DEHP,指甲油DEHP含量较高。化妆品DEHP会经女性呼吸系统和皮肤进入体内,如果过量使用,会增高女性患乳腺癌风险,并对其子代男婴生殖系统产生有害影响。

3. 室内环境化学污染物　尽管室内环境化学污染物水平较低,但是其产生的各种不良影响累及呼吸、神经、生殖、皮肤和心血管系统。1997年以来,日本为13种化学品制定了室内空气质量准则。然而,由于生活方式的改变、新型家用产品和建筑材料的发展,观察不到污染物类型和浓度的一致变化。因此,监测室内化学品和制定室内空气质量准则,对保护公众健康至关重要。在室内环境中,人类经多种介质暴露于室内化学物质,这些化学物质经多种暴露途径影响人体健康,特别是半挥发性有机化合物。

4. 三氯乙烯(TCE)　一种卤代有机溶剂,20世纪初用作脱脂剂而被广泛使用,是美国最重要的环境污染物之一。TCE是多种疾病的致病因素,包括癌症、胎儿心脏发育异常和神经毒性,还被认为是最常见的神经退行性运动障碍——帕金森病(PD)发生的可能危险因素。但是,TCE如何引起多巴胺能系统的毒性仍然存在一定程度的不确定性。

5. 重金属、硫酸盐和硝酸盐的井水　据土耳其伊格迪尔国立医院神经内科门诊和伊格迪尔医院72名老年帕金森病患者的调查显示,49例PD患者(68.1%)暴露于井水,23例(31.9%)暴露于城市管网用水,井水硝酸盐、硫酸盐和重金属含量比城市管网水高($P<0.05$),提示该省老年人早期饮用含重金属、硫酸盐和硝酸盐的井水可能是帕金森病的潜在危险因素。

(二)新毒物不断涌现

1. 环境污染物　在食品添加剂、激素、抗生素等产生的新环境污染物中,大多数毒性和健康风险尚未评估,特别是化学物之间相互作用而不断涌现出新的化学物。环境污染与某些恶性肿瘤发病率或全因死亡率增加、心血管疾病、复发性感染、儿童智力、精神运动发育障碍、2型糖尿病、呼吸和免疫系统疾病、神经退行性疾病的发生发展有关,由此产生的卫生保健费用也很高。因此,有必要在生态学、生物学和毒理学领域深入探讨潜在环境污染物的危害,评估其危害程度和风险。只有跨学科合作、提高公众意识的措施才有助于环境保护。如双酚A是一种有异种雌激素活性的环境内分泌干扰物,对生殖的潜在不良影响及其机制尚有待深入探讨。

2. 电子烟　年轻人常用的烟草产品,电子烟公司宣传该烟含有尼古丁、香料化学物和保湿剂(丙二醇、植物甘油)。但是,在电子烟溶液和排放物中发现有毒物、超细颗粒和致癌物,其中许多物质对健康产生不良影响。大型烟草公司拥有大多数电子烟品牌,他们使用与传统烟草产品类似的营销和广告策略吸引年轻用户。目前,尚无法规保护青少年免受电子烟使用、暴露和尼古丁成瘾的危害,儿科医务工作者应建议为患者和家庭提供无烟生活方式。吸烟是全球经济和医疗系统的重要负担,电子烟被提议为解决该问题的一种办法,甚至被作为戒烟工具销售。然而,作为市场上较新和快速发展的产品,人们对其潜在的健康影响知之甚少。目前,尚不清楚其作为戒烟工具是否有效。但是,包括年轻人在内的许多非吸烟者都在使用电子烟。因此,评估电子烟对健康的潜在影响已迫在眉睫。

3. 海洋塑料碎片　指 <5 mm 塑料微粒,包括一系列化学成分和吸附的化学污染物。微塑料是一个潜在、有争议、生物蓄积和生物放大的人为化学物来源,可作为污染物载体对海洋生物产生影响。在海洋环流外捕获的灯笼鱼中,杀虫剂含量更高,且与较低的塑料密度有关。在鱼类中,多氯联苯总量也较高,提示微塑料可能是自然界或海洋中某些化学物漂移的载体。

4. 纳米材料　在电子通信、医药、化妆品,食品添加剂、涂料等生活、生产方面应用广泛的一种新型材料。纳米材料尺寸小,易经呼吸道、消化道、皮肤等途径进入体内,如纳米碳管与石棉纤维结构类似,可引起啮齿类动物肺损伤,纳米银对肺、肝、肾、脑等有毒性,水的纳米材料可进入鱼体内,损伤脑、肝。然而,其是否对人体产生有害或潜在的影响尚不清楚。

此外,部分毒物的药学治疗价值被发现,人们可能无法阻止许多有毒化学品进入市场,如解毒药的研发、按积极毒理学原理以毒攻毒、生殖毒物被研发成避孕药、不同毒物的联合作用、通过大数据标签库随时查阅毒物毒作用、遵照和完善全球化学品统一分类与标签制度(GHS)等问题,都有待深入探讨。

人类依存于环境,生活中的毒物可能经呼吸道、消化道、皮肤等途径进入人体,给人类健康留下了潜在的影响。因此,深入了解生活中毒物的毒性,提出相应的防治措施与对策,尽可能地避免和降低生活中的毒物对环境与健康的影响,是历史赋予我们的职责与使命。

(李　静　孟姗姗　敖　琳　谢艺红　姜岳明)

第二章　生活中的重金属

案例2-1　某女,57岁,因听信当地某非法行医者"纯中药无毒副作用,有病祛病,无病健身"的吹嘘,口服其自配药丸(内含黄丹、密陀僧)。2周后,反复出现阵发性脐周腹痛,开始为钝痛,尚可忍受,一般持续0.5~1h,可自行缓解,夜间发作频繁,疼痛时伴全身不适,腰背部酸痛,无恶心、呕吐、腹胀、黑便、黄疸。3周后,上述中毒表现逐渐加重,伴食欲缺乏、乏力。疼痛由钝痛转为绞痛,部位由脐周扩展至下腹部,伴全身不适,难以忍受,遂就诊。据医院诊断,该患者是口服含铅中药引起的铅中毒。

第一节　概　　述

重金属包括铅、铬、汞、镉、锰、锌、镍、钴、金、银、铜等54种,其中少部分是生命活动必需微量元素,如铬、铁、锰、锌、铜等,有重要的生理作用。如果必需元素供给不足,就会发生该元素缺乏症。某种微量元素摄入过多,也会引起中毒。如锰是人体必需微量元素,在调节氨基酸、脂肪、蛋白质、碳水化合物正常代谢和维护机体功能正常运转中发挥重要的作用。然而,机体摄入过量锰可能引起中毒。儿童锰暴露可引起呼吸道受损、行为异常,并妨碍儿童生长发育。三价铬是人体必需微量元素,在葡萄糖和胆固醇代谢中有重要的调节作用,但是过量摄入可能会对呼吸、免疫系统产生不良的影响。六价铬是人类致癌物,可使蛋白质变性,影响体内氧化、还原过程,干扰酶系统,可产生哮喘、过敏性皮炎等。

儿童的生理发育特点较独特,对重金属毒性较易感,尤其六岁以下儿童,对铅的神经毒性更为敏感,可造成不可逆的智力损害,主要表现在智力发育、心理行为、体格生长、造血功能,呼吸、消化和免疫系统功能等。儿童每升血液铅浓度上升100µg,智商将降低6~7分,身体少长高1.3cm。此外,重金属对新生儿、孕妇等敏感人群的健康也有影响。新生儿高浓度胎粪铅与其神经行为测定(neonatal behavioral neurological assessment,NBNA)评分、活动内容和行为分数之间呈负相关;较高浓度的新生儿脐带血铅、胎盘铅和镉以及孕妇尿镉与新生儿不良出生结局有关。慢性镉暴露引起的肾功能损害是不可逆的,迄今尚缺乏有效的治疗措施。儿童期镉暴露性肾损害可持续到中年。镉还能导致肺气肿、肺纤维化,甚至肺癌。

一、生活中的暴露机会与人体负荷

电子垃圾、机动车尾气、油漆和涂料、陶瓷中的彩釉、塑料制品、学习用具、玩具和化妆品含有铅;易拉罐、海鲜罐头、不锈钢/陶瓷餐具等含铝、锡、铬和镍;皮蛋、爆米花、罐头食品等食物含有铅;贝壳类海鲜,动物肝、肾等含有镉、汞和砷;油条、凉粉、粉丝、饼干和膨化食品含有铝;二手茶、二手烟里含有镍。

由于特殊的生理需要,孕妇、新生儿、儿童是容易受重金属影响的易感人群。近期杭州非职业性暴露孕妇血中 13 种重金属水平的调查结果显示,妊娠期使用指甲油、美白霜、香料、被动吸烟和看报纸的孕妇血铬、铜和砷浓度较低,钛、钴浓度较高;经常坐车或驾车出行的孕妇血砷浓度较高,常食用松花蛋、爆米花、金属罐头及饮料的孕妇血锰浓度较高,提示不同生活、饮食习惯可能会影响到孕妇体内重金属水平。吸烟的产妇血和脐带血钼浓度高于不吸烟者,常食用海产品的产妇血镉浓度高于不食用海产品者。此外,产妇文化程度越高,其本人及新生儿血铅浓度越低。

二、重金属污染的历史

重金属污染及其对人体健康造成的危害越来越引起人们重视,如广西龙江镉污染(2012年)、湖南浏阳镉污染(2009 年)和湖南郴州(2010 年)、广东清远(2010 年)、陕西凤翔(2009年)等血铅超标或污染事件。日本的经典案例有:①痛痛病。富山县附近冶炼厂的废水中含有较多镉,含镉废水流入该县"神通川"流域,用含镉水浇灌农田生产出来的稻米成为含镉米,"神通川"的水、鱼也被镉污染,长期食用含镉米、受污染的水产品,就会发生镉中毒,出现痛痛病。②水俣病。日本熊本县水俣镇是水俣湾东部一个渔产丰富的小镇,1932 年开始,当地氮肥厂把大量含汞废水不断排放到水俣湾。1956 年,首例水俣病患者是一名少女,主要中毒表现为手脚麻木、言语失控和进食困难。

第二节 铅

案例 2-2 2009 年 3 月,某县某 6 岁女童出现腹痛、烦躁,经县医院诊断为铅中毒性胃炎。7 月,某村某 8 岁男孩及其 6 岁堂弟分别因身体发育迟缓和头发异常前往某市妇幼保健院检查,他们血铅含量依序为 239μg/L、242μg/L(正常建议限值是 100μg/L)。2006 年当地水、空气被污染,居住在某铅锌冶炼公司附近的儿童血铅含量异常增高。随后,附近村民也把小孩带去当地医院体检,发现几乎所有儿童血铅含量大于正常建议限值。据当地政府调查,在受检的 731 名儿童中有 615 人血铅超标,其中 166 人被诊断为中度、重度铅中毒。血铅超标的儿童出现贫血、免疫力低下、学习困难、注意力不集中、智商水平下降、身体生长迟缓等。

一、概述

铅(lead)是人类最早使用的金属之一,有高密度、低熔点、易延展、耐腐蚀和易提取加工等理化特性。公元前 6500 年,土耳其已开采铅矿。公元前 3000 年,铅大量生产被广泛用于古罗马帝国供水管道系统。当时,人们发现用铅制容器储存葡萄酒可使葡萄酒不易腐败,且变得甘甜可口,便发明了用铅锅烧制葡萄汁法,以致铅成为有防腐、甜味剂功效的食品添加剂。铅可损害女性生育功能和儿童神经系统,以致罗马人身体虚弱、智力下降、生育减少,推测铅中毒是古罗马帝国衰亡的原因之一。从希腊、罗马时代至 16 世纪,人们用铅条来制作铅笔。到了中世纪,基于铅的耐腐蚀性,在铅富产国如美国开始用铅板来制造教堂、房屋的屋顶。

1572 年,法国出现"普瓦图绞痛病"腹绞痛。一个多世纪后,发现是饮用铅污染酒性疼痛。1730 年,西班牙马德里市流行地方性腹绞痛,持续近 50 年后,才懂得该腹绞痛是当地穷人使用表面含铅釉容器所致。与此同时,荷兰人因饮用从铅制屋顶和水管取的水出现中毒性腹绞痛。18、19 世纪是英国的"痛风黄金时代",原因是其从葡萄牙进口了含铅蒸馏器生产的葡萄酒。18 世纪中叶,英国德文郡地区流行绞痛病。经调查发现,加工苹果酒时,需要使用石磨粉碎苹果,而连接石磨的铅制销钉暴露于石磨的表面。当时储存酒的容器多是含铅内衬,铅不知不觉地溶解在苹果和酒的酸中。此外,人们用铅制品调味和防腐。1845 年,富兰克林爵士率领由两艘船和 129 人组成的探险队,赴加拿大北部寻找从大西洋北部到太平洋的"西北航路"。两艘船被困在冰板块后失踪。此后,在他们的尸体检出高浓度铅,提示铅中毒性死亡。其原因是探险队船上带有可食用好几年的食物,全装在罐头里。罐头经焊接封口,而焊料含铅,人们食用铅罐头而引起食品性铅中毒。

20 世纪,四乙基铅有良好的抗爆震性能被用作汽油添加剂,在汽车工业广泛应用,以致空气、食物和血铅水平明显增高。四乙基铅是一种有机铅,易攻击中枢神经系统。基于铅对环境、人群健康的影响,20 世纪 80 年代开始,铅的应用受到限制,汽油、燃料、焊锡和水管一般不含铅。1971 年,美国汽油铅含量减少到 <1%,1977 年降到 0.06%,1976—1980 年,美国人平均血铅浓度减少了 37%。

我国用铅历史悠久,铅是青铜器的合金元素。铅粉是一种含铅、锡、铝的粉末,常用于古代上层妇女的化妆品。汉代"炼丹术"让不少中国皇帝怀着永生的美好愿望以身试药,以致他们也成为历史上死于铅中毒的人。近年来,我国工业化、城市化快速发展,促进了铅消费,铅锌工业发展较快,在全球铅锌产业链中逐步占有重要地位。2003 年以来,我国是全球最大的精铅生产国,以致铅污染或中毒事件不时发生。

二、生活中的暴露机会

生活铅暴露主要经空气、水和食物。冶炼、制造和使用铅制品的工矿企业排出含铅废水、废气和废渣,如进行矿山开采、冶炼、橡胶生产、染料、印刷、陶瓷、含铅玻璃、焊锡、电缆、制造铅蓄电池、铸字、铅管、铅弹、轴承合金、化学反应器(内壁)电极等生产的企业。最严重的环境污染主要来自铅矿的开采和冶炼过程。

1. 空气

(1) 火山爆发、森林火灾等自然现象释放到环境中的铅。

(2) 工业、交通污染:①工业废气。大气铅污染的重要来源是燃煤产生的工业废气。煤燃烧后约有 20% 灰分,其中的 1/3 排放到大气形成飘尘(含铅 100ppm)。②含铅汽油污染。大气铅污染也来源于汽车尾气的排放。含四乙基铅的汽油燃烧后,经尾气排出铅,1/3 的大颗粒铅迅速沉降于道路两旁数公里区域内的地面上(土壤和作物中),2/3 以气溶胶状态悬浮在大气中,然后随呼吸进入人体。目前,已禁用含铅汽油。③室内吸烟。香烟烟雾含有极微量铅颗粒,长期吸入可能蓄积在体内。

2. 食物 铅在生产与使用过程中逸出烟尘进入环境,污染大气层,平均滞留 10d。然后,在土壤、农作物、水和食品中富集。泥土铅可能被植物(如谷类和蔬菜)吸收,空气铅粒子也可能积聚在植物叶子和茎干的表面;食用水产品,尤其是贝类,可从受污染的水和沉积物富集铅。在食物中,铅被用作添加剂,如皮蛋(松花蛋)的传统制作工艺以氧化铅作为食品添加剂,皮蛋含有较高的铅。近年,已出现采用铜或锌化合物的腌制方法,以替代铅的使用。

铅经含铅食具(食物金属罐、陶器餐具和水晶玻璃餐具)进入食物,如铁皮罐头的铅会污染罐头食品,爆米花机身是由含铅合金制成,以致爆米花含有较多的铅。

3. 饮用水 家中、办公室、公共场合饮用水的铅污染,可能是市民、儿童铅暴露的重要来源。自来水管接头处多是用铅焊接,当水长时间不流动时,铅可溶于水中,污染自来水。清晨或假日后,第一次打开水龙头的自来水含铅量最高。水质酸碱值小于6.4,也容易引起铅释出至自来水。生活垃圾的含铅废物,如油漆、添加剂、废蓄电池等的铅也会有一部分经下水道流入江河,以致污染城市供水环境。

4. 其他 室内某些装饰品,如修饰墙壁的颜料、白漆、搪瓷,教科书上彩色封面,彩色画面的报刊,儿童彩笔,涂有色彩的玩具中都可能含铅;儿童可能因吞食彩色油墨书报、牙膏皮、含涂料的生活用品而发生慢性铅中毒。颜料、陶瓷、油漆、化妆品、染发剂、电池、某些中草药、蔬菜和果类也可能受到铅污染。

三、铅在体内的代谢和毒性表现

1. 代谢 铅经饮水、食物进入消化道,约有10%被吸收,经呼吸道吸入肺部的铅吸收率是30%~50%。四乙基铅可经呼吸道、消化道、皮肤吸收进入体内。进入体内的铅有90%~95%以难溶性磷酸铅蓄积在骨骼,其余经尿排出。人的血铅、尿铅含量可反映出体内铅负荷。当过劳、外伤、感染发热、患传染病、缺钙或食入某些药物引起血液酸碱平衡改变时,骨骼铅可变为可溶性磷酸氢铅进入血液,引起内源性铅中毒。

2. 毒性表现 铅主要损害造血、神经系统,对肾、消化和生殖系统也有毒性影响。铅可干扰血红素合成,引起贫血。铅可引起末梢神经炎,以致运动和感觉障碍,手臂、腿或双手虚弱无力,甚至"垂腕症"。铅可随血流进入脑,损害脑皮质细胞,干扰代谢活动,使营养物质和氧气供应不足,引起脑内毛细血管内皮细胞肿胀或弥漫性损伤。对消化道的主要影响是腹绞痛、便秘、腹泻和呕吐,有时关节处出现痛风。低浓度铅暴露的人会出现头痛、头晕、疲乏、记忆力减退、失眠,伴有食欲不振、便秘、腹痛。胎儿、幼儿在脑发育阶段对铅污染比成年人更敏感,铅对儿童智力发育和行为有不良的影响,可妨碍儿童骨骼生长发育,如长骨骨骺端钙化带密度增强、宽度加大和骨骺线变窄等。铅可透过母体胎盘进入胎儿体内或脑,造成对儿童和成人的毒性效应。

四、预防措施

1. 切断污染源 是预防铅中毒的最有效措施,如对汽车尾气进行无害化处理,推广使用无铅汽油,研制不含铅的颜料和涂料,不吃或少吃铅污染食物、含铅食品(如松花蛋、膨化食品、铁皮罐装饮料和爆米花)等,不饮用较长时间停留在含铅管道的自来水。清晨应先排出室内含铅管道的过夜水,再使用自来水。孕期妇女不要用含铅化妆品、染发剂,避免铅经胎盘-母胎转运,造成新生儿血铅超标。

2. 远离铅污染区 尽可能远离铅污染工业区。由于儿童对铅中毒比较敏感,公路两侧铅污染较为较重,所以不要在交通干道的公路边玩耍、散步,以减少呼吸道吸收铅。儿童要养成用流水洗手的好习惯,饭前、便后、学习结束、玩耍后、外出归来、吃水果前都要洗手,这样可减少铅经消化道吸收。铅污染区人群要定期检测体内铅含量,一旦发现铅中毒要马上采取治疗措施。

3. 改善膳食结构　不少营养元素可与铅相互作用,从而降低铅毒性。营养元素包括总食物摄取量和脂肪摄取量可影响铅的吸收,其中钙、铁和硒摄取量对铅吸收影响较大。钙能减少胃肠道对铅的吸收,给儿童、孕妇补充饮食钙可减少铅的危害。增加蛋白质的摄入量,可减少铅的吸收,人体内蛋白质、蛋氨酸、胱氨酸等含硫氨基酸摄入量不足,会使铅中毒加重。同时,进入体内的铅可影响蛋白质代谢,引起体重减轻、血液总蛋白下降等。铅还能破坏体内抗氧化系统,所以饮食中要补充维生素 C、维生素 E、维生素 B₆、胡萝卜素等抗氧化剂。铅暴露人员要注意加强营养,增加蛋白质、氨基酸摄入量,还要防止缺钙、缺铁,多喝牛奶,多吃鸡蛋、豆制品、蔬菜和水果。

第三节　汞

一、概述

汞(mercury)是常温下液态、可蒸发的银白色金属。汞表面张力大,溅落地面后会形成较多小汞珠,可被泥土、地面缝隙、衣物等吸附,增加蒸发表面积。汞不溶于水和有机溶剂,可溶于稀硝酸和类脂质。汞分为无机汞(金属汞和无机汞盐)和有机汞(以甲基汞为主),后者多从无机汞转化而来。

汞对于古代人有着很强的吸引力,尤其是在炼金术方面,他们认为汞及其化合物是一种有神秘色彩的治病良药,甚至是使人长生不老的仙丹。我国是最早使用汞及其化学物的国家之一,商代曾用汞化合物治疗癫疾。据《史记·秦始皇本纪》记载,在秦始皇墓中灌入大量的水银,以水银为"百川江河大海"。我国著名炼丹家葛洪曾做过硫化汞实验,辰砂(天然硫化汞矿物,也称朱砂)在很早的时候被民间用作红色颜料。埃及和希腊也是最早利用汞的国家之一,考古学家希拉曼曾在公元前埃及古墓中观察到水银。15 至 19 世纪初,汞及其化合物一直被用于治疗梅毒,在有抗生素前,含汞药物是抗梅毒的最常用药物,其含剧毒甚至可致死。1953 年,市售含甘汞"出牙粉"700 万份,引起可怕的"粉红病"。

二、生活中的暴露机会

1. 空气污染　火力发电、居民取暖和烹饪、废物焚化、金属开采(汞、黄金等)、金银提取(汞齐法)、金汞齐镀金、镏金、水泥、冶金和造纸等生产过程都释放含汞废气污染环境空气。曾有人因工艺品加工吸入大量汞蒸气,牛皮癣患者吸食含汞"香烟"引起急性汞中毒,口腔科医务人员可能暴露于汞蒸气,含汞化合物乳胶漆粉刷墙面也可污染室内空气。

2. 水污染　电工器材、仪器仪表制造和维修(如温度计、晴雨表、液面计、气压表、血压计、极谱仪、整流器、石英灯、荧光灯、紫外灯、电影放映灯、X 线球管等)、化工生产(烧碱和氯气用汞作阴极电解食盐,塑料、染料工业用汞作催化剂)、军工生产(雷汞用于制造雷管,钚反应堆的冷却剂)、含汞制剂(鞣革、印染、防腐、颜料、涂料)等工业废水排放。

3. 食物和药物　误服(如升汞、甘汞)、自杀和他杀者。汞也可通过饮水或摄入汞污染的鱼贝类、植物、农作物等进入人体。含汞污水灌溉农田,可污染农作物。松花江被甲基汞工业废水污染后,也曾有当地渔民或居民出现慢性甲基汞中毒。中药朱砂和雄黄都含汞,使用含汞中药偏方如轻粉(氯化亚汞)治疗银屑病、湿疹、皮炎,烧伤患者创面敷用含氯化亚汞的生肌玉红散可能引起中毒。

4. 电器仪表、开关及电脑电池使用　温度计、气压表、血压计、荧光灯、紫外灯、电影放映灯、X 线球管、汽车开关、舱底泵、污水泵(浮球开关)、家用电器开关(冰箱、干衣机、煤气炉、热水器、熨斗等)、电池、电脑等使用或电子垃圾回收都可能暴露汞及其化合物。

5. 其他　用银汞齐补牙,接触汞含量超标的假冒或伪劣化妆品、香皂等。此外,市售劣质文身贴的红色图案主要由含汞朱砂构成。

三、汞在体内的代谢和毒性表现

1. 代谢　无机汞和有机汞都可经胃肠道、呼吸道和皮肤吸收。当人吸入汞蒸气后,汞快速经肺泡膜弥散进入血液循环,吸收率 70% 以上,汞在消化道吸收不良,所以吸入汞蒸气远比误吞温度计的汞危险。汞进入大脑后被氧化,不会经血-脑屏障回流,并在神经系统蓄积,有机汞(甲基汞)的毒性比无机汞大。无机汞进入环境可借助细菌转化为甲基汞,甲基汞随后在鱼和贝类中形成生物蓄积(生物放大效应,食物链顶端的掠食性鱼类含汞量更高)。甲基汞胃肠道吸收率高,对健康影响更大,4mg/kg 可导致死亡。汞及其化合物可分布到全身很多组织,刚开始在肝蓄积,随后转移至肾。汞易透过血-脑屏障和胎盘,在脑部蓄积。汞主要经尿、粪便排出,少或微量随唾液、汗液、毛发、乳汁等排出。汞在人体内半减期约 60d,血、尿和发汞含量可推测人体短期和慢性汞暴露水平。发育期胎儿和长期高水平汞暴露的人(职业人员和长期食用汞污染鱼类者)对汞比较敏感。

2. 毒性表现

(1) 神经系统:①急性中毒见于吸入高浓度汞蒸气(>1.0mg/m³)或摄入大量可溶性汞盐,短时间(3~5h)发病,导致不可逆的神经系统损伤,患者出现头痛、头晕、睡眠障碍、易激动、手指震颤、无力、低热等。②亚急性汞中毒见于口服、涂抹含汞偏方或吸入低浓度汞蒸气(0.5~1.0mg/m³),1~4 周后发病,有脱发、失眠、多梦、三颤(眼睑、舌、指)等表现。③慢性汞中毒见于长期食用甲基汞污染鱼的人,主要表现为类神经征(易兴奋、激动、焦虑、记忆力减退和情绪波动)。动物实验显示,小鼠小脑浦肯野细胞、脊柱、中脑的特定神经元汞含量最高。推测汞可抑制神经元 β- 微管蛋白,破坏线粒体功能,影响神经细胞内钙水平,干扰胆碱及单胺类神经递质的摄取,促进脂质过氧化和自由基产生,改变神经胶质细胞的结构,引起神经毒效应。慢性汞中毒与儿童孤独症有关。

(2) 消化系统:口腔炎,表现为齿龈肿痛、糜烂、出血、口腔黏膜溃烂、牙齿松动、流涎、"汞线"、唇及颊黏膜溃疡,重症可发生消化道溃疡穿孔。

(3) 呼吸系统:肺间质性改变、咳嗽、咳痰、胸痛、呼吸困难、发绀、两肺可闻及干湿啰音或呼吸音减弱。

(4) 泌尿系统:蛋白尿、管型尿及肾功能障碍,甚至急性肾衰竭,可能与肾金属硫蛋白在汞解毒和蓄积的作用大小有关。

(5) 皮肤:红色斑丘疹,开始见于四肢、头面部,进而全身出现片状或溃疡,或伴淋巴结肿大。使用铅汞超标的美白祛斑类化妆品,颧骨部位会出现"铅汞斑",严重者可出现剥脱性皮炎。

(6) 其他:甲基汞有致突变、致畸和致癌效应,可引起 DNA 损伤及修复障碍,导致基因突变。甲基汞可蓄积在睾丸中,影响精子数量、质量及生精过程。女性可出现月经异常、异常妊娠增加。甲基汞易透过胎盘,经母体转移给胎儿。据美国国家科学研究委员会报告,每年超过 6 万名新生儿可能因宫内甲基汞暴露而有神经发育不良的风险。孕期汞暴露可损伤胎儿中枢神经系统,导致儿童认知能力低下和出生缺陷。2017 年 10 月 27 日,世界卫生组织(WHO)国际癌症研究机构(IARC)公布,将汞和无机汞化合物判定为 3 类致癌物(对人类致癌性可疑,尚无充分的人体或动物数据)。空气中汞浓度与临床表现关系见表 2-1。

表 2-1　空气汞浓度与临床表现关系

空气中汞浓度(mg/m^3)	临床表现	出现时间
>10	肺炎、腹泻、肾损害	立刻(1~2d)
>1	腹泻、蛋白尿、血尿、震颤、口腔炎	开始接触至 1 个月
>0.5	口腔炎、震颤、蛋白尿、兴奋	2~5 个月
>0.2	震颤、蛋白尿、自觉的精神神经症状	6 个月至 1 年
>0.1	自觉的精神神经症状、早衰	数年

资料来源:中国限控汞行动网。

四、预防措施

1. 源头预防　按照《关于汞的水俣公约》的规定,从 2021 年起,将不允许使用荧光灯、含汞电池。2032 年,要关停所有原生汞矿的开采。同时减少汞的生产、使用和排放。减少燃煤电厂、城市垃圾和医疗垃圾焚烧中汞的排放。关闭的水银矿废渣废液必须严格管理,确保不被雨水冲刷流入河流、土壤和农田。用无毒或低毒原料代替汞,逐步淘汰非必要的含汞产品。如用电子仪表代替汞仪表,用酒精温度计代替汞温度计。对于淘汰下来的汞产品,家中少量含汞产品、含汞废旧灯管等,交由工厂回收或居委会物业管理部门统一处理。

2. 含汞药品、化妆品、食品的预防　严禁使用有机汞农药、含汞的药品(如红药水)、汞超标的祛斑、美白化妆品等。《化妆品安全技术规范》(2015 年版)规定,化妆品汞限值为 $1mg/kg$。避免食用汞污染的蔬菜、大米和鱼贝类。2017 年,美国国家环境保护局和食品药品管理局(EPA,FDA)联合发布建议,推荐育龄女性、孕妇、哺乳期女性和低龄儿童等敏感人群每周食用不超过半斤(226.8~340.2g)的各种鱼贝类,建议不食含高汞鱼类包括鲨鱼、剑鱼、鲭鱼、红鱼、方头鱼、枪鱼、金枪鱼等。

3. 其他汞污染处理　家用体温计破碎后,要及时清理。带上橡胶或胶乳手套将水银收集放进可密封的瓶中,交当地环保部门处理。可用碘加酒精、10% 漂白粉、硫黄粉处理现场,通风至少 24h。身体不适要及时就医。孩子和皮肤敏感的成人禁止贴含汞文身贴。含汞乳胶漆刷涂的室内,汞浓度应当低于 $0.5\mu g/m^3$。

4. 饮食排汞　胡萝卜含有大量果胶,能与体内的汞离子结合,有效降低血汞浓度,加速汞的排出,减轻肝肾负担,避免汞中毒。黑木耳富含胶质和膳食纤维,可黏附肠道里的铅汞,随粪便排出。排汞食物还有姜、芦荟、绿豆、苦瓜、茶叶、海带、冬菇、蜂蜜、黄瓜、荔枝、菠菜、芹菜。

第四节 镉

一、概述

镉(cadmium,Cd)是人体非必需元素,在自然界中常以化合态存在,一般含量很低,不会影响人体健康。然而,大量镉进入人体后会引起毒性效应,镉暴露与中毒是全球性的重要健康问题之一。镉是锌或铅的共生矿,是采矿、冶炼、精炼锌、铅和铜硫化物(主要是锌)的副产物。

二、生活中的暴露机会

1. 空气 煤炭含有大量的镉,经燃烧污染空气,吸烟也是室内空气镉污染的重要来源。

2. 水和食物 锌、铅、铜矿的选矿和电镀、碱性电池等工业废水排入地面水或渗入地下水,水硫铁矿石制取硫酸、磷矿石制取磷肥等工艺排出的废水等可导致水体镉污染。在城市用水中,容器和管道污染也可使饮用水镉含量增高。药物、膳食补充剂污染也可能是污染物来源。环境中镉含量不高,但通过食物链富集可达到较高的浓度。据农业农村部报告,2002年我国10%的大米镉超标。甲壳类动物、软体动物、内脏和藻类产品也发现大量的镉。在所有食品中都能检出镉,平均含镉为0.004~5ppm。

3. 其他 生活中电池、电器的使用也有镉污染。2010年2月,美国某商场销售的某系列珠宝中检出镉。2010年6月4日,美国某餐厅出售的电影宣传酒杯油漆中检出镉,以致召回1 200万只杯子。母体镉可经血 - 胎盘屏障损害胎儿或通过乳汁损害哺乳期幼儿健康。

三、镉在体内的代谢和毒性表现

1. 镉的体内代谢 呼吸道、消化道是镉进入人体的重要途径。饮用镉污染水和吃含镉食物是经消化道进入体内的主要镉来源。镉及其化合物进入体后,在血液中与金属巯蛋白结合,形成镉金属巯蛋白,经血液分布全身。血浆游离镉可随血液循环进入肾、肝、肺,少量见于胰腺、甲状腺、骨骼、睾丸等。肝、肾是体内镉蓄积的主要器官,镉储备约占体内镉总量的60%(肝、肾各半)。肝镉含量随着脱离镉暴露环境而逐渐减少。肾是主要排镉器官,其镉含量可能随时间延长而呈现逐渐增高的趋势。镉在脾和毛发也有蓄积。婴儿体内一般检不出镉,年龄越大镉蓄积越多。体内镉生物半减期是8~30年。体内镉主要经尿或粪排出,从呼吸道吸收的镉主要经尿排出;从胃肠道吸收的镉70%~80%经粪排出,20%经尿排出,还可经乳汁排出,并可经胎盘进入胎儿组织。每天摄入500~1 000mg维生素C可促进镉从体内快速排出。

2. 镉的毒性表现

(1)骨毒性:多见于肾损伤后。镉中毒时,肾对钙和磷的重吸收减少,以致骨损害。镉可直接作用于成骨细胞和软骨细胞,引起骨钙和前列腺素的丢失,从而影响骨生长和钙化。镉可能妨碍肾的维生素D代谢,直接损害肠道钙吸收,使胶原代谢紊乱,产生骨软化症和 / 或骨质疏松症。骨密度降低会增加骨折风险,以绝经后妇女最常见。

(2)肾毒性:肾是慢性镉中毒最主要的靶器官,以肾小管功能受损为主,表现为近端肾小管重吸收功能障碍,出现肾小管性蛋白尿,钙丢失。也可损害肾小球,导致其滤过率下降。晚期肾结构受损严重,引起慢性间质性肾炎、慢性肾功能衰竭。糖尿病患者更容易出现镉暴露性肾小管损伤。

(3)生殖毒性:镉可降低男性精子密度、体积和数量,使不成熟的精子形态增多,以致精子发生、质量和附属腺分泌功能异常。镉还可使性欲、生育能力和血清睾酮水平降低。镉可在卵巢中蓄积,引起卵巢功能、卵母细胞发育受阻,导致原发性闭经或绝经提前至40岁以前。镉中毒可使类固醇生成减少、卵巢出血和坏死,还可能使自然流产率和妊娠时间增加,活产率下降。

(4)神经毒性:注意力下降、记忆力减退、学习能力下降、嗅觉异常、视力减退、听力下降和震颤麻痹等,并使神经退行性疾病(如帕金森病、老年痴呆症、亨廷顿病)发生的危险性增高。

(5)致癌致畸性:镉化合物是人类致癌物质,是引起肺癌、前列腺癌、肾癌、膀胱癌、胃癌、肝癌、胰腺癌、乳腺癌、子宫内膜癌和造血系统恶性肿瘤的危险因素。镉中毒还可诱发染色体畸变,引起新生儿畸形,包括胎儿脸部畸形、露脑、腭裂、唇裂、多趾、并趾及骨骼与内脏畸形等。

(6)其他:镉可诱导高血压,促进动脉粥样硬化发生,长期镉暴露可能使周围动脉疾病发病率增高。镉可影响造血功能,抑制红细胞生成,产生贫血。镉经胃肠道吸收时,可引起胃肠道炎症。镉可导致皮肤角化过度和棘皮病,伴有偶发性溃疡。镉还可引起甲状腺有关激素(TSH、T3、T4)水平增高,使糖尿病发生风险增加。韩国国家健康和营养调查显示,血镉水平与代谢综合征的相关性很强。

四、预防措施

消除环境镉污染是预防生活性镉中毒发生的根本措施。应加强镉毒性的毒理学科普教育,基于吸烟者血镉浓度是不吸烟者的4~5倍,倡导戒烟或不吸烟可以有效地避免或减少吸烟性镉暴露。孕妇和儿童要尽量避免被动吸烟。镀镉器皿不能存放食品,尤其是醋类酸性食品。含镉电池废弃时要分类处置。要教育儿童不含、咬彩色玩具、铅笔,少接触油漆制品等。

第五节　铝

一、概述

1854年,法国化学家德维尔把铝矾土、木炭、食盐混合,通入氯气加热得到NaCl、$AlCl_3$复盐,再将$AlCl_3$复盐与过量的钠熔融,产生铝。1886年,美国豪尔和法国海朗特分别独立电解熔融的铝矾土和冰晶石混合物获得铝,为大规模生产铝打下了基础。

二、生活中的暴露机会

1. 食物　植物性食品铝含量比动物性食品高,植物性食品以干豆类铝含量最高,粮谷类次之,蔬菜、水果类最低。在动物性食品中,畜禽类铝含量稍高,蛋、奶、鱼较低,有的甚至未检出。饮料和调味品铝含量很低,茶叶铝含量较高。

2. 水 铝工业废水含铝 300~1 000mg/L,氧化铝工业废水含铝 10~70mg/L,一些含铝净水剂的使用导致水铝含量增高。饮用水酸性时(消毒过的水),会促使铝溶出。饮用水(包括天然水)和加工后的产品也含有铝。酸雨可使土壤铝溶出和释放增加,含铝废水排放到江河,会导致水铝含量增加。

3. 其他 一些西药含有铝,使用一些止痛药物可摄入铝,以致铝蓄积在患者体内。

三、铝在体内的代谢和毒性表现

1. 代谢与毒性 铝不是人体必需微量元素,人体摄入铝后仅有少量排出体外,大部分在体内蓄积,铝可与多种蛋白质、酶和三磷酸腺苷等结合,影响或干扰人体的新陈代谢和多种生化反应,导致人体某些功能障碍。当人体内铝含量大于正常值 5 倍时,可引起消化系统紊乱,破坏正常钙磷比例,使骨骼、牙齿生长受阻。当大脑铝含量超过 3mg 时,会损害中枢神经系统,导致智力障碍、健忘,加快人体衰老,诱发老年痴呆。过量的铝会损伤肝、脾、肾和造血系统。

2. 慢性铝中毒 ①骨骼危害:过量铝暴露使血磷降低,加速骨骼钙、磷和氟丢失,抑制骨基质合成,引起骨软化、骨质疏松、骨折等。儿童可出现佝偻病、生长缓慢等。②神经系统:食品铝含量过高,会使人衰老,铝在大脑中蓄积可引起大脑神经退化,记忆力衰退,累及智力和性格,甚至老年性痴呆。老年性痴呆或精神异常患者脑内铝含量比正常人高 10~30 倍。还可造成儿童智力发育缓慢。③消化系统:过多的铝在肝、脾和肾蓄积,可影响钙、磷、铁在消化道的吸收,还可抑制胃蛋白酶活性,出现食欲不振、厌食、腹胀、消化不良等。④其他:铝能够抑制亚铁氧化酶的活性,并与转铁蛋白结合妨碍铁的利用,造成血红素合成障碍,出现非缺铁性贫血。过量铝主要经肾排泄,使肾负荷加重,可能导致肾病变。铝可透过胎盘屏障,影响胎儿发育,甚至流产。

四、预防措施

1. 对铝摄入量的限值 WHO 建议每日铝摄入量为 0~0.6mg/kg,即一个体重 60kg 成人允许摄入量为 36mg。我国颁布的《食品安全国家标准 食品添加剂使用标准》GB 2760—2011 中,规定小麦粉及其制品中铝残留量要≤100mg/kg。

2. 改善环境,提高水源的水质 自来水公司净水可采用不含铝的净化剂,例如铁盐净水剂,不使用或减少铝盐的使用。减少铝的排放,尤其是冶炼铝厂周围环境空气、排泄废水铝含量是否达标。同时要减少化肥的使用量,因为化肥酸碱性也能影响土壤铝稳定的存在形式,使其转化为易溶于水的离子形式,从而随雨水流入河流,污染水源,对人的健康产生影响。

3. 其他 老年人、肾衰患者、早产儿因其肾小球滤过功能下降,可加剧铝的积蓄。新生儿因胃肠道的通透性最大,铝的吸收也容易,故要严格控制上述人员、孕妇、哺乳妇女铝暴露水平。慎用含铝药品如 Al(OH)$_3$ 胶及铝含量高的透析液等,防止医源性铝中毒。由于豆制品含铝量高,美国营养委员会建议体重较轻的婴儿、肾功能不全的早产儿不要用豆制品哺育。铝质餐具应涂膜,避免用铝制品盛放酸性、碱性、含糖、含盐的腌渍物,富含蛋白质的食品,以免铝污染食品。人体汗液可能是铝排泄的主要途径之一,加强体育锻炼有助于排泄铝。

第六节　砷

一、概述

公元 1 世纪,罗马博物学家普林尼的著作首次提到砷硫化物,希腊医生第奥斯科里底斯描述了医药三氧化二砷(砒霜)的制取方法(焙烧砷的硫化物)。很早以前,人们开始用砷治疗梅毒、阿米巴性痢疾,也试用于治疗肿瘤。17 世纪开始,国外探讨了砒霜有效成分的药用价值。20 世纪 90 年代,临床应用砷治疗白血病得到了国际血液学界的重视,美国 FDA 经验证后批准了砷的临床应用,三氧化二砷用于治疗白血病取得较好的效果。但是,环境高砷暴露严重危害着人类健康,砷污染性健康危害至少发生在 22 个国家和地区。全球有上亿人口因饮用高砷地下水发生慢性中毒,多数为亚洲国家,以孟加拉国、印度和中国较为严重,日本、泰国、阿根廷、美国、智利、芬兰也有报道。

二、生活中的暴露机会

砷及其化合物在自然界中不断变迁,可转变成含砷尘埃进入空气中或随雨水冲刷进入河水和地下水中富集。砷还可经动植物吸收进入食物链。随着工业的快速发展,人类活动对地面水砷含量影响是很大的。在冶炼厂和以煤为燃料的工厂附近,大量的砷迅速析出,或是以砷灰的形式降落下来,或随雨水降落,进入农田,富集在农产品,一部分进入水体,经灌溉进入农田危害农作物,累及人体健康。

食品砷污染的可能来源:①工业三废排放和矿藏开采。高砷煤燃烧产生的烟气使空气和食物受到污染,农民经呼吸或饮食途径摄取大量的砷。②农药使用。自然环境砷分布广泛,含砷化合物被用作除草剂、杀虫剂、杀菌剂、防腐剂。③食品添加剂或加工辅助剂的使用。食品添加剂阿散酸(对氨基苯胂酸)、洛克沙生(3- 硝基 -4- 羟基苯砷酸)等有机砷制剂,有促进动物生长、红细胞、血红素增加和改善畜产品颜色的作用。但是,过量添加会使食品含砷量增高。

三、砷在体内的代谢和毒性表现

砷有 –3、0、+3 和 +5 价态,可分为有机砷和无机砷。在不同的环境条件下,砷的价态和形态会发生相互转变,如 As^{3+} 和 As^{5+} 可通过氧化还原作用互相转变。有些微生物可经甲基化作用使无机砷转为有机砷,有机砷也会在酸性条件下转为无机砷,As^{3+} 的毒性大于 As^{5+},无机砷毒性比有机砷大。砷被 WHO 归为一级致癌物,对人的中毒剂量是 $0.01 \sim 0.052 \mathrm{g/kg}$,致死量为 $0.06 \sim 0.2 \mathrm{g/kg}$。

砷主要经消化道、呼吸道和皮肤进入人体,在组织和体液中分布。砷生物半衰期为十小时至几天。砷进入机体后,主要在甲状腺、肾、肺、骨骼、皮肤、指甲、头发蓄积。砷在 4~6h 后开始排出体外,90% 的砷经尿排出,其余少量经粪便、汗液和乳汁排出。砷的排出较缓慢,可长期在体内蓄积。慢性砷暴露会对人皮肤、呼吸、消化、泌尿、心血管、神经、造血等系统产生损害,并使人患皮肤癌和肺癌的风险增强。急性和慢性砷中毒表现见表 2-2。

表2-2 砷的急性和慢性中毒表现

急性砷中毒	慢性砷中毒
急性肠胃炎:食管烧灼感,口内有金属异味,恶心、呕吐、腹痛、失水、电解质紊乱、肾前性肾功能不全甚至循环衰竭等 神经系统:头痛、头昏、乏力、口周围麻木、全身酸痛,重症患者烦躁不安、谵妄、妄想、四肢肌肉痉挛,意识模糊以至于昏迷、呼吸中枢麻痹死亡。中毒后3~21d,可出现多发性周围神经炎和神经根炎,表现为肌肉疼痛、四肢麻木、针刺样感觉、上下肢无力,症状有肢体远端向近端呈对称性发展的特点,以后感觉减退或消失。重症患者有垂足,垂腕,伴肌肉萎缩,跟腱反射消失 其他:中毒性肝炎(肝大、肝功能异常或黄疸等)、心肌损害、肾损害、贫血等	全身症状:无力、厌食、恶心,有时呕吐、腹泻等;随后发生结膜炎、上呼吸道炎,且常有鼻中隔穿孔等 神经系统:末梢神经炎,早期有蚁走感,进而四肢对称性向心性感觉障碍,四肢无力、疼痛,甚至肌肉萎缩、行动困难、瘫痪 皮肤系统:皮肤色素沉着(砷性黑皮症),呈褐色或灰黑色弥漫性斑块状,逐渐融合成大片;砷性皮肤过度角化,皮肤角质增生变厚、干燥、皲裂 其他:指甲失去光泽,脆而薄,或不规则增厚并出现白色横纹;头发也变脆、易脱落;可引起肝、肾损害

四、预防措施

1. 地方性砷中毒预防 通过水源水卫生学调查,及时了解水砷含量。水含砷量超过标准或经流行病学调查有本病发生的地区,应改换水源,如改饮低砷浅井水或开渠饮水。采用过滤装置滤水或将水中三价砷氧化为无毒的五价砷,可使砷皮肤病发病率明显下降。

2. 其他 严格管理含砷农药,防止误食。按有关规定使用农药,防止蔬菜水果含砷量过高。砷污染海产品(如海带)用前浸泡可使砷化物溶解在水中,减少砷的含量。

(孟晓静 靳翠红 蔡同建 李 宁 霍 霞)

第三章　生活中常见的农药

第一节　概　　述

案例 3-1　2020 年 2 月 8 日,某男子(53 岁)因皮肤瘙痒而听信偏方,用敌百虫从头到脚擦浴,出现头晕、乏力等症,但未告知家人。2 月 9 日上午,患者中毒表现加重,被送至当地卫生院就医。起初,治疗效果不佳,上述中毒表现加重,并伴失语等症,此时患者才告知医生中毒原因。2 月 10 日晚上,患者因病情危重被送至某医院 ICU 救治,给予呼吸机辅助通气、血液灌流、解毒、气管切开等治疗,患者生命体征基本稳定,但仍处于昏迷状态,需要继续康复治疗。

我国是农业大国,也是农药生产、使用大国。据国家统计局数据,我国 2016 年农药原药产量为 377.8 万吨,市值约 2 354.07 亿元。农药在造福人类的同时,可经多途径进入人体,产生潜在的健康影响,甚至波及后代。

一、农药的定义及分类

农药(pesticides)指用来防治危害农林牧业生产的有害生物(害虫、害螨、线虫、病原菌、杂草及鼠类)和调节植物生长的化学药品。按其防治对象,可分为杀虫剂、杀菌剂、杀螨剂、杀线虫剂、杀鼠剂、除草剂、脱叶剂、植物生长调节剂等;按加工剂型,可分为可湿性粉剂、可溶性粉剂、乳剂、乳油、浓乳剂、乳膏、糊剂、胶体剂、熏烟剂、熏蒸剂、烟雾剂、油剂、颗粒剂、微粒剂等。农药在使用过程中,按害虫或病害的特点及其本身物理性质,可制成粉末撒布,水溶液、悬浮液、乳浊液喷射,或蒸气、气体熏蒸等。

二、农药的发展史

古希腊时代就用硫黄熏蒸杀虫防病。19 世纪中叶,欧洲开始采用除虫菊、鱼藤、烟草等防治农作物虫害。随后,砷制剂、硫酸烟碱等农药开始工业化生产。19 世纪末,法国植物学家 Millardet 将石灰硫黄制成波尔多液,用于防治"霉叶病"。

20 世纪 40 年代以前,农药主要成分以无机物和天然植物为主。1939 年,瑞士科学家 Paul Hermann Müller 观察到有机物滴滴涕(双对氯苯基三氯乙烷)有较好的杀虫活性,使农药进入了以有机合成为主的发展阶段。第二次世界大战期间,德国化学家 Schorader 的研究为发展有机磷农药打下了基础,并研制了氨基甲酸酯类农药。20 世纪 80 年代后期,杀菌剂、除草剂、植物生长调节剂的合成也快速发展。目前,全球注册的农药品种有 1 500 多种,其中使用量较大的农药品种有 350 个。

三、农药的作用与地位

目前,农药仍然是治理病、虫、草、鼠、害的主要措施。杀虫剂可有效减少农作物产量损失;除草剂可大大提高除草效率;植物生长调节剂的使用能改变作物的生长特征,使植株长高、防止落花落果、防御病原菌入侵等。在害虫防治方面,某些农药有类似昆虫性激素的特征,通过对昆虫进行行为调控,达到对害虫种群治理的目的。此外,农药使用可降低病媒生物传播的传染病发病率,如有机氯农药可灭蚊,使得疟疾和乙型脑炎的发病率下降;五氯酚钠可灭钉螺,使我国江南多个省市流行的血吸虫病基本上消失;灭鼠和灭蝇的主要功劳也可归功于农药的使用。

四、农药的污染与危害

20世纪中叶,以滴滴涕为代表的有机氯农药严重污染环境,甚至在南极企鹅体内检测出滴滴涕。1962年,美国科学家蕾切尔·卡逊(Rachel Carson)在《寂静的春天》中提到,滥用农药致环境污染、生态破坏,最终给人类带来不堪重负的灾难。

农药有"双刃剑"作用,不合理地使用农药产生农作物药害、人畜中毒、环境污染、食品安全等公共卫生问题。据报道,农药利用率一般为10%,环境中农药残留约90%。这些残留的农药进入空气、流入水体,沉降聚集在土壤中,污染农畜渔果产品,并经食物链富集转移到人体,增加人体农药负荷,提高了其他疾病的发病风险,甚至形成慢性中毒。此外,农药在杀死害虫的同时,也会杀死益虫和益鸟,破坏了生态平衡。长期使用农药可导致抗药性的害虫数量增加,进一步对环境和生态产生破坏,形成了滥用农药的恶性循环。部分农民缺乏科学安全使用农药的知识,不乏出现人畜农药急性中毒事件。

农药残留是指在农业生产中施用农药后一部分农药直接或间接残存于谷物、蔬菜、果品、畜产品、水产品中以及土壤和水体中的现象,是影响农产品质量安全的重要因素。大部分发展中国家,人们以粮食、蔬菜和水果等植物性食品为主。我国膳食结构的75%是植物性食品,其质量和安全与农药直接相关。农药残留不像食品病原微生物可通过加热烹调杀灭。据研究,农药在不改变DNA序列的情况下,可经表观遗传修饰机制改变卵子和/或精子的生物学活性,将由此产生的健康风险传递给下一代;例如,子代肥胖、糖尿病可能来自其父母、祖父母的滴滴涕暴露。此外,农药残留超标也影响农产品出口贸易;2018年3月,法国通报我国出口一批次茶叶农药残留超标,对茶农的经济造成很大损失。因此,有效控制农药的安全风险势在必行。

五、农药的立法与管理

21世纪以来,美国和欧盟修订了农药管理法规,提高了农药安全性要求,并进一步公开信息,加强了农药登记注册管理制度。2014年,联合国粮农组织(FAO)和世界卫生组织(WHO)联合发布的《国际农药管理行为守则》是对各国农药管理,特别是农药风险防控提供的纲领性的意见。该守则提出以减少农药对健康和环境影响为目标,提倡农药生产者、经营者、使用者、政府、非政府组织等各有关方面共同承担各自义务,对农药使用周期的全程开展科学管理,减少对农药的依赖;制定各种农药管理的技术准则,指导农药管理工作;制定农药质量和残留标准,确保食品质量安全;帮助发展中国家提高农药风险防控能力。我国政府也重视农产品质量与安全,制定了《中华人民共和国农产品质量安全法》等法律法规,加大制定与国际标准接轨的农药质量和残留标准,并通过无公害农产品、绿色食品、有机农产品和农产品地理标志(统称"三品一标")的发展确保农产品安全;通过监测和监管,提高市场和流通环节的食品的安全;通过推广综合防治,加强农药管理,减少对农药的依赖和残留的超标。

六、农药毒理学与农药环境毒理学

在农药生产、储运和使用过程中,农药的急性、亚急性、慢性和特殊性中毒事件常有发生,水、空气、土壤也受到了不同程度的污染,在研究农药对生物(人、动物、植物)的有害作用和防止农药对环境污染的过程中产生了农药毒理学和农药环境毒理学。

农药毒理学的核心内容是毒理学评价,将实验动物和相应的细胞系暴露于不同浓度的农药中,经过不同的生命阶段或时程,探索农药与生物系统的相互作用,从而了解农药产生毒性的机制,便于毒理学家和风险评估人员作出风险评估,预测人群暴露农药的风险,为农药的研发机构、企业和政府部门决策提供科学依据。

农药环境毒理学主要研究农药进入田间后的环境行为和非靶标生物的毒性,目的是了解农药产生负面效应的成因,进而提出控制农药污染的措施,达到保护环境可持续发展的目的。

第二节　生活中常见的农药

一、有机磷农药

案例 3-2　2007 年 9 月 6 日,某工地工人在午餐后约 30min 出现头痛、恶心,2h 内就餐的 11 人全部发病,主要表现为头痛、恶心、呕吐、腹痛、发热、乏力,马上被送至当地医院抢救,用温水反复洗胃。临床检验显示,患者血清胆碱酯酶活性降低,初步诊断为有机磷农药中毒。经阿托品 2~4g 静脉注射,并联合使用解磷定 0.8~1.2g 静注。住院 5~7d 后,所有患者痊愈出院。经当地卫生监督部门调查、送检发现,现场剩余食材有机磷含量:生小油菜为 17.5mg/kg,熟小油菜为 6.75mg/kg,呕吐物中为 0.06~0.14mg/kg,故判断是小油菜含有机磷农药引起的食物中毒。据调查,2007 年 9 月 4 日傍晚,菜农在菜地喷洒某农药,9 月 6 日凌晨便出售。施农药者不按安全间隔期(该农药用于青菜的安全间隔期是 8d)喷药,烹调人员又未将蔬菜认真清洗、浸泡,以致引起该有机磷食物中毒。

有机磷农药(organophosphorous pesticides)是 20 世纪 40 年代开始生产的第二代化学合成农药。1957 年,天津农药厂开始生产有机磷农药。20 世纪 80 年代至 21 世纪初期,有机磷农药产量最多时占到总产量的 70% 以上。除用作杀虫剂外,其还用于杀菌剂、杀鼠剂,少数用于除草剂和植物生长调节剂。除单剂外,有机磷农药是大多数多元复配剂的主要成分。目前,我国生产和使用量最多的一类农药仍是有机磷农药。

有机磷农药分为磷酸酯类或硫代磷酸酯类化合物两大类,按其取代基结构特征分为磷酸酯类、硫代磷酸酯类、磷酰胺、硫代磷酰胺、焦磷酸酯、硫代焦磷酸酯及焦磷酰胺等。由于取代基团不同,可以合成许多种有机磷化合物,取代基团决定有机磷农药毒性,按其毒性强弱分为高毒、中毒、低毒。

有机磷农药纯品多为白色晶体,绝大多数工业品为黄色至棕色油状液体,有类大蒜样臭味。一般不溶于水,可溶于有机溶剂或动、植物油中。对光、热、氧较稳定,遇碱易分解。但是,敌百虫在碱性条件下分解成敌敌畏,其毒性增强 10 倍。

生活性有机磷农药中毒可经消化道或完整的皮肤吸收。多数见于进食含有机磷农药的食物,如有机磷杀虫剂浓度超标的蔬菜、水果,或误饮污染水源和误食其他污染食物而中毒。偶见用有机磷农药治疗皮肤病或体虱、跳蚤、臭虫致中毒。不同个体及不同途径吸收有机磷后中毒量、致死量差异较大,经消化道吸收比皮肤吸收中毒重、发病急。

有机磷农药进入体内在代谢酶作用下发生氧化和水解。通常大多数有机磷农药的氧化产物毒性增强,如经水解则使其毒性降低。有机磷农药主要是抑制体内胆碱酯酶(cholinesterase,ChE)活性,使其失去水解乙酰胆碱的功能,造成乙酰胆碱过量堆积,以致胆碱能神经亢奋,出现一系列中毒表现。

1. 急性中毒

(1)毒蕈碱样表现:见于早期,由于腺体分泌增加、平滑肌痉挛、心血管抑制,引起食欲减退、恶心、呕吐、腹痛、腹泻、多汗、流涎、视力模糊、瞳孔缩小、呼吸道分泌增多、呼吸困难,甚至肺水肿。

(2)烟碱样表现:累及自主神经节、肾上腺髓质和骨骼肌终板,出现身体紧束感、发音不清、动作迟缓,眼、舌、颈部肌肉震颤,全身肌肉痉挛,甚至肌肉麻痹、瘫痪。

(3)中枢神经系统表现:头痛、头昏、乏力、失眠或嗜睡、多梦、记忆力下降、语言障碍。重者出现昏迷、抽搐,如呼吸中枢或呼吸肌麻痹可危及生命。

2. 慢性中毒　长期慢性暴露可引起免疫系统功能紊乱、生殖功能下降,部分患者有支气管哮喘、过敏性皮炎,少数患者出现肝大、神经肌电图或脑电图异常。

3. 中毒诊断　主要根据确切的暴露史,结合临床表现和实验室检查确诊。

4. 防治措施　急性中毒立即要患者脱离中毒现场,去污衣,用温水清洗身体污染部位(皮肤、头发、指甲等)。与此同时,给予解毒药。阿托品和胆碱酯酶复活药是最常用的解毒药,要做到早期、足量、反复给药,直至症状明显减轻或出现轻度"阿托品化",再改用维持量或停药观察。急性中毒患者临床表现消失后,要继续观察 2~3d。重度中毒患者在康复后,3 个月内不要再次暴露于有机磷农药。

在农药生产,运输、使用环节,对单位、个人要加强安全宣传教育,按照农业农村部《农药安全使用规范总则》《农药管理条例》及其规章制度,建立健全一系列农药销售、运输及保管制度。严格按照农业农村部规定《农药禁用名单》,注意农药使用间隔期,正确使用农药,避免误服。防止农药残留超标食物进入市场的有效措施有,采用农药残留快速检测试纸对大量样品初筛,并用农药残留快速检测仪对阳性样品定量分析,实现对果蔬中有机磷农药残留进行现场快速定性初筛检测,以保障人群健康安全。

二、氨基甲酸酯类农药

案例3-3　2010 年夏季,正值高温时期,某大学大二学生张某午餐后,在学校食堂附近的水果摊位买了一个西瓜带回宿舍,并与 6 位室友分享食用。吃完西瓜后,5 位同学出现头晕、恶心、呕吐、多汗、乏力、腹痛、腹泻等症,马上到医院就诊。医生经问病史拟诊为食物中毒,检查5名患者血/大便常规、心肌酶、胆碱酯酶、心电图,并给予对症、补液治疗。化验结果显示,5名患者血清胆碱酯酶活性分别为2 897U/L、3 650U/L、5 655U/L、3 482U/L、4 400U/L(正常值:男性5 320~12 920U/L,女性3 650~11 250U/L)。随后,当地卫生部门对该水果摊的流行病学调查、采样发现,所售西瓜含涕灭威亚砜160.2μg/kg、涕灭威砜95.6μg/kg,故判断这是一起食用氨基甲酸酯类农药残留西瓜引起的食物中毒。

氨基甲酸酯类农药多呈无色或白色结晶,一般无特殊气味,难溶于水,易溶于有机溶剂。在酸性环境、光、热条件下稳定,遇碱易分解。

1. 污染来源

(1)土壤:①农业生产过程中为防治农林牧业病、虫、草害直接向土壤施用该类农药;②该类农药生产和加工企业废气排放,农民直接喷洒导致的大气性农药污染土壤;③氨基甲酸酯类农药生产、加工企业废水、废渣直接排放到土壤,或在运输性事故中泄漏;④被该类农药污染的动植物残体分解、随灌溉水或降水带到土壤。

(2)水:①直接向水体施药;②农田施用农药随雨水或灌溉水向水体迁移;③农药生产、加工企业废水的排放;④大气残留农药随降雨污染水体;⑤农药使用过程中,雾滴或粉尘微粒随风飘移进入水体、施药工具和器械清洗等。

(3)大气:①地面或飞机喷雾或喷粉施药;②农药生产、加工企业废气直接排放;③残留农药挥发。大气残留农药可被大气飘尘吸附,也可以气体和气溶胶状态悬浮在空气中,并随大气运动而扩散。一些高稳定性的农药可进入大气对流层中,使污染范围不断扩大。

(4)食品:①农药直接污染植物性食物。施用农药后,一部分可附着植物体上,另一部分渗入株体内残留下来,以致粮食、蔬菜、水果被污染。②农产品残留农药也经饲料途径污染禽畜类食物。③食品加工、运输、储存过程与农药混放、混装,或使用被污染容器、运输工具,也可能引起氨基甲酸酯类农药污染。

2. 暴露途径 农药可经呼吸道、消化道、皮肤黏膜进入人体,其暴露主要途径是随食物摄入。食物中氨基甲酸酯类农药残留量较少,从痕量至0.05mg/kg。据WHO国际化学品安全规划数据,美国人群甲萘威人均摄入量约为0.003mg/d,代森锰锌及其代谢产物为0.01~1.00μg/(kg·d)。在农田喷药及氨基甲酸酯类农药生产制造过程的包装工序中,皮肤污染较常见。

3. 毒作用机制 与有机磷农药相似,主要是抑制乙酰胆碱酯酶(acetylcholinesterase,AChE)活性来发挥毒效应。其次,其可诱导氧化应激、遗传损伤、降低肝代谢酶活性、内分泌干扰等产生慢性损伤。

4. 中毒表现 急性中毒临床表现与有机磷农药中毒相似,但较轻,短时内可恢复正常。急性中毒表现为乙酰胆碱的M样作用、N样作用和中枢神经系统症状。长期氨基甲酸酯类农药暴露,除抑制AChE活性外,还可造成腺体、肝、肾、造血、神经系统功能障碍、体重减轻或组织病理改变。慢性中毒表现主要是神经衰弱综合征、记忆力减退等。长期暴露可能引起内分泌改变、生殖功能障碍和肿瘤发生,甚至累及胎儿正常发育。氨基甲酸酯类农药致畸作用以代森锰锌较明显,曾有3例因孕期暴露于代森锰锌,婴儿出生后有发育缺陷。

5. 中毒的治疗措施

(1)清除毒物:脱去污染的衣物,用清水或肥皂水彻底清洗污染的皮肤,口服中毒者应迅速、彻底洗胃,这是抢救患者生命的关键,可用温水或2%碳酸氢钠溶液彻底洗胃,直至洗出液体澄清、无农药味为止。一般总量不少于 5 000ml，方法与抢救有机磷中毒相同。洗胃后可注入 25%~50% 硫酸镁导泻，或用 25% 甘露醇 250~500ml 加入 5% 葡萄糖溶液 500ml，分 2~3 次胃管注入，或分 3~5 次口服。

（2）应用解毒剂：阿托品、山莨菪碱等抗胆碱类药是抢救氨基甲酸酯类农药中毒特效和首选药物。轻度中毒一般用阿托品 0.6~0.9mg 口服，或 0.5~1.0mg 肌内注射，必要时可重复 1~2 次，不必"阿托品化"；重度中毒者应早期、足量给予静脉注射阿托品，并尽快"阿托品化"，然后改为维持量，并逐渐停药，恢复后病情反复较少。

（3）对症支持治疗：适当补液促进农药排泄，并适当补碱碱化尿液。维持呼吸、循环功能和酸碱、电解质平衡。发生肺水肿、脑水肿时以阿托品治疗为主，可短疗程大剂量应用糖皮质激素，并应用利尿脱水剂。注意保持呼吸道通畅，防治感染并发症。由于体内代谢生成的酚类衍生物较多，还可给葡醛内酯促进与酚类物质结合，从尿排出。

三、拟除虫菊酯类农药

案例 3-4 某女患者（47 岁）因与家人争执而口服 100ml 杀虫菊酯，被送入当地卫生院洗胃。患者昏迷，查体：双瞳呈针尖样固定，对光反射迟钝，双肺满布湿啰音，心率约 50 次 /min，律不齐。患者全身湿透，浓烈农药味，用洗胃管插入洗胃。将 2mg 阿托品加入 250ml 生理盐水静滴，入量不到 1mg，静脉注射阿托品 5mg。在与家属交代病情时，患者心脏骤停，立即气管插管，胸外按压，喉头未水肿，30s 成功插管，接呼吸机，阿托品被注入静脉，按压 2min 后患者恢复心跳。然后转诊至当地医院，患者恢复自主呼吸，心率 110 次 /min，血压 120/70mmHg，3d 后出院。

拟除虫菊酯类农药（pyrenthrods）是仿天然除虫菊酯的化学结构，人工合成的一类农药，其分子由菊酸和醇两部分组成。拟除虫菊酯类农药对棉花、蔬菜、果树、茶叶等多种作物害虫有高效、广谱的杀虫效果，且在环境中残留低，对人畜的毒性低，稳定性好、活性高，应用广泛。但是，长期重复使用会导致害虫出现耐药性。近年来，拟除虫菊酯类农药与有机磷混配的复剂较多。一些低毒的拟除虫菊酯类农药用于家庭卫生杀虫剂。拟除虫菊酯类农药常用的有溴氰菊酯（敌杀死）、氰戊菊酯（速灭杀丁）、氯氰菊酯、甲醚菊酯、甲氰菊酯、氟氰菊酯、氟胺氰菊酯、氯氟氰菊酯、氯烯炔菊酯、三氟氯氰菊酯、联苯菊酯等。

大多数该类农药为黏稠状液体，呈黄色或黄褐色，少数为白色结晶，使用前配成乳油制剂。多数品种难溶于水，易溶于甲苯、二甲苯及丙酮等。一般难挥发，在酸性条件下稳定，遇碱易分解。杀虫的拟除虫菊酯类农药多为含氰基的化合物（Ⅱ型），卫生杀虫剂多不含氰基（Ⅰ型），常配制成气雾或电烤杀蚊剂。

拟除虫菊酯类农药的生活性接触主要是经口暴露，多见于误服或自杀。

拟除虫菊酯类农药多属于中等毒（Ⅱ型）和低毒（Ⅰ型）。因其脂溶性小，胃肠道中吸收不完全，经口吸收入血后分布全身，尤其是神经系统、肝、肾等。主要经肾排出，少数随粪排泄，24h 排出大于 50%，8d 基本排完。也可经呼吸道、皮肤吸收。在田间施药时，因为该类农药亲脂性强，皮肤吸收尤为重要。拟除虫菊酯类农药在哺乳动物体内被肝酶水解、氧化，生物降解主要经酯水解和羟化。该类农药在人体内半衰期约为 6h，其代谢物可经粪、尿排出。

拟除虫菊酯类农药属于神经毒物，毒作用机制未完全清楚。目前认为其作用机制是扰乱神经细胞膜正常生理功能,选择性地作用于神经细胞膜钠离子通道,出现由兴奋、痉挛到麻痹而致死。

拟除虫菊酯农药中毒一般出现在误服或无适当的保护条件。对拟除虫菊酯农药喷雾者的调查显示,控制皮肤污染很难,且有约 0.3% 的人出现全身轻微中毒表现。拟除虫菊酯急性中毒主要经皮肤、呼吸道暴露,中毒表现最迟 48h 后出现。

按暴露途径不同而潜伏期不一,可数十分钟或数十小时。轻度中毒有头晕、头痛、恶心、呕吐、食欲不振、乏力、心慌、视物模糊伴面部胀麻或蚁行感等。部分患者口腔分泌物增多,一般 1 周内恢复。中度中毒是轻度中毒表现加重,精神萎靡,嗜睡或烦躁不安,低热、出汗、肌肉颤动。体检可见意识不清、出汗、心律失常或肌束颤动。重度中毒是除上述表现外,出现四肢抽搐,角弓反张伴意识丧失,肺水肿,深度昏迷,二便失禁,休克,呼吸衰竭,皮肤发绀等。

一些低毒的拟除虫菊酯类农药用于家庭卫生杀虫剂。

若发生中毒,患者要马上脱离中毒环境,清洗污染皮肤。目前无特效解毒剂,以对症、支持疗法为主。出现抽搐者可给予抗惊厥剂。清水冲洗或洗胃,去污衣,并用清水或 1%~3% 碳酸氢钠液清洗被污染皮肤、指甲和头发等。口服中毒者要用清水或 1%~3% 碳酸氢钠液洗胃,然后注入硫酸镁导泻。

如出现抽搐、惊厥等症状可用地西泮(安定)5~10mg 肌注或静注,流涎、恶心等可皮下注射阿托品 0.1~1mg。静脉输液、利尿以加速毒物排出,糖皮质激素、维生素 C、维生素 B_6 等可选用,维持重要脏器功能及水电解质平衡。有神经系统器质性疾患、严重皮肤病或过敏性皮肤病者不宜从事拟除虫菊酯类农药作业。

四、百草枯

百草枯(paraquat)又名对草快,克无踪,为联吡啶类化合物。1955 年英国某化学工业有限公司发现百草枯有除草功效,1962 年百草枯被登记为除草剂。百草枯是一种快速灭生性除草剂,有触杀和一定内吸作用,能快速被植物绿色组织吸收,并迅速与土壤结合而纯化。百草枯在 120 多个国家和 50 多种作物上广泛使用,是全球使用量仅次于草甘膦的除草剂。但鉴于百草枯急性中毒致肺损伤的病死率高,目前有 20 多个国家禁止或者严格限制使用百草枯。我国自 2014 年 7 月 1 日起,撤销百草枯水剂登记和生产许可,停止生产;保留母药生产企业水剂出口境外使用登记、允许专供出口生产,2016 年 7 月 1 日停止在国内销售和使用水剂。

百草枯为 1,1'- 二甲基 -4,4'- 联吡啶阳离子二氯化物,纯品为白色结晶,蒸气压为 0.013×10^{-6} kPa,熔点约为 300℃,相对密度为 1.24~1.26(20℃),易溶于水,微溶于低级醇类,不溶于烃类溶剂,不易挥发。在酸性及中性溶液中稳定,在碱性介质中不稳定,遇紫外线分解。惰性黏土和阴离子表面活性能使其钝化。其商品为紫蓝色溶液,有的加入催吐剂或恶臭剂。

百草枯中毒主要途径是经口暴露。长时间低水平或短时高浓度暴露百草枯,尤其是破损的皮肤或阴囊、会阴部被污染都可引起中毒。在人体内,1%~5% 百草枯在 1~6h 经胃肠吸收,主要蓄积在肺,是血浆浓度的 10~90 倍。血浆百草枯分布半衰期为 5h,消除半衰期为 84h。仅有小部分百草枯在口腔代谢,大部以原形经尿排出。百草枯经肾小管清除率

（28ml/min）明显大于肾小球过滤率，提示肾小管分泌在百草枯清除方面有一定作用。在人体肾功能正常的前提下，90% 百草枯可在 12~24h 排出，其余 10% 进入组织，并缓慢释放，再次进入血液经肾排出，未排出的再次被组织吸收形成下一个循环，对人体造成持续伤害。

氧化损伤可能是百草枯致急性肺损伤的机制之一。百草枯经多胺摄取途径被肺泡上皮细胞和气管 Clara 细胞主动转运进入肺内，形成氧化还原循环，并产生以阳离子、超氧阴离子、过氧化氢和羟自由基等为代表的活性氧（reactive oxygen species，ROS），大量活性氧的形成与抗氧化酶能力的降低使机体处于氧化 / 抗氧化失衡状态，导致还原型辅酶Ⅱ（NADPH）的大量消耗、硫醇类物质的氧化、脂质、蛋白质和 DNA 的氧化损伤。

1. 中毒表现　口服中毒症状较重，表现为多脏器功能损伤或衰竭，以快速发展的弥漫性肺损害最典型。

（1）消化系统：口服中毒者有口腔烧灼感，唇、舌、咽黏膜糜烂、溃疡、吞咽困难、恶心、呕吐、腹痛、腹泻，甚至出现呕血、便血、胃穿孔。部分患者中毒后 2~3d 有中毒性肝病，表现为肝区疼痛、肝脏肿大、黄疸、肝功能异常。

（2）呼吸系统：咳嗽、咳痰、胸闷、胸痛、呼吸困难、发绀、双肺干 / 湿啰音。大剂量服毒者在 24~48h 出现肺水肿、出血，常在 1~3d 因急性呼吸窘迫综合征死亡。经抢救存活者，1~2 周后可发生肺间质纤维化，呈进行性呼吸困难，导致呼吸衰竭死亡。非大量吸收者开始肺部症状可不明显，1~2 周因发生肺纤维化而逐渐出现肺功能障碍、顽固性低氧血症。

（3）肾：中毒 2~3d 可出现尿蛋白、管型、血尿、少尿，血肌酐、尿素氮升高，严重者发生急性肾功能衰竭。

（4）中枢神经系统：头晕、头痛、幻觉、昏迷、抽搐。

（5）皮肤与黏膜：皮肤接触后，可发生红斑、水疱、溃疡等。指甲接触高浓度百草枯液后，可发生指甲脱色、断裂，甚至脱落。眼部接触可引起结膜及角膜水肿、灼伤、溃疡。

（6）其他：可有发热、心肌损害、纵隔及皮下气肿、鼻衄、贫血等。

2. 中毒救治措施

（1）阻止毒物继续吸收：尽快脱去污染的衣物，皮肤污染用肥皂水彻底清洗。眼部污染用流动清水冲洗，时间不少于 15min。经口中毒者应给予催吐、碱性液洗胃，洗胃后可给予白陶土、活性炭混悬液灌胃吸附胃肠道内毒物，同时使用 20% 甘露醇、25% 硫酸镁或大黄导泻。早期减少毒物吸收是救治急性口服百草枯中毒患者的关键。百草枯有腐蚀性，洗胃时要小心。

（2）加速毒物排泄：除常规输液、利尿剂外，最好在患者中毒 24h 内净化血液，加速机体血液循环中毒物排出。血液净化主要包括血液灌流、血液透析和血浆置换，血液灌流对百草枯的清除率是血液透析的 5~7 倍。采取血液灌流联合血液透析治疗可最大程度清除体内毒物，维护机体内环境稳定，保护重要器官功能。口服百草枯后，最初的 4h 可能是启动百草枯中毒血液净化治疗的最佳时间。

（3）防止肺纤维化，及早给予抗氧化剂和自由基清除剂：据动物实验和临床报道，给予超氧化物歧化酶（SOD）、谷胱甘肽、维生素 C 等可增强机体抗氧化能力，对百草枯中毒有改善作用。应避免高浓度氧气吸入，因其吸入可增加活性氧形成，加重肺组织损害。仅在氧分压 <5.3kPa（40mmHg）或出现急性呼吸窘迫综合征时才用 >21% 浓度的氧气吸入，或用呼气末正压呼吸给氧。此外，中毒早期应用肾上腺糖皮质激素及免疫抑制剂（环磷酰胺、硫唑嘌吟)可能对患者有效。但一旦肺损伤出现则无明显作用。

（4）对症及支持治疗：口服百草枯中毒患者多伴有口腔黏膜和食管的损伤，应禁食，同时给予营养支持，保证患者所需能量，保护肝、肾、心功能，防治肺水肿加强对炎症的护理，积极控制感染。

百草枯中毒患者，如出现肺部损害，预后往往不好，死亡率高，故对中毒患者要密切观察肺部症状、体征，动态观察胸部 X 线片和血气分析，以有助于早期确定肺部病变。由于百草枯口服中毒后死亡比例高，我国政府采取了各种管理措施，如停止受理和审批百草枯的新增出口登记和分装登记，百草枯产品标准中应列入催吐剂的名称和含量指标并附检测方法，在农药登记申请表中要注明所用臭味剂、染色剂的名称和含量。欧盟成员国规定只有农学家、园艺家、专业使用者才能获得百草枯产品，"背包和手持式施用集中喷洒的最大量不能超过 2 克联吡啶或公升"（如最大喷洒量为 2%）。2003 年 1 月 1 日，美国提出限制使用百草枯，只有经授权的农药使用者或受其直接管理的人才能使用。

五、鱼藤酮

案例 3-5　2015 年 5 月 30 日，某医院收治 6 例有头晕、恶心、呕吐、全身软弱无力、四肢麻木的患者，立即给予补液、洗胃、血液透析等对症支持治疗，其中 1 例病情严重，抢救无效死亡。当地疾病预防控制中心接到报告马上组织现场调查，发现这是一起因食用含鱼藤酮豆薯发生的中毒。

鱼藤酮（rotenone）又称二氢化鱼藤酮，是人们从鱼藤属植物中提取分离的一种有杀虫活性的物质，是三大植物性杀虫剂之一，被称为"生物源农药"。鱼藤酮广泛地存在于植物根皮部，除了存在于亚洲热带、亚热带区豆科鱼藤属植物根中，在一些中草药如地瓜子、苦檀子、昆明鸡血藤根中也含有。鱼藤酮多年来一直被视为最安全有效的杀虫剂而广泛应用于蔬菜、果树等农作物病虫害的防治和鱼塘清理。目前市场上含有多种以鱼藤酮为原料的混配农药，生活中常用的灭蚊片、杀虫菊酯等亦含有鱼藤酮。

鱼藤酮纯品系白色六角形结晶，无臭无味，不溶于水，溶于醇、丙酮、氯仿、四氯化碳、乙醚等有机溶剂，遇碱和光将快速分解失效。鱼藤酮在毒理学上是一种专属性很强的物质，对昆虫特别是菜粉蝶幼虫、小菜蛾和蚜虫有强烈的触杀和胃毒效应。鱼藤酮的毒作用机制主要是抑制线粒体复合体Ⅰ，导致细胞对氧的利用障碍和能量产生不足，以致害虫出现呼吸困难和惊厥等，进而行动迟缓、麻痹致死。鱼藤酮对作物无害，无残留，不污染环境，但对人畜有害，使人产生中毒表现。鱼藤酮是一种亲脂性复合物，能透过血脑屏障，通过抑制脑线粒体呼吸链复合体Ⅰ的活性，使黑质多巴胺系统选择性变性。长期鱼藤酮暴露使大鼠出现黑质多巴胺神经元退行性变、路易小体形成、震颤、步态不稳等类似帕金森病样症状。

1. 中毒表现

（1）神经系统：鱼藤酮属神经毒物，毒性强，主要作用于延髓中枢，中毒后先引起呼吸中枢兴奋及惊厥，接着可导致呼吸中枢及血管运动中枢麻痹。神经系统表现为烦躁不安、心律失常、呼吸缓慢、口唇发绀、肌肉震颤、阵发性腹痛和全身痉挛、意识模糊等，血压降低、呼吸先快后慢、共济失调，严重者出现昏迷、休克，可因呼吸中枢麻痹或心力衰竭死亡。

（2）消化系统：早期有口腔麻木、黏膜干燥，继而恶心呕吐，很少伴有腹泻。

（3）局部刺激效应：皮肤污染处有瘙痒、疼痛、红肿和丘疹，用手可挤出米粒状物。

（4）呼吸道吸入中毒：鼻黏膜干燥、鼻前庭炎、咽干和舌麻。

2. 治疗原则和措施

（1）清洗排毒：经口中毒选用2%~4%碳酸氢钠液洗胃，促进毒物破坏，导泻忌用油类泻剂，避免促进吸收，并禁用油酒类食物。洗胃后可服活性炭30~100g（加约250ml水冲服）或鞣酸蛋白阻止毒物吸收，也可用山梨醇导泻，按1~2g/kg体重给药，不得超过150g。对有肠梗阻和肾功能衰竭患者禁用导泻药。

（2）草药治疗：草药崩大碗对鱼藤酮中毒有较好的解毒作用。轻度中毒用250~1 000g捣汁，加茶油250~500g，分1~2次服用，服后患者常有呕吐、腹泻等。经0.5~2h，能较明显控制症状，多数患者约3d康复。

（3）补液：在服草药的同时，给予补液，并适当补充维生素B$_1$、维生素C、维生素B$_6$、维生素B$_{12}$，也可肌内注射维生素B$_1$、维生素B$_6$、维生素B$_{12}$，促进毒物排泄和恢复。补液要注意补足吐泻丢失的水和电解质，维持内环境稳定，液体中要有充足的葡萄糖以补充必需的能量。

（4）对症治疗：及时控制抽搐和防治呼吸衰竭最为重要。选用抗惊厥药时，应尽量避免对呼吸抑制的不利影响，防治呼吸衰竭可适当使用呼吸兴奋剂或纳洛酮，吸氧，必要时给予呼吸机械人工通气。发生痉挛烦躁时，要给予安定、苯妥英钠。安定初次剂量成人可给予10~20mg，儿童0.2~0.5mg，视病情重复给药；剧烈腹痛给予颠茄酊，心力衰竭者给予强心药。

（5）接触性皮炎治疗：皮肤污染可用肥皂水和清水冲洗，眼部污染用2%碳酸氢钠溶液冲洗。按化学接触性皮炎治疗原则处理，如涂用皮炎平等膏霜，同时注意防止继发性感染。

（徐　进　黄　敏　任　锐　曾奇兵　李春阳　赛　燕　顾爱华）

第四章 环境污染物

第一节 室内外空气环境污染物

20 世纪 80 年代初,美国环保局对 7 个城市 600 名居民每天经水、食物和呼吸途径暴露的外源化学物水平进行 24h 监测,并用总暴露量评估室内外污染物浓度对人体暴露总量的贡献,结果发现室内外空气环境污染物是居民健康风险暴露的主要来源。室外空气污染物主要来源于自然环境因素和人为活动产生,如自然界大气环境构成、地质活动(如火山喷发、森林及化石燃料天然火灾)、人类利用各种化石燃料提供能量等。室内空气污染的来源主要包括室内装饰装修和家具、房屋建筑施工、厨房燃料燃烧、吸烟、不合理使用空调等。

一、臭氧

案例 4-1 2017 年 6 月 19 日,某市游泳馆内 50 多人出现不同程度的咽喉部不适、胸闷、咳嗽等症状,他们进馆前均无不适,都在进馆 2h 后开始出现不适。据调查,这是操作臭氧消毒设备的工作人员忘记关闭设备,以致臭氧不断释放所致。当地疾病预防控制中心工作人员采集游泳馆内空气和水样检测显示,水臭氧质量浓度为 1.5mg/m³,空气臭氧质量浓度为 3.1mg/m³,均超出正常限值 10~20 倍,结合现场调查判定是一起群体臭氧中毒事件。

(一)来源

臭氧位于地球大气平流层和对流层,约 90% 的臭氧存在于平流层,可吸收对人体有害的短波紫外线,尤其是波长 <290nm 的紫外线,防止其到达地球,这对于地球上动植物等生命物质的生存非常重要。剩余部分存在于较低的对流层,除了对动植物健康产生不良效应外,也可以对自然和人类的一些有害有机物产生氧化,降低其有害效应。臭氧的氧化能力可用于水的消毒和纯化,处理污水,保存食品,还可在纸张、纺织品和化学工业作为漂白剂。

城市大气是臭氧的主要来源,近地面层臭氧,也就是人体呼吸可以暴露到的臭氧,是由氮氧化物(NOx)和挥发性有机物(volatile organic compounds,VOCs)等多种前体物在光照条件下,通过一系列复杂的光化学反应生成。城市 VOCs 主要来源(50%)是机动车尾气排放和汽油挥发,其次是人为使用的溶剂涂料(20%)。臭氧产生高峰,容易出现在强光照和高温的夏秋季。此外,一些人为活动(如电弧焊、静电复印机、紫外消毒等)也可以产生臭氧。

(二)毒作用特征和参数

急性高水平臭氧暴露会引起肺水肿,日常生活中臭氧浓度有较轻微的眼刺激和皮肤刺激效应,此效应短暂可逆。城市空气臭氧暴露导致心血管、呼吸系统相关的疾病发病率和死亡率明显增高。据研究,人在 63、72、81 和 88ppb 臭氧浓度下暴露,运动 1~4h,发现在 72ppb 及以上暴露浓度下,气道阻力 1s 用力呼气量(FEV₁)明显降低,但是用力肺活量(FVC)

的改变并不明显。在 60ppb 浓度的臭氧中运动 6.6h,会使 FEV_1 和 FVC 都降低,痰液粒细胞数量明显增加,提示一定浓度的臭氧对肺呼吸功能有抑制作用,也可能促进肺炎的发生发展。

美国职业安全与健康管理局制定的臭氧时间加权平均浓度限值为 100ppb($\mu g/m^3$),美国空气质量标准最新制定的浓度限值为 70ppb。我国空气质量指数 0~50 为一级,臭氧 1h 平均值上限为 $160\mu g/m^3$,8h 滑动平均值为 $100\mu g/m^3$。

二、硫氧化物

案例 4-2 某化工厂在生产氯磺酸过程中,由于工厂的配电所受雷击跳闸,突然停电,反应罐化学反应中断,阀门无法关闭,以致有一定压力的 SO_2 气体自动经废气塔向空中排放。逸出气体团顺东北、西南方向缓慢扩散。当时,正值雷雨前夕,气压较低、风速较小,扩散较慢,累及厂区西南方向的居民小区。约 30min 后,居民主诉有头疼、咽痛、流泪、咳嗽、胸闷、呼吸困难等症,并去医院就诊。同时,周边环境大量花草和农作物出现不同程度的叶片发黄、枯萎等现象。

(一)来源

硫氧化物是大气环境中以硫元素为主要成分的重要环境污染物,主要有 SO_2 和 SO_3。大气硫氧化物主要来源有:①自然产生,如火山爆发、煤矿及石油自燃等;②人类活动产生,如燃煤含硫量的多少决定燃烧后硫氧化物浓度的高低,在燃烧过程中,煤的硫分会被氧化,其中大部分被氧化成 SO_2,小部分 SO_2 继续氧化为 SO_3,高温会使 SO_2 氧化为 SO_3 的过程加快,一般锅炉中 0.5%~1.5% 硫分会被氧化为 SO_3。SO_2 在大气中可以氧化为 SO_3,并与水及其他离子结合形成硫酸盐气溶胶,成为大气细粒子的重要成分,作为有效的云凝结核会使云的反射率增加,使到达地表的太阳辐射减少。同时,SO_2 是酸沉降(如酸雨)的主要前体物,它能加速建筑材料的腐蚀,酸化土壤和溪流,破坏生态环境。大气硫氧化物浓度一般是冬季比春秋季高,夏季较低。

(二)体内代谢过程

经呼吸道吸入的 SO_2 主要在上呼吸道被黏膜直接吸收,吸收率约为 85%,15% 以原形呼出,进入肺深部的量很少。遇体液形成亚硫酸盐和亚硫酸氢盐,进入血液后可与血浆中蛋白 S 形成共价结合。进入细胞的亚硫酸盐在线粒体亚硫酸氧化酶作用下,氧化为硫酸盐,最后随尿排出。

(三)毒作用特征和参数

20 世纪全球性公害事件有 4 起是直接由 SO_2 污染引起的,依序为比利时马斯河谷事件(1930 年)、美国宾夕法尼亚州多诺拉事件(1948 年)、伦敦烟雾事件(1952 年)、日本四日市哮喘事件(1961 年)。SO_2 是一种有强烈刺激作用的气体,其对人体健康影响主要表现为呼吸系统损伤效应。在 SO_2 浓度较高的地区,感冒、慢性咽炎、支气管炎等发病率明显增高,肺功能降低。SO_2 暴露会使哮喘发病率、发作频率上升。SO_2 日平均浓度为 $0.143mg/m^3$ 时,居民呼吸道疾病发病率较高,肺功能下降,气道阻力高于对照组 1 倍。呼吸道常见疾病的发生危险性增加,可能与 SO_2 的慢性刺激导致呼吸道防御功能降低有关。目前,大多数研究发现单独 SO_2 暴露似与肺癌死亡率无关。但是,SO_2 污染区居民的肺癌及脑癌发生可能与 SO_2 有关。SO_2 可引起暴露人群心血管系统疾病特别是缺血性心脏病的发生。高浓度 SO_2 可剂量依赖性地引起孕妇早产,新生儿体重降低。

SO$_2$及其体内衍生物亚硫酸盐和亚硫酸氢盐对人和动物的呼吸系统的毒性作用可能原因有:①SO$_2$可降低鼻部纤毛细胞的摆动频率,使机体的异物清除能力降低,以致机体处于气管炎和支气管炎的易感状态;②SO$_2$可能影响气道分泌活性,使黏液分泌增多;③SO$_2$引起肺的脂质过氧化损伤、DNA损伤、基因组表达谱改变以及细胞超微结构损伤;④SO$_2$诱导脑组织氧化应激,引起大鼠神经元和心肌细胞膜上Ca^{2+}、K$^+$、Na$^+$离子通道的变化;⑤SO$_2$可使淋巴细胞有丝分裂周期延迟、细胞分裂指数下降,红细胞膜脂流动性降低,膜结合酶SOD、Na$^+$-K$^+$-ATP酶和Ca^{2+}-Mg^{2+}-ATP酶活性降低;⑥SO$_2$导致小鼠精子数量尤其是正常活动度精子数量减少,引起不活动精子数量增加,总精子畸变率随染毒剂量增加而升高,SO$_2$吸入对小鼠睾丸超微结构也有一定的影响。

世界卫生组织(WHO)规定24h暴露限值为吸入SO$_2$ 100~150μg/m^3,毒物与疾病登记署(ATSDR,1998)规定SO$_2$急性吸入的最小风险水平(MRL)是0.01ppm(10mg/m^3)。美国国家环境保护局(EPA)规定24h暴露限值为365μg/m^3(NAQQS)。

三、氮氧化物

案例4-3　某隧道工人用硝胺炸药爆破施工后立即进入隧道作业。不久,工人出现头疼、头昏、胸闷、气急、咳嗽、咳痰带血丝、呼吸困难、食欲不振、乏力等症状。据调查,爆破会产生大量氮氧化物,且隧道深部气流运动不畅,氮氧化物容易长时间滞留。据检测,矿井炮烟含氮氧化物15%~20%,明显高于我国作业环境最高容许浓度(MAC)。患者肺水肿、纵隔和皮下气肿、白细胞总数、嗜中性粒细胞明显增高、X线显示肺部渗出阴影与急性氮氧化物中毒的表现吻合。

(一)来源

氮元素是大气中丰度最高的元素,所占比例为78%,它对于很多生物系统的生存是必需的。一氧化氮(NO)是生命体的内源性第二信使,在体内由NO合酶产生。环境氮氧化物按氮元素的价态分为五种,以NO和NO$_2$最常见。

大气氮氧化物来源分为自然源污染物和人类源污染物:①自然来源有闪电、森林、草原火灾、大气中氨的氧化、土壤微生物的硝化作用等;②人类源性氮氧化物主要来自燃料燃烧,汽车尾气排放是城市大气氮氧化物的主要来源,来自生产过程硝酸的使用,如氮肥厂、有机化工厂、炸药工厂、有色、黑色金属冶炼厂等。氮氧化物在环境光解作用下形成臭氧、光化学烟雾。大气中氮氧化物浓度也会随一天时间不同、季节不同、城市或乡村、室内外不同而不一样。

(二)体内代谢过程

NO与NO$_2$难溶于水,在上呼吸道不易吸收,而是深达下呼吸道直至肺深部,缓慢溶于水中,生成亚硝酸和硝酸盐类,分布到全身,导致肝、肾、心受损,最后随尿排出。

(三)毒作用特征和参数

NO毒性比NO$_2$小,环境中一般是混合暴露,NO在大气可转化为NO$_2$。NO吸入经肺入血后,破坏红细胞,出现变性珠蛋白小体,并使中枢神经系统出现麻醉效应。吸入高浓度NO可引起高铁血红蛋白血症。氮氧化物可以与水结合形成硝酸,有较强的腐蚀性和刺激性。短期暴露可引起皮肤灼伤、咳嗽、恶心、腹痛、头疼、呼吸困难、窒息等,严重时出现肺水肿,还可引起过敏、哮喘发作。长期吸入暴露会刺激呼吸道黏膜,导致气道炎症,出现反应性气道功能失常,儿童会出现呼吸道感染风险增高。长期呼吸道暴露使组织谷胱甘肽还原酶、葡萄糖-6-磷酸脱氢酶活性明显增强,长期低浓度 NO_2 会引起动物内脏氧消耗、乳酸脱氢酶、醛缩酶活性增高。长期暴露累及免疫功能,不同暴露期 T 细胞和 B 细胞的抑制表现不一,血清 IgA 降低,IgG 升高。此外,NO 可引起细菌基因突变,还可诱导哺乳动物细胞 DNA 链断裂损伤。

室内环境氮氧化物主要来源于烹饪、取暖燃料的燃烧,吸烟也可产生氮氧化物。我国大气质量标准的 NOx 日平均质量浓度限值:一级标准为 $0.05mg/m^3$,二级标准为 $0.10mg/m^3$,三级标准为 $0.15mg/m^3$;任何一次不允许超过的浓度限值,一级为 $0.10mg/m^3$,二级为 $0.15mg/m^3$,三级为 $0.30mg/m^3$。居民区大气 NOx 日平均浓度不允许超过 $0.10mg/m^3$,一次排放不允许超过 $0.15mg/m^3$。

四、碳氧化物

案例 4-4　临近春节,某地母亲带小儿子出门购买过节用品,大儿子在家写作业。约 2h 后,母亲、小儿子回来时,房门插销扣着,大儿子在桌上趴着,如何呼叫也不来开门,最后母子将窗户击碎,小儿子从铁栏杆缝中钻进去,从房内打开房门,两人马上将大儿子抬出户外,约 3min 后大儿子苏醒。当时,家中取暖用煤炉,由于天冷门窗紧闭,推测是一氧化碳(CO)中毒。

(一) 来源

CO 来源于自然界释放和人类活动,物质燃烧、甲烷氧化、生物来源的非甲烷烃类及其他挥发性有机碳是热带地区 CO 的主要来源,在温带及靠近两极区域主要是化石燃料燃烧产生。发达国家及地区约 93% 的 CO 来源于人类活动,7% 是自然界释放。自然界主要包括海洋、火山、森林和草原燃烧、沼气、雷电、萜烃氧化、秋天叶绿素破坏产生,而人类活动主要是汽车排放和家庭燃料使用,此外有塑料燃烧、钢铁工业、有机化工生产等。

二氧化碳(CO_2)在低浓度时是一种无色、无味气体,高浓度则有刺激、酸性气味,是大气温室效应的主要成分之一。日常生活会有一定的使用,如碳酸饮料、灭火器、干冰记忆喷雾器的推进剂。碳质燃料燃烧会产生 CO_2,自然界动物会排出 CO_2,一些液体发酵也会产生。绿色植物光合作用需要 CO_2 作为反应底物,植物是吸收和减少 CO_2 的主要载体。

(二) 毒作用特征和参数

CO 与血红蛋白有很强的结合力,可影响氧气的运输,导致细胞缺氧。高浓度 CO 引起意识丧志,甚至死亡。儿童暴露低水平 CO 会出现流感样反应,特征性体征有额头部疼痛、两侧头疼、疼痛严重、耳鸣、眩晕、视物不清、昏昏欲睡、肌无力、反应迟钝、心跳加快、呼吸急促、昏迷、死亡等。CO 中毒后,若未导致严重的细胞损伤,脱离暴露,给予支持治疗,可康复较快。若严重损伤,可伤及脑、心、肾、肌肉、肺等重要器官。中毒昏迷者可能出现吸入性肺炎,心、脑会出现缺血性或者梗阻性损伤,短期暴露会导致迟发型神经精神综合征或缺氧性脑病。慢性暴露可能会出现神经系统缺氧效应,如基底节损伤、红细胞容积增加、运动耐受力下降、妊娠妇女宫内胎儿缺氧等变化,胎儿对 CO 毒性比母体更敏感。急性 CO 中毒后幸存的孕妇,其胎儿可以致死或出生后遗留神经障碍。吸烟孕妇胎儿出生时体重减轻,伴智力发育迟缓。低水平 CO 重复暴露可引起缺血性心脏病发作、脑卒中、心绞痛、心肌梗死。一些 CO 性损伤在脱离暴露后,仍会有神经精神综合征、运动-感觉或视觉异常、心脏损伤、血压突然上升性出血等后遗症。

CO 中毒一般见于冬季,室内用燃煤或其他燃料取暖。当碳质燃料不能充分氧化且在室内通风条件较差的情况下,容易形成 CO 并在室内聚积。因此,在室内使用加热设施时,需保证良好通风、烟道通畅,还应注意烟道出口与风向的关系,避免气象因素性室内 CO 聚积。

较低水平 CO_2 暴露时无明显毒效应,较高时会出现呼吸困难、头痛、酸中毒、视觉或听觉损伤,更高浓度会引起意识丧失和肌肉痉挛,严重时导致酸中毒,甚至死亡。据报道,某 CO_2 中毒昏迷 11 个月的患者出现大脑和视网膜退行性病变,未昏迷中毒患者也出现脑和眼病变。1.5% CO_2 长期暴露会引起呼吸性酸中毒,且持续 20 多天。头疼、畏光、眼运动异常、周围视野狭窄、性格改变、抑郁、易激惹等也是常见的慢性损伤。

CO 是国家规定的 Ⅱ 级高度危害毒物,已被列入《高毒物品目录》中。CO 是一种无色、无臭、无味、无刺激性的有毒气体,是室内外空气常见污染物。我国环境保护行业标准《室内环境空气质量监测技术规范》(HJ/T-167-2004)对室内环境空气 CO 最高容许浓度(MAC)是 $10mg/m^3$。我国大气质量标准规定 CO 的日平均质量浓度限值的一级和二级标准均为 $4.0mg/m^3$,三级标准为 $6.0mg/m^3$。居住区大气 CO 日平均 MAC 为 $1.0mg/m^3$,一次 MAC 为 $3.0mg/m^3$。WHO 提出 2.5%~3.0% 的 COHb 为一般居民暴露极限值,在该水平下不会出现不良的主观感觉和病理改变。

CO_2 作为居室常见污染物,当浓度达 0.07% 时,少数人有不良气味和不适感觉。其浓度高低可提示室内空气是否清洁,通风换气是否良好。居室内空气 CO_2 浓度要在 0.07% 以下,最高不应超过 0.1%。

五、甲烷

案例 4-5 5 月 10 日下午,李某到自家沼气池整理草料时晕倒。其妻从外面干活回家,发现沼气池盖打开,李某倒在池中,急忙下池救人,也晕倒在池中。邻居闻讯赶来欲下池救人,但难闻的气味扑鼻而来,无人再敢下去。施救人员设法用绳子把池中的两人救出来,但两人已中毒身亡。

(一)来源

甲烷是一种重要的温室气体,在温室效应和臭氧层的化学破坏过程起到十分重要的作用。甲烷在大气中持续时间约为 8.4 年,其温室效应为二氧化碳的 25 倍。大气甲烷的来源主要包括人为源和自然源:①人为源有稻田甲烷、化石燃料甲烷、垃圾堆填甲烷、畜牧甲烷;②自然源包括湿地、白蚁、海洋、地质甲烷。稻田甲烷主要由人类粮食生产过程有机物分解产生,是极为重要的人为源;化石燃料(包括煤矿、天然气等)的开采、生产、输送、分配以及使用过程中都会产生甲烷泄露,形成大气甲烷;垃圾填埋场提供了厌氧环境和有机物,产甲烷菌在该环境下分解有机物产生甲烷,填埋场的甲烷释放受温度、湿度、pH、有机物成分及数量等很多环境因素的影响。畜牧甲烷产生于反刍动物肠胃中微生物对食物的厌氧发酵,受人类牲畜养殖的影响。湿地甲烷的排放受植物种类与气候变化影响,是最大的甲烷天然源;白蚁肠道内的原生微生物在分解纤维素时产生甲烷,并从体内排出;传统意义的海洋甲烷是指存在于海洋深处的甲烷水合物,其在不同水环境中体现形式不同。

（二）毒作用特征和参数

甲烷是低毒物质，在空气中浓度过高时，会降低空气氧分压，可能引起窒息。甲烷浓度大于 20% 以上时，可能引起头晕、头疼、乏力、注意力下降、呼吸和心跳加速等缺氧表现，甚至死亡。实验研究显示，较高浓度甲烷对动物有麻醉作用。此外，甲烷可能会引起燃烧和爆炸，其爆炸下限为 5%，上限为 15%，故有可能在没有发生中毒的情况下，出现燃烧和爆炸，引起人员受伤。

六、甲醛

案例 4-6 某女，38 岁，收费员，因间断性头痛、头晕 11 个月，胸闷、乏力 4 个月，左半身麻木 1 个月，加重 20d，于 2005 年 10 月 14 日入院。2004 年 9 月，该患者搬入新装修的收费厅工作，上班时仅 1 人，工作场所无通风设备，上班时有头晕、头痛、流泪、咽部发干、咳嗽等症。2005 年 2 月，患者出现月经不规则、脱发，曾服用中药治疗，但病情未见好转。同年 6 月，患者出现乏力胸闷、心慌、记忆力减退、失眠等症。同年 8 月 29 日，患者自觉上述临床表现加重，并出现抽搐、意识不清，被送到当地医院抢救。当时查体：血压 120/70mmHg，心率 80 次 /min，呼吸 40 次 /min，口唇发绀，双肺可闻及哮鸣音，心脏未闻及杂音，腹平软，肝脾肋下未触及，四肢肌张力增高、抽搐，神经系统检查未发现明显异常。诊断为甲醛、二甲苯中毒导致的"缺氧性脑病"，经过增加脑血流量、改善微循环治疗后患者病情缓解，抽搐消失，1h 后苏醒，18h 后出院。

（一）来源

室内甲醛主要来源于建筑材料、家具、家用化工产品，各种燃料和烟叶燃烧也可产生甲醛。在建筑装修和制作家具时，由于甲醛可改善有机板材的性能，或作为黏合剂加入板材生产过程。当用板材装修居室或制作家具时，甲醛可从这些材料缓慢释放出来，污染室内空气。

甲醛是无色、有刺激性的气体，略重于空气，易溶于水。甲醛从家用物品缓慢释放的量除了与物品含甲醛量有关，还与气温、湿度、风速有关。气温越高，物体释放的甲醛量越多，气温越低，甲醛越不易释放而滞留在物体中。甲醛水溶性很强，如果室内湿度大，则甲醛易溶于水雾中，滞留室内。如果室内湿度小，空气比较干燥，甲醛易向室外排放。

（二）毒作用特征和参数

1. 急性中毒 主要表现为呼吸道强烈刺激、咽喉烧灼痛、呼吸困难、肺水肿；也可出现肝中毒性病变、肝细胞损伤、肝功能异常、黄疸、棕色尿或过敏性紫癜。

2. 慢性中毒 主要表现为眼红、流泪、眼痒、嗓子干燥发痒、咳嗽、喷嚏、气喘、声音嘶哑、胸闷、皮肤疹痒等，主要是甲醛对眼睛、呼吸道、皮肤的刺激效应。长期低剂量甲醛暴露可降低机体免疫水平，引起神经衰弱、嗜睡、记忆力减退，严重者出现精神抑郁症。呼吸道长期受到刺激后，可引起肺功能下降。甲醛是一种变态反应原，有些人甲醛暴露后可诱发过敏性皮炎、哮喘等。体外研究显示，甲醛是一种潜在致突变物，可引起人、哺乳动物体细胞基因突变、DNA 单链断裂、DNA 交链等遗传物质损伤。

目前，治理甲醛的方法主要是改进生产工艺，减少甲醛使用量；加强市场管理，对厂家含甲醛产品统一进行卫生学评价合格后，再进入市场；加强室内通风换气，采用一些辅助手段吸附或降解室内甲醛。

人对甲醛的嗅觉阈值是 $0.06\sim0.07mg/m^3$。日本、荷兰、瑞典、德国等制定室内甲醛卫生标准为 0.1ppm（0.12mg/m³），我国居室卫生标准为 0.08mg/m³。

七、挥发性有机化合物

（一）来源

挥发性有机化合物（volatile organic compounds，VOCs）是一类重要的室内空气污染物，已分离出 307 种。由于它们种类多，各自浓度不高，故总称 VOCs，一般以总挥发性有机物（TVOC）表示其总量。但若干种 VOCs 共同存在于室内时，其联合效应是不可忽视的。VOCs 除甲醛外，还有苯、甲苯、二甲苯、三氯乙烯、三氯甲烷、萘、二己氰酸酯类。油漆家具、塑料地板、地砖、壁纸、塑料天花板等释放出的 VOCs 可污染室内空气。大多数房屋内 TVOC 浓度在 220~2 000μg/m³。通风条件、季节变化、人为活动对室内 VOCs 浓度水平有重要影响，室外空气质量也直接影响着室内 VOCs 浓度高低，主要来自室外汽车尾气的排放，其贡献率占 76%~92%。据检测，室内某些污染物水平远比室外高，特别是新居室内 VOCs，如芳香烃（苯、甲苯、二甲苯）、酮类和醛类、胺类、卤代类、硫代烃类、不饱和烃类等浓度相当高，足以对人体健康产生影响。目前，VOCs 被列为室内空气质量（IAQ）的重要污染因素，其对人体健康危害最大。

（二）毒作用特征和参数：

1. **急性中毒**　在大量使用含 VOC 化工产品和室内通风极差的情况下，可引起急性中毒。轻者有头晕、头痛、咳嗽、恶心、呕吐、或酩酊状，重者出现肝中毒、昏迷，甚至有生命危险。

2. **慢性中毒**　大多数 VOCs 可损伤肝、神经系统，出现全身无力、嗜睡、皮肤瘙痒。有的会引起内分泌失调，影响性功能。苯、甲苯能损伤造血系统，可能引起白血病。泡沫塑料黏合剂对呼吸系统的刺激很大，能引起哮喘。

据流行病学调查，TVOC 浓度 <0.2mg/m³ 时不引起刺激反应；>3mg/m³ 时会出现某些症状；3~25mg/m³ 可导致头痛、其他神经毒效应；>25mg/m³ 时出现广泛毒性效应。

目前，降低室内 VOC 污染对健康影响的最好办法是控制和减少室内其污染来源，室内用建筑装修装饰材料、家用化学品在投放市场前要检测和评价。

八、室内放射性物质

（一）来源

室内放射性物质主要是氡气。氡气是一种放射惰性气体，由放射性铀蜕变所致。室内氡及其子体主要来源于房屋地基、建筑和装修材料。建筑材料含镭时，自地板、墙壁、天花板、大理石、人造大理石灶台释放出氡，其含量因材料而异，木材中最低，含铀 - 镭的石材、砖、混凝土等建筑材料中最高。建筑材料表面涂漆会减少氡的放射，一般室外氡浓度比室内低，通风可降低室内氡含量。

（二）毒作用特征和参数：

IARC 将氡列为第一类致癌物，也是 WHO 公布的 19 种主要环境致癌物之一。

氡对人体健康的影响主要见于氡与肺癌、白血病相关性。据研究显示，地下采矿工肺癌高发与高浓度氡暴露有关，但居住区长期室内氡暴露与肺癌的关系，尚未有明确的定论。我国大样本病例 - 对照研究观察到，居室浓度氡暴露水平可使肺癌危险性增高。

氡气不可挥发，加强通风可以减少室内氡水平，但不能对其来源产生影响。所以，防止室内氡浓度过高的根本性措施是加强建筑选址的放射性评价和建筑材料的卫生监督。目前降低室内氡水平有如下方法。

1. 建房地基的选择　建房前选择地基时,可检测氡,超标时可采取降氡措施。

2. 建筑材料的选择　在建筑施工和居室装饰装修时,要依据国家标准选用低放射性的建筑和装饰材料。房地产开发商要注意建筑材料的放射性,委托辐射防护安全机构检测,尤其是家庭装修。

3. 要填平、密封地板和墙上裂缝　在写字楼和家庭室内装饰中,地下室、一楼及室内氡含量较高的房间更要注意,该法可有效减少氡析出。

4. 做好室内通风换气　除了通风换气,最经济易行的减少室内氡浓度方法是在有条件下配备有效的室内空气净化器。

第二节　土壤中常见的有害物质

一、土壤污染物的种类和分类

(一) 按污染物在土壤的数量分类

1. 大量污染物　指地区性或暂时性在环境中存留的天然分子化合物,其浓度比正常浓度大很多。土壤大量污染物包括酸雨的酸性物质和肥料组分。酸性物质可改变土壤pH,肥料组分,特别是过度施用氮肥,可引起土壤亚硝态氮和硝态氮蓄积。

(1) 酸性物质:改变土壤pH的酸性物质主要来源于大气中的含硫化合物、含氮化合物和碳氧化合物,它们在物理、化学作用下形成酸性物质,再随降雨进入土壤和水体,改变环境介质的pH。

(2) 肥料组分:为了维持土壤生产力和提高作物产量,要定期向土壤施化肥和农药。常用化肥是磷肥、氮肥。化肥过磷酸钠、磷肥使用的污水污泥是土壤磷化合物的主要来源;其次是洗涤剂三聚磷酸钠;再次动物排泄物也是土壤磷污染的来源。过度施用氮肥是很普遍的问题,特别是在集约化农业生产。

2. 微量污染物　指在极低浓度时仍有毒性,且一般有长期效应。按污染物的性质可分为无机和有机微量污染物。有机微量污染物可分为非农药类和农药类污染物。

(1) 无机微量污染物:指铅、铜、镉、锌、铬、镍、钴、汞等金属盐类和氟化物,以铅、镉最常见。农业土壤表层铅浓度是 2~20mg/kg,平均为 16mg/kg,其对土壤的污染是全球不少地区的严重环境问题。

在西欧,农业土壤表层镉浓度为 0.1~0.5mg/kg,主要由于镉是磷肥的组分之一,在大量使用磷肥时引起土壤镉污染,导致有些地区土壤镉浓度成倍增加,诱发痛痛病。由此可见,经常施用含重金属肥料,会污染土壤。此外,各种突发事件,如战争也会造成土壤重金属严重污染,如钡、钛、钒和钨等。

(2) 有机微量污染物:包括多环芳香烃类化合物(PAHs)、轻芳香族溶剂、氯化石蜡、无氧及有氧氯化芳香族化合物、芳香胺类化合物、软化剂、阻燃剂、表面活化剂及农药类污染物。农药主要是除草剂、杀菌剂和杀虫剂,喷洒于水果、蔬菜、水稻、玉米和棉花等农作物,直接污染土壤。

（二）按污染物的种类分类

1. 重金属污染 土壤重要的一类污染源,其主要由于土壤微生物不能分解重金属,以致重金属蓄积在土壤,并转化为毒性更大的化合物。有的重金属可经食物链累积并进入人体,严重危害人体健康。重金属对土壤造成的污染的特征是可被生物吸收、富集和各种形式的转化,但始终不能降解。从环境污染而言,重金属污染主要指汞、铬、铅、镉、铊、锌、铜、钴、镍、锰、钼、锡、钒、砷等。以铬、铊污染和多种重金属的联合污染（即电子垃圾污染）最明显。

2. 农药污染 详见第三章农药相关内容。

3. 持久性有机污染物 指持久存在环境中,并可借大气、水、生物体等环境介质远距离迁移,经食物链富集,对环境和人类健康产生严重危害的天然或人工合成有机污染物。其重要特征:①持久性。这些物质可抗光解、化学分解和生物降解,在环境多种介质存在数年、几十年或一个世纪。②蓄积性。这些物质有高亲脂和高疏水性,在脂肪蓄积到高浓度。③迁移性。这些物质可随风、水远距离迁移,导致全球污染。④高毒性。二噁英类是最强毒物。

4. 生物性污染 其来源:①含病原体、未无害化处理的人群粪便,如肠道致病菌,痢疾杆菌、伤寒杆菌、蛔虫卵等,可在土壤存活很久,以致肠道传染病和寄生虫病发病危险性增强;②含病原体、未无害化处理的动物粪便,如钩端螺旋体宿主排出的粪便;③土壤本身存在的病原体,如破伤风梭菌和肉毒梭菌。土壤生物性污染的危害主要是间接地危害人类健康。

二、土壤中有害物质的来源及污染方式

（一）土壤中有害物质的来源

1. 农业生产性污染 农业生产过程中,为了维持土壤生产力和提高农作物产量,需定期向土壤施加化肥。为了减少病虫害,需使用农药除杂草以提高作物产量。而其他农用化学品的使用是为了保障作物的正常生长,如农用地膜。但是,使用这些物质会长期、大面积污染土壤。1950年我国化学农药产量1 000吨,2008年总产量高达167.2万吨,农用塑料薄膜年使用量为220万吨,饲料添加剂导致畜禽有机肥含有较多的污染物,以致土壤污染。

2. 工业生产性污染 工矿企业在生产过程中排放的污水、废气和废渣是污染土壤的重要来源之一。该污染源可以直接或间接污染土壤如工业废渣在陆地环境堆积以及不合理处置,将直接引起周边土壤污染物蓄积,进而造成动植物体内污染物蓄积,甚至有害健康。

随着工农业用水资源紧缺状况日益严重,尤其是在北方干旱半干旱气候区,污水资源已经成为重要的灌溉水资源。据我国农业农村部对全国污灌区调查发现,在约140万公顷污灌区中,受重金属污染的土地面积占污灌区面积的64.8%,其中轻度污染占46.7%,中度污染占9.7%,严重污染占8.4%。主要污染物为镉,其次为镍、汞和铜。个别重污染区域70~100cm深处土壤镉和汞仍然超标。通常来说,直接由工业"三废"引起的土壤污染仅限于工业区周围数十公里范围之内,即点源污染。

3. 日常生活性污染 人畜尿粪是重要的土壤肥料,对农业增产十分有用。将该种未无害化处理的肥源施于土壤,会引起严重的土壤生物性污染。不合理地处置城市垃圾是居民生活引起土壤污染的次生途径。随着城市化进程的加快,城市生活垃圾产量迅猛增长,由于处理设施的不足,大量的生活垃圾被集中堆放在城市的周围,对邻近土壤、水和大气环境产

生严重威胁。

4. 交通性污染　交通工具,尤其以汽油、柴油为燃料的,对土壤污染主要是通过汽车尾气产生的各种有毒有害物质沉降到土壤表面,造成事故性泄露或排放性污染。日本冈山县某道路两侧的土壤及杜鹃花叶子重金属检测显示,土壤锌来源于轮胎的磨损,铬来源于沥青,铅来源于汽车尾气、汽车涂料。

5. 灾害性污染　一些自然灾害也会污染土壤,如火山强烈喷发区土壤、富含某些重金属或放射性元素矿床邻近地区土壤。由于矿物质(岩石、矿物)的风化分解,导致有些元素在自然力的作用下向土壤迁移而污染土壤。

战争对当地生态环境也会产生严重影响,如铀污染、贫铀弹污染土壤主要是由含放射性爆炸物和空气灰尘沉降所致。土壤放射性铀和分散在植物叶面上的放射性物质都可被植物吸收,人或动物食用植物后可能造成次生污染。

6. 电子垃圾性污染　电子垃圾(electrome waste)是指作为废弃物的电子电器产品,可来自工业生产,也可来自日常生活。电子产品与人们生活关系十分密切,其垃圾包括电脑、家用电器、通信设备、过期的精密电子仪表等,电子垃圾含有铅、镉、汞、六价铬、聚氯乙烯塑料、溴化阻燃剂等,其特征如下。

(1) 污染物成分复杂,危害严重:电子产品在制造过程中加入铅、汞、镉、铬、多氯联苯、多溴二苯醚等,如电视机显像管、印刷电路板含铅,机箱和磁盘驱动器含铬、汞等,当电子产品报废拆解后,有害残留物进入土壤,包括重金属将会严重污染土壤;如果焚烧电子废弃物,则对空气会造成污染。因此,如果电子垃圾得不到合理的有效回收和处理,会污染水、空气、土壤和动植物,危害人体健康。

(2) 增长速度快、拆解处理方式落后:据国际环保组织报告,电子垃圾是全球增长最快的垃圾。我国不仅每年产生大量的电子垃圾,而且面临国外电子垃圾入侵的威胁。全球每年产生的电子垃圾有 80% 进入亚洲,其中曾一度有 90% 到了我国。电子垃圾处理手段较落后,仅经焚烧、破碎、倾倒、浓酸提取贵重金属,废液直接排放。

(二) 土壤污染物污染土壤的方式

1. 气型污染　大气污染物沉降至地表面而污染土壤,主要污染物有:①含硫化合物,如二氧化硫、三氧化硫、硫化氢等;②含氮化合物,如一氧化氮、二氧化氮、氨气等;③碳氧化合物,如一氧化碳、二氧化碳;④碳氢化合物,如烃类、醇类、酮类、脂类以及胺类;⑤卤素化合物,如氯化氢、氟化氢、四氟化硅;⑥重金属,如铅、镉、砷、氟等,大型冶炼厂排放的含氟污染物沉降到土壤,导致土壤 pH 改变。土壤酸化还与大气 SO_2、SO_3、CO_2、NH_3 等有关。气型污染的分布特点与范围受大气污染源性质的影响(如不同的点源、面源、排放方式),也受气象因素影响,以致其污染范围和方向不一样。

2. 水型污染　工矿企业废水和生活污水经污水灌田污染土壤。灌区土壤污染物一般分布在较浅耕作层。污染物浓度低于进水口处,高于出水口处,这主要是由于污染物有渗水性,污染物逐渐稀释的结果。污染物还可污染地势较高的地下水。

3. 固型污染　工业废渣、生活垃圾粪便、农药和化肥等污染土壤。其特点是污染范围较局限与固定,也可经风吹雨淋污染较大范围的土壤和水体。有些重金属和放射性废渣污染土壤时间较长,难自净。

（三）典型土壤污染物的污染来源

1. 铬污染　土壤铬（chromium, Cr）为 5~3 000mg/kg，平均为 100mg/kg，以 Cr^{3+} 最多。土壤中铬污染主要来源是铬矿开采、铬冶炼、电镀、制革等工业废水、废气、废渣污染，用含铬废水灌溉与河水灌溉比较，胡萝卜含铬量增高 10 倍，白菜含铬量增高 4 倍。

Cr^{3+} 是机体必需微量元素，是葡萄糖耐量因子组分，可影响机体糖代谢。Cr^{6+} 氧化性和腐蚀性较强，易进入细胞内产生毒效应。锦州和广州西部等铬渣污染区居民癌症死亡率明显高于对照区。国际癌症研究机构及美国政府工业卫生学家协会都确认 Cr^{6+} 化合物有致癌性。

2. 铊污染　铊（thallium, Tl）室温下易氧化，易溶于硝酸和硫酸，在已发现的约 40 种含铊矿物中以硫化物为主。全球土壤铊含量为 0.1~0.8mg/kg，平均 0.2mg/kg。我国 34 个省（区）、市 853 个土壤样本铊背景值为 0.29~1.17mg/kg，平均 0.58mg/kg。

铊污染主要来源于工业生产，如制造光电管、铊合金、低温温度计、颜料、燃料、焰火、滤色玻璃等。硫酸铊可生产杀虫剂、杀鼠剂，醋酸铊曾用于治疗脱发、头癣。鉴于铊的剧毒性，各国已限制使用，但是铊污染仍然严重。如云南南华砷铊矿已开采 30 年，当地植物、水铊含量明显高于背景值，出现铊污染效应。铊浓度 1mg/L 可使植物中毒，使甜菜、莴苣和芥菜种子生长停止。铊对土壤微生物毒性也很大，可抑制硝化菌生长而影响土壤自净能力。环境铊进入水体和土壤后，经水生生物、陆地生物富集而进入人体产生危害。

3. 重金属联合污染　近年来，电子行业发展很快，电子垃圾产量剧增，以致电子垃圾拆解区重金属污染严重。电子垃圾拆解地区已成为重金属高污染暴露环境，对当地人群尤其是新生儿、学龄前儿童产生明显的影响。我国南方某电子垃圾拆解区土壤中，铜、锌、铅、镉含量是本底值的 2~200 倍。汞和铬的含量也比对照区土壤含量高 1 倍以上。2010 年 2 月，联合国环境规划署发布调查报告指出，全世界与日俱增的电子垃圾严重威胁着发展中国家的民众健康和生存环境。

4. 持久性有机污染物　2001 年 5 月 23 日，126 个国家代表在瑞典签署了《关于持久性有机污染物的斯德哥尔摩公约》，公约规定削减和淘汰的首批 12 种持久性有机污染物有艾氏剂、氯丹、滴滴涕、狄氏剂、异狄氏剂、七氯、灭蚁灵、毒杀酚、六氯苯、多氯联苯、二噁英和呋喃。2009 年增加了 9 种。目前，签约国有 160 多个。

我国土壤持久性有机污染物主要来源于化工、农药等，或长期施用有机氯农药的残留，或者是堆放、填埋的持久性有机污染物泄露，或者是与石油、交通有关的多环芳烃以及垃圾焚烧产生的二噁英问题。

三、土壤中有害物质的代谢及毒性特征

（一）典型重金属的代谢及毒性特征

1. 铅的代谢及毒性特征　见第二章。

2. 铊的代谢及毒性特征　铊化合物多有高挥发性，在冶炼过程中以气态形式在大气中扩散，对植物毒性比铅、镉、汞要大，并主要分布在根和叶，其次是茎、果实和块茎。贵州某矿土壤 Hg 和 As 含量均高于一价铊（Tl^+），但 Tl^+ 在农作物中远比 As、Hg 含量大，提示铊可能有被植物体优先富集的特性。铊对植物、哺乳动物的危害性要高于镉、铅、铜和锌，因此被美国 EPA 列为优先控制的有害污染物之一。

一般情况下,铊对成人最小致死量约为 12mg/kg,摄入后 2h,血铊达最高值,24~48h 血铊浓度明显降低。在体内以肾含量最高,其次是肌肉、骨骼、肝、心、胃肠、脾、神经组织,皮肤和毛发中也有一定量铊。铊主要经肾、肠道排出。

铊的毒作用机制尚不清楚。一价铊离子和钾离子具有相同的电荷和相近的离子半径,可与钾的相关受体部位结合,竞争性抑制钾离子的生理功能,尤其是影响体内与钾离子有关的酶系,如铊与 Na^+、K^+-ATP 酶的亲和力比钾大 10 倍,可干扰该酶正常的生理功能而引发毒性作用。据研究,铊和铊化物进入体内后,可溶性的铊离子与体内的生物分子(如酶类)中的 -SH、$-NH_2$、-COOH、-OH 等基团结合,导致其生物活性丧失,从而使组织功能出现障碍。铊离子也可以与维生素 B 结合,从而使细胞能量代谢发生改变。铊可使怀孕小鼠的胚胎发生严重的骨骼畸形;铊能使大鼠胚胎成纤维细胞 DNA 断裂,也能引起单链 DNA 断裂,有明显的致突变效应;铊对哺乳动物的生殖功能可能有不良影响。急性铊中毒主要见于皮肤暴露或口服铊盐,环境铊污染对人的影响主要是慢性危害:①周围神经损害;②视力下降甚至失明;③毛发脱落,呈斑秃或全秃;④男性还可见性欲丧失、睾丸萎缩、导致精子生成障碍等,且铊对睾丸的损伤出现较早,提示雄性生殖系统对铊的早期作用特别敏感。

(二)常用农药的代谢及毒性特征

常用农药的代谢及毒性特征内容详见第三章。

(三)典型持久性有机污染物的代谢及毒性特征

多溴联苯醚(polybrominated biphenyl ethers,PBDEs)是溴代阻燃剂类化合物的一种,其优点是阻燃效率高、热稳定性好、添加量少、对材料性能影响小、价格便宜,常以一种重要的工业阻燃添加剂加入树脂、聚苯乙烯和聚氨酯泡沫等高分子合成材料中生产防火材料,广泛用于电子、电器、化工、交通、建材、纺织、石油、采矿等。目前,PBDEs 广泛存在于多种环境介质和人体生物材料中,且含量呈现逐年增加的趋势。2003 年 2 月,欧盟报废电子电器设备指令和电子电器设备中限制使用某些有害物质指令的公布唤醒了各国对 PBDEs 危害性的关注,PBDEs 的残留性和毒性很有可能给环境和人体造成严重影响。POPs 除《关于持久性有机污染物的斯德哥尔摩公约》关注的多氯代二苯并二噁英(PCDDs)、多氯代二苯并呋喃(PCDFs)、多氯联苯(PCBs)和一些有机氯农药外,还包括当前国际研究热点的含溴阻燃剂如 PBDEs,它是一种潜在新型的 POPs。

生活性 PBDEs 污染主要经饮食进入人体,人类和动物主要是通过食物链的传递作用暴露于 PBDEs。呼吸道是职业人群暴露的重要途径,如电器循环回收工人、修理和维护计算机的技术人员、橡胶生产工人等。室内装饰材料、家具和电器中大都添加 PBDEs 作为阻燃剂,在使用过程中 PBDEs 会不同程度地散逸到空气中。进入生物体后,主要分布在肝、肺、肾和大脑等,其在鼠类脂肪生物半减期为 19~119d,含溴越多的同系物,半减期越长。

PBDEs 有肝毒性,表现为肝微粒体酶活性诱导、退行性组织病理学改变、肝大和肝癌。用商业五溴联苯醚(BROMKAL-70)体外染毒脾细胞可致 IgG 抗体含量下降。PBDEs 可影响脾和胸腺结构,造成免疫抑制。青春期持续暴露于 BDE-71,不但可造成甲状腺激素水平降低,还可使青春期发育延迟,如包皮分开时间和引导打开时间明显延迟、精囊和前列腺重量下降,进一步的研究证实其与性激素干扰作用有关。低剂量 BDE-99 染毒可以影响生精过程,导致精子和精细胞数量下降。发育期暴露于 BDE-99 可影响成熟鼠下丘脑腹内侧核孕酮受体基因的表达,同时可干扰前脑啡肽原和雌激素受体基因的表达。

第三节 水体中的有害物质

一、非金属无机毒物

案例 4-7 2008 年 7 月 15 日,某金矿库排水管破裂,大量含氰化物的尾矿库溢洪洞流入板石河,受污染河水流入下游 6.1km 处的水库。泄漏的尾矿浆氰化物浓度高达 37.4mg/L,超标 187 倍;水库入口氰化物浓度高达 9.61mg/L,超标 48 倍。该事故含氰化物尾矿浆泄漏量达 10×10^4 吨,含氰化物尾矿渣为 1 000 吨,氰化物为 3.74 吨。由于当地相关领导高度重视,及时请国家、省内专家应急处理,使污染得到了及时有效的控制,未造成人员伤亡及重大损失。

在受污染的水体中,非金属无机毒主要包括氰化物、氟化物、砷化物和硫化物等,其可通过饮水或食物链传递,使人体发生急、慢性中毒。

氰化物分为无机氰和有机氰或腈,其在工业应用很广,是剧毒物,也是常见的水源污染物。主要来自炼焦、电镀、选矿、染料、医药和塑料等工业废水。水体受氰化物污染后,可对鱼类及其他水生物产生较大的危害,当水中氰化物含量折合成氰离子(CN⁻)浓度为 0.04~0.1mg/L 时,可使鱼类死亡。对浮游生物和甲壳类生物的 CN-MAC 是 0.01mg/L。

氰化物经口、呼吸道或皮肤进入人体,易被人体吸收。氰化物进入胃内,在胃酸解离下,能水解为氢氰酸吸收。其进入血液循环后,与血细胞色素氧化酶 Fe^{3+} 与氰根结合,生成氰化高铁细胞色素氧化酶,丧失传递电子的能力,使呼吸链中断,引起细胞窒息死亡。由于氰化物在类脂中的溶解度比较大,所以中枢神经系统首先受到危害,尤其呼吸中枢更敏感。呼吸衰竭是急性氰化物中毒致死原因。慢性氰化物中毒多见于吸入性中毒。经水污染引起人体中毒比较少见,有时见于家畜直接饮用工矿企业未经处理直接排放的含氰浓度较高的工业废水而死亡的事例。在非致死剂量范围内,氰化物经体内一系列代谢转化与硫结合生成硫氰化物从尿中排出。少量氰化物经消化道长期进入人体,会引起慢性毒害,动物实验阈下浓度为 0.005mg/kg。据调查,有的居民长期饮用受氰污染(含氰 0.14mg/L)的地下水,出现头痛、头晕、心悸,可能是神经系统细胞退行性变所致。这些居民甲状腺肿发生率也明显上升,可能是由于体内长期蓄积硫氰化物所致。因为硫氰化物能妨碍甲状腺素的合成,影响甲状腺的功能,导致甲状腺代偿性肥大。

有关重金属与类金属无机毒物内容详见第二章。

二、易分解的有机毒物

案例 4-8 2009 年 2 月 20 日,因自来水水源受酚类化合物污染,某市大面积断水近 67h,20 万市民生活受到影响,占该市区人口的 2/5。据调查,该市某化工厂为减少治污成本,趁大雨天偷排 30 吨化工废水,以致污染水源地。

天然水体受工业废水污染后,常见的易分解有机毒物主要为苯酚类化合物。苯酚类化合物指芳香烃中苯环上氢原子被羟基取代所生成的化合物。按苯环上羟基数目分为一元苯酚、二元苯酚、三元苯酚等,含两个以上羟基的苯酚类称为多元苯酚。自然界中存在的苯酚类化合物有 2 000 多种,根据其是否能与水蒸气一起挥发可分为挥发苯酚和不挥发苯酚,其中挥发酚的危害较大。苯酚类化合物均具有特殊的臭味,易被氧化,易溶于水、乙醇等多种溶剂。天然水体中含有一定量的苯酚,美国调查发现密西西比河下游平均浓度为 1.5μg/L,底特律河为 0.5~5μg/L,特拉华河为 2~4μg/L。由于苯酚是一种重要工业原料,在工业生产应用广泛,含苯酚废水已成为危害严重的工业废水之一,工业废水中的苯酚含量可高达 1 500~5 000mg/L。主要来自焦化、炼油、制取煤气、冶金、造纸及用苯酚作为原料的工业企业。苯酚类化合物还广泛用于消毒、灭螺、除莠、防腐等,在运输、储存及使用过程中均可进入水体。生活污水中的苯酚含量约 0.1~1mg/L。近年来,我国有多起含苯酚废水引起的水环境污染事件,如 2005 年 12 月,辽宁浑河抚顺段沿河造纸厂违规排污,造成该段水质苯酚浓度超标,直接威胁到抚顺、沈阳等居民的生活用水安全。2011 年 6 月,在杭州某大桥有一辆载苯酚的槽罐车发生车祸性泄漏,20 吨苯酚随暴雨流入富春江水库(饮用水源一级保护区),受苯酚泄漏影响,5 家自来水厂停止取水,50 多万居民供水受影响。

苯酚是一种中等毒物,与细胞原浆蛋白质发生化学反应,低浓度可使蛋白质变性,高浓度能使蛋白质沉淀。苯酚对皮肤黏膜有强烈的刺激腐蚀作用,也可抑制中枢神经系统或损害肝肾功能。进入水体的苯酚可经皮肤和胃肠道吸收,其中大部分在肝氧化成苯二酚、苯三酚,并与葡萄糖醛酸等结合而失去毒性,然后随尿排出,尿呈棕黑色(苯酚尿)。由于苯酚在体内代谢迅速,吸收后在 24h 内代谢完毕,不在体内蓄积,故苯酚类化合物危害多为急性事故性中毒。1974 年 7 月,在美国威斯康星州南部农村,一节装有约 37 900L 苯酚的车厢脱轨,使苯酚溢出,并渗透到周围井水中,造成苯酚污染中毒事件。当时,水苯酚含量高达 1 130mg/L。推测当地居民每人每天经饮用受污染的井水摄入苯酚 10~240mg。1980 年 12 月,湖北省鄂州梁子湖因捕鱼投入五氯苯酚钠,造成水源污染,引起 1 223 人急性中毒。1991 年,湖北襄阳发生为捕鱼向河中投入五氯苯酚钠,造成水源污染,使该河下游某小学饮用河水的 162 人全部中毒。急性苯酚中毒者主要表现为大量出汗、肺水肿、吞咽困难、肝及造血系统损害、黑色尿等。

苯酚类化合物如五氯苯酚、辛基苯酚、壬基苯酚等有内分泌干扰作用。五氯苯酚钠是我国血吸虫病流行区常用的杀钉螺药物,大量施用污染土壤、水体及动植物,可经食物链进入人体。据动物实验,五氯苯酚可干扰机体甲状腺素的正常功能。人群调查观察到,其对妇女正常内分泌功能有干扰作用,可影响子女生长发育。五氯苯酚可通过模仿天然激素与胞质中的激素受体结合组成复合物,后者结合在 DNA 结合区的 DNA 反应元件上,从而诱导或抑制靶基因的转录和翻译,产生类似天然激素样作用。五氯苯酚还可与天然激素竞争血浆激素结合蛋白,增强天然激素的作用,并可通过影响天然激素合成过程中的关键酶而产生增强或拮抗天然激素的作用。

此外,苯酚污染的水体能使水感官性状恶化,产生异臭和异味,苯酚化合物在水中的嗅觉阈值差别很大,苯酚为 15~20mg/L,邻、间、对甲苯酚为 0.002~0.005mg/L。苯酚与水中游离氯可结合产生氯苯酚臭,苯酚的氯苯酚臭阈为 0.005mg/L。

苯酚还可影响水生生物,当水中苯酚达到 0.1~0.2mg/L 时,可使鱼贝类水产品带有异臭异味,而当水中的苯酚浓度大于 5mg/L 时则会造成鱼类中毒死亡。高浓度的苯酚(特别是多元苯酚)还可抑制水中微生物的生长繁殖,累及水体自净作用。

三、难分解的有机毒物

(一)多氯联苯

多氯联苯(polychlorinated biphenyls,PCBs)是一类人工合成有机物,是联苯苯环上的氢原子被氯取代后形成的一类含氯有机化合物,易溶于脂质和有机溶剂而难溶于水,在水中溶解度仅为 12μg/L(25℃),其化学稳定性随着氯原子数的增加而增高。

1881年,德国人 Schmidt 和 Schults 成功合成 PCBs。1929年,美国有公司开始工业化生产。PCBs 的高残留性、高富集性、远距离扩散以及对生态系统和人类健康的影响,被国内外环境保护部门列入优先监测和控制的有机污染物名单,是环境科学关注的热点之一。

由于 PCBs 的低可燃性、低电导率、高热稳定性和高度的化学稳定性等优良性能,使它们成为有效的冷却剂、润滑剂以及绝缘剂而广泛用于变压器和电容器、热交换器和水力系统、无碳复印纸、工业用油、油漆、添加剂、塑料、阻燃剂等工业生产中。20世纪70年代,大多数国家宣布禁止生产 PCBs,但是大量的 PCBs 仍在使用。截至1989年,全球估计生产 34 亿磅 PCBs(不包括苏联),多达 2/3 仍在使用或残留在环境中。PCBs 的理化性质稳定(其半减期约40年),且在 PVC 等生产过程中,PCBs 作为副产物仍不断释放进入环境。迄今,PCBs 仍然广泛存在于大气、水体、水体的沉积物、土壤、飘尘,甚至房屋和工厂的表面,并在水生生物、野生动植物、乳汁、哺乳动物、人类组织脏器等都检出 PCBs,提示 PCBs 已造成全球性(从赤道到两极)多介质(气、水、土壤、底泥及生物体)污染。

PCBs 主要随工业废水和城市污水进入水体,且经食物链对生物体产生影响。同时,由于其低溶解性、高稳定性和半挥发性等,以至于能远程迁移,造成全球性环境污染。目前,据估计全球海水、河水、水底质、水生生物、土壤和大气 PCBs 总量为 25~30 吨以上,污染范围很广,从北极海豹、加拉帕戈斯黄肌鲔到南极海鸟蛋,从美国、日本和瑞典等人乳都检出 PCBs。

1965年,我国开始生产多氯联苯,20世纪80年代初停止生产,估计累计产量近万吨。据我国水体 PCBs 调查,近海海域水体 PCBs 含量水平呈现由北向南逐渐增加的趋势,以东部沿海工农业发达地区最高,其中闽江口污染最严重,PCBs 平均浓度为 985ng/L,最高值达到 2 470ng/L。第二松花江和珠江三角洲流域 PCBs 含量分别为 0.6~337ng/L 和 11.51~485.45ng/L。

PCBs 在水环境中十分稳定,有长期残留性、生物蓄积性、半挥发性和高毒性,是一类广泛存在的持久性有机污染物(persistent organic pollutants,POPs)。其可通过水生生物摄取进入食物链而引起生物富集,藻类对 PCBs 富集能力达千倍,虾、蟹类为 4 000~6 000 倍,鱼类可达数万至十余万倍。鱼类、奶制品和脂肪含量高的肉类都可检出高浓度的 PCBs。由此可见,摄取 PCBs 污染的食物是人类暴露 PCBs 的主要途径。

经不同途径进入体内的 PCBs,在组织中浓度迅速升高,随后缓慢增加并达到稳定状态。PCBs 在体内各组织中的存留量主要取决于组织脂肪含量。目前,测定人类血、乳汁和脂肪等 PCBs 含量可反映体内 PCBs 负荷量。

据动物实验,PCBs 可经胎盘进入胎儿体内,且胎儿组织 PCBs 浓度与染毒量有关。在油症(oil disease)患者中,观察到 PCBs 经胎盘转移,其脐带血 PCBs 浓度约为母体血的25%。体内 PCBs 主要经粪排泄,少量经尿排泄,经粪排泄的大部分是 PCBs 代谢产物。PCBs 的生物半减期和清除率由代谢率决定,氯化程度低的 PCBs 半减期短,清除迅速;氯化程度较高的 PCBs 无明显的清除。

动物反复染毒可产生蓄积毒作用,长期小剂量暴露可产生慢性毒性,引起体重减轻、眼睑浮肿、脱毛、痤疮样皮肤损害等。3,3',4,4'-PCB 可使雄性大鼠出生体重降低,生长发育受阻。夜鹭卵中 PCBs 浓度与孵化出来的雏鸟体重呈负相关,PCBs 对雏鸟的成活率造成影响。密执安湖周围的妇女由于吃鱼而慢性 PCBs 暴露,使初生儿的个体小、头围小和惊吓反射增强。PCBs 染毒动物可出现肝细胞肿大、中央小叶区出现小脂肪滴及滑面内质网大量增生。PCBs 对鱼类的最大危害是对鱼类生殖的影响,它可以造成性腺不正常和生殖力低下;促使性腺出现卵黄磷脂蛋白水平和卵重量下降;卵母细胞畸形增加;雄性的精液减少,甚至有了雌雄同体等现象。PCBs 本身及其 PCBs 代谢产物都具有分泌干扰活性,可从激素的合成、转运、结合、代谢和反馈调节等多层面干扰雌/雄激素系统、甲状腺激素系统等多个内分泌系统的功能。

PBCs 是典型的有内分泌干扰效应的环境雌激素样化学污染物,有拮抗雄激素睾酮的作用。在胚胎原始性腺的形成期,PCBs 能干扰和破坏体内雄激素和雌激素的代谢平衡,使雄性胎儿睾酮水平降低,从而抑制 Wolffian 管向雄性生殖系统分化,导致胚胎期雄性性腺的分化发育障碍,引起生殖系统的结构改变。同时,PCBs 通过干扰雄激素的体内代谢,抑制雄激素生物学效应,使睾丸精曲小管的支持细胞和各级生精细胞发育迟缓,直接影响睾丸的生精能力。因此,出生前 PCBs 暴露可使子代的发育及出生后行为异常。PCBs 可通过和雌激素受体结合,干扰雌激素的正常代谢,直接影响雌性生殖系统的发育和功能。PCBs 还可通过和雌激素受体结合,干扰雌激素的正常代谢,直接影响雌性生殖系统的发育和功能。PCBs 不仅可通过食物链在体内蓄积,还可通过胎盘和乳汁进入胎儿或婴儿,进而对子代造成影响。如 PCBs 等雌激素样化合物在母乳中浓集,可使婴儿从母乳摄取的量达成人接触量的 10~40 倍。据美国研究,用五大湖流域中 PCBs 含量很高的鲤鱼配制饲料喂养水貂进行繁殖试验,发现 PCBs 0.25、0.5 和 1.0mg/kg 暴露可使母体体重降低,发情期延迟,分娩率减少,胎仔死亡率增加,胎仔重量减轻,胎仔存活数减少。在胚胎和新生儿期,PCBs 不仅影响其生殖系统的分化成熟,还可在多个位点起作用,干扰其神经递质多巴胺含量、甲状腺素合成下降等,造成发育期间体重增长缓慢、听力缺失、啮齿动物和猴的学习能力缺失、运动操作方式改变等。1973 年以来,多项研究证实 PCBs 可使动物发生癌前病变或癌变,如某些类型的 PCBs 可使大鼠肝癌和癌前病变发生率增高,含氯 54% 的 PCBs 还可诱发胃肠道肿瘤。1987 年,IARC 将 PCBs 列为可能的人类致癌物质。据流行病学调查,长期 PCBs 暴露可引起人类慢性健康效应,损害肝、生殖系统、免疫功能和阻碍生长发育。

PCBs 对水生生物如藻类、鱼贝类均有较大毒性。水中浓度在 0.1mg/L 时,幼虾 48h 内全部死亡,浓度在 2.4~4.3μg/L 时,17~53d 能杀死成虾。

PCBs 对人危害的最典型例子是"日本米糠油中毒事件"(1968 年)和"中国台湾地区彰化县油症事件"(1979 年)。这些受害者是因食用被 PCBs 污染的米糠油(2 000~3 000mg/kg)而中毒,主要表现为痤疮样皮疹、眼睑浮肿和眼分泌物增加、皮肤黏膜色素沉着、四肢麻木、胃肠道症状等,严重者可发生肝损害,出现黄疸、肝昏迷或死亡。孕妇食用被污染的米糠油后,出现胎儿油症(胎儿死亡,新生儿体重减轻,皮肤颜色异常,眼分泌物增多等),提示 PCBs 可经胎盘进入胎儿体内。2004 年,中国台湾地区有关卫生部门对彰化县油症患者血筛检时,发现第二代、第三代患者,推测是怀孕时经母体传播或出生后通过母乳摄入 PCBs 而致病。

（二）有机氯农药

有机氯农药（organochlorino pesticide）指用于防治植物病、虫害的组成成分中含有有机氯元素的有机化合物，主要分为以苯为原料和以环戊烯为原料两类。有机氯农药，属于高效广谱杀虫剂。20 世纪 40 年代，首先证明 DDT 有明显的杀虫效果后，又合成了狄氏剂、六六六、氯丹等。有机氯农药挥发性低，不溶于水而溶于脂肪、脂类或其他有机溶媒，化学性质稳定，在外界环境或有机体内不易被破坏，有较长的残留致毒性。水体中的有机氯农药主要来源于残留在农作物、果树、森林、土壤表面的农药经雨水冲刷。我国水体农药调查显示，珠江口表层水体和沉积中检出大量有机氯农药，珠江口表层水体 DDT 和六六六平均浓度为 0.80μg/L 和 0.087μg/L，底层水体分别达到 0.56μg/L 和 0.117μg/L。有些有机氯农药，如异狄氏剂、毒杀芬等在 0.000 9~0.005 6mg/L 浓度下可直接杀死水体中许多种浮游植物、浮游动物和一些鱼类。一些敏感的鱼类，会在很低浓度的对硫磷、马拉硫磷影响下中毒死亡。此外，部分有机氯农药如六六六和 DDT，不仅毒性大，而且在水环境中残留时间长，容易在生物体中积累，可经水生生物摄取进入食物链而引起生物富集，对位于食物链末级的生物危害很大。有机氯农药与机体内存在的典型雌激素，如 17- 雌二醇有类似作用。因此，有机氯农药可直接与激素受体结合，对生殖系统产生影响；同时，还可阻碍 17- 雌二醇与雌激素受体结合，产生抗雌激素的作用，导致生物体雄性化。有机氯农药为神经毒物，主要影响神经类脂膜上的胆固醇或乙酰胆碱的释放产生神经毒性，其对人体危害具有蓄积性和远期作用。有机氯农药在体内蓄积，且降解缓慢，近年来我国已停止生产和使用有机氯农药。

（魏雪涛 高 怡 王金勇 庞雅琴 唐焕文）

第五章 雾霾

第一节 概　述

一、雾霾简介

雾霾指大量极其细小颗粒均匀混合悬浮在空气中形成的现象,能导致大气浑浊、视野模糊、大气能见度明显下降,雾霾天气的能见度水平一般小于 10 000m。极其细小颗粒,又称颗粒物(PM),其中 $PM_{2.5}$ 是最重要的成分,也是大气污染的首要污染物,是改善环境空气质量的关键瓶颈问题。雾和霾的主要区别如下。

1. 气象学角度　雾指在水汽充足、微风、大气层稳定的情况下,相对湿度达到 100% 时,空气中水汽便会凝结成细微的水滴悬浮于空中,使地面水平的能见度小于 1 000m 的天气现象。雾多见于春季 2~4 月。霾指空气灰尘、硫酸、硝酸、有机碳氢化合物等粒子能使大气混浊、视野模糊、水平能见度小于 10 000m 的天气现象。

2. 相对湿度　当大气相对湿度小于 80% 时引起的大气混浊、视野模糊、能见度降低的现象是由霾造成的;而当大气的相对湿度大于 90% 时所引起的大气混浊、视野模糊、能见度降低的现象是由雾造成的;当大气的相对湿度介于 80%~90% 时所引起的大气混浊、视野模糊、能见度降低的现象是由雾和霾共同造成的。

3. 组成成分　出现霾时空气一般相对干燥,空气相对湿度通常在 80% 以下。造成霾的颗粒物一般粒径小于 2.5μm,其成分主要包含大量极细微的尘粒、烟粒、盐粒等,这种颗粒物结合了重金属、持久性有机污染物、多环芳烃等数百种有毒物质,并且使空气有效水平能见度小于 10 000m,用“∞”符号表示。造成雾的颗粒物或气溶胶一般粒径大于 2.5μm,主要成分是浮游在空中的大量微小水滴或冰晶。

二、雾霾污染的主要来源

1. 交通尾气　常用交通运输工具如飞机、汽车、轮船等使用的主要燃料是汽油、柴油等石油制品,燃烧后可产生大量的颗粒物和有机污染物,是雾霾颗粒组成的最主要成分;随着各类交通工具数量剧增,交通尾气已经成为我国许多大城市中大气污染的主要来源之一。

2. 工业排放　在工业生产加工和工业燃料燃烧过程中产生的颗粒物。工业生产各个环节均可能有颗粒物排放出来,产生的颗粒物与原料种类和生产工艺密切相关。目前,我国主要的工业燃料是煤和石油,在发电、化工、冶金、机械等行业都需要消耗这些能源,燃烧过程中产生大量的颗粒物,并吸附有大量的重金属、有机物和无机盐等。

3. 建筑扬尘　在建筑工地施工过程产生的大量颗粒物和扬尘是大气颗粒物的来源之

一,并且可以在不同的区域内传输。

4. 生活排放　生活炉灶和采暖锅炉都使用大量的煤、液化石油气、煤气和天然气等,由于燃料燃烧效率低、燃烧不完全、没有烟囱或者高度较低,都会导致低空排放颗粒物。

三、霾的分级

1. 霾的分级　指反映霾污染严重程度的指标,主要按大气能见度水平分级(表5-1)。

表5-1　霾的分级

霾的分级	能见度	防护指导
轻微霾	≥5km~<10km	轻微霾天气,无须特别防护
轻度霾	≥3km~<5km	轻度霾天气,适当减少户外活动
中度霾	≥2km~<3km	中度霾天气,减少户外活动,停止晨练;驾驶人员小心驾驶,因空气质量明显降低,人员需要适当防护;呼吸道疾病患者尽量减少外出,外出时可戴上口罩
重度霾	<2km	重度霾天气、轮渡码头等单位加强交通管理,保障安全;驾驶人员谨慎驾驶;空气质量差,人员需适当防护;呼吸道疾病患者尽量避免外出,外出时可戴上口罩

2. 霾的预警级别　一般由低到高依序为黄色预警、橙色预警、红色预警。黄色预警指未来24h内容易形成空气中度污染,可能会出现中度霾;橙色预警指未来24h以内容易形成空气重度污染,可能会出现重度霾;红色预警指未来24h以内容易形成空气严重污染,可能会出现严重霾(能见度<1km的重度霾)(表5-2)。

表5-2　霾的预警级别

雾霾预警级别	预报条件[1]			防护指导
	能见度	相对湿度	PM$_{2.5}$浓度	
黄色预警	<3km	<80%	-	空气质量明显降低,人员需适当防护;一般人群适量减少户外活动,儿童、老人及易感人群应减少外出
	<3km	≥80%	115μg/m³<PM$_{2.5}$≤150μg/m³	
	<5km	-	150μg/m³<PM$_{2.5}$≤250μg/m³	
橙色预警	<2km	<80%	-	空气质量差,人员需适当防护;一般人群减少户外活动,儿童、老人及易感人群应尽量避免外出
	<2km	≥80%	150μg/m³<PM$_{2.5}$≤250μg/m³	
	<5km	-	250μg/m³<PM$_{2.5}$≤500μg/m³	
红色预警	<1km	<80%	-	空气质量很差,人员需加强防护;一般人群避免户外活动,儿童、老人及易感人群应当留在室内;机场、高速公路、轮渡码头等单位加强交通管理,保障安全;驾驶人员谨慎驾驶
	<1km	≥80%	250μg/m³<PM$_{2.5}$≤500μg/m³	
	<5km	-	PM$_{2.5}$>500μg/m³	

注:1. 指未来24h出现以下条件之一,或目前天气状态已达到现在的条件之一,并且这种状态将持续存在。

四、我国雾霾污染情况及特征

2016 年 12 月 16 日~21 日,华北、黄淮等地出现该年持续时间最长、影响范围最广、污染程度最重的霾天气。全国受霾影响面积为 268 万平方公里,重度霾影响面积为 71 万平方公里,有 108 个城市达到重度及以上污染程度,北京和石家庄局地 $PM_{2.5}$ 峰值浓度分别超过 600μg/m³ 和 1 100μg/m³。北京、天津、石家庄等 27 个城市启动空气重污染红色预警,中小学和幼儿园停课,多个机场出现航班大量延误和取消,多条高速公路封闭,呼吸道疾病患者增多。

1. 我国雾霾污染情况 霾天气多见于秋冬季,冬季霾天数占全年霾天数的 42.3%。从 1961 年至 2012 年,经济发达、人口密集的城市雾霾天气数量与日俱增,我国中东部地区年平均雾霾天数呈显著增加趋势,华北中南部至江南北部的大部分地区雾霾的日数范围在 50~100,部分地区甚至超过 100。

2012 年,我国颁布《环境空气质量标准》(GB 3095—2012)。2013 年,在京津冀、长三角、珠三角等重点区域、直辖市、省会城市和计划单列出的 74 个城市,按照新标准开展空气质量监测。第一阶段实施监测 74 个城市,2013 年 3 个城市空气质量达标,占 4.1%,超标城市比例为 95.9%。2014 年第二阶段实施监测城市增加 87 个城市,共 161 个城市,其中 2014 年 16 个城市空气质量达标,占 9.9%;145 个城市空气质量超标,占 90.1%。2015 年,全国 338 个地级以上城市全部开展空气质量新标准监测,发现 73 个城市环境空气质量达标,占 21.6%;265 个城市环境空气质量超标,占 78.4%。2016 年,全国 338 个地级及以上城市中,有 84 个城市环境空气质量达标,占 24.9%,254 个城市环境空气质量超标,占 75.1%,提示我国空气质量不断改善。

据《2017 年大气环境气象公报》,全国平均霾日数为 27.5d,比 2016 年减少 10.5d;比 2013 年减少 19.4d;各地颗粒物污染情况总体有所改善,但超标情况仍然突出。从长期变化趋势来看,2000 年以来,我国大气环境整体呈现前期转差后期向好趋势。全国霾天气过程次数 2013 年达到峰值(15 次),此后次数逐年下降,2017 年下降最明显。2013 年是我国雾霾比较严重的一年,环保部空气质量监测观察到,2013 年 1 月和 12 月,中东部地区发生了 2 次较大范围区域性灰霾污染。两次灰霾污染过程均呈现出污染范围广、持续时间长、污染程度严重、污染物浓度累积迅速等特点,且污染过程的首要污染物以 $PM_{2.5}$ 为主。其中,1 月份的灰霾污染过程接连出现 17d,造成 74 个城市发生 677 天次的重度及以上污染天气,其中重度污染 477 天次、严重污染 200 天次,污染较重的区域主要为京津冀及周边地区,尤其石家庄、邢台是污染最重的城市;12 月 1 日至 9 日,中东部地区集中发生了严重的灰霾污染,造成 74 个城市发生 271 天次的重度及以上污染天气,其中重度污染 160 天次、严重污染 111 天次,污染较重的主要是长三角区域、京津冀及周边地区和东北部分地区,尤以长三角区域污染最重。

2. 我国雾霾的污染特征 $PM_{2.5}$ 是雾霾天气的罪魁祸首之一,2012 年发布新的空气质量标准,增加了对 $PM_{2.5}$ 的监测。2013 年,我国首批监测的 74 个城市 $PM_{2.5}$ 年均浓度范围为 26~160μg/m³,平均浓度为 72μg/m³,达标城市 4.1%;74 个城市平均达标天数比例为 60.5%,平均超标天数比例为 39.5%。2014 年监测城市增加到 161 个城市,$PM_{2.5}$ 年均浓度范围为 19~130μg/m³,平均为 62μg/m³,达标城市比例为 11.2%;日均浓度达标率范围为

32.1%~99.7%,平均为 73.4%,平均超标率为 26.6%。2015 年,全国 338 个地级以上城市全部开展空气质量新标准监测,$PM_{2.5}$ 年均浓度范围为 11~125μg/m³,平均为 50μg/m³(超过国家二级标准 0.43 倍);日均值超标天数占监测天数的比例为 17.5%,达标城市比例为 22.5%。2015 年,全国 338 个地级以上城市 $PM_{2.5}$ 浓度范围为 12~158μg/m³,平均为 47μg/m³,超标天数比例为 14.7%。由此可见,我国空气质量逐年变好,但是 $PM_{2.5}$ 污染水平仍明显大于 WHO 发布的空气质量建议值(47μg/m³),仍需加大力度进行空气污染治理。

第二节 雾霾的健康影响

一、雾霾对呼吸系统疾病的影响

对美国巴尔的摩市 1999—2002 年空气污染监测数据和同期该市住院治疗的 1 100 万患者的统计分析显示,短期 $PM_{2.5}$ 暴露可使呼吸系统疾病住院的危险度明显增高。雾霾可导致口腔、咽喉、鼻部不适,咳嗽和呼吸困难等临床症状增加,包括呼吸道感染性疾病、慢性阻塞性肺疾病、呼吸系统过敏性疾病(尤其是哮喘)、肺癌、间质性疾病(如非职业性尘肺)在内的各类疾病的发病率和死亡率上升。

近年来,随着雾霾天气的频繁出现,哮喘患病率逐步上升。据报道,排除其他污染物的作用,PM_{10}、$PM_{2.5}$ 的短期和长期暴露与哮喘恶化、低控制、发病风险和住院率升高有关。在北京奥运会期间,当地大气 $PM_{2.5}$ 浓度从 80μg/m³ 下降到 45μg/m³ 左右,居民哮喘发病风险也减少了 50%。迄今雾霾性哮喘发病机制尚不清楚,但是雾霾的空气颗粒物(如 PM_{10}、$PM_{2.5}$、O_3、SO_2、NO_2、重金属和过敏性物质及细菌、病毒、真菌等致病微生物等)可使人体致敏,引起气道高反应性、炎症因子释放、嗜酸性粒细胞和免疫球蛋白 E 升高,以致哮喘的发生。

慢性阻塞性肺疾病(慢阻肺)的主要病因为吸烟。近年来,非吸烟者慢阻肺发病率也逐渐升高。在欧盟、美国和中国,颗粒物暴露导致慢阻肺的死亡率分别上升了 6%、1% 和 1%;PM2.5 水平每增加 10μg/m³,慢阻肺的发病率增加 5.3%,住院率增加 1.72%~6.87%。

长期暴露于雾霾天气与肺癌的发病率和死亡率密切相关。美国癌症协会某队列调查了 120 万名美国成年人 26 年(1982—2008 年)的关键死因,发现在排除吸烟、饮食、饮酒、职业和其他风险因素后,$PM_{2.5}$ 每增加 10μg/m³,肺癌死亡率增加 8%,肺癌死亡的相对风险增高 15%~27%。欧洲 17 个流行病学调查也支持该结论,他们观察到 $PM_{2.5}$ 暴露使肺癌风险明显增加,尤其是肺腺癌,$PM_{2.5}$ 暴露与肺癌发病率、病死率相关。全球每年有 14 万~30 万例肺癌患者死亡与 $PM_{2.5}$ 存在关联,$PM_{2.5}$ 浓度每升高 10μg/m³,肺癌病死率增加 15%~21%。加拿大 Hystad 等收集了 1994—1997 年确诊肺癌患者 2 390 例和健康对照者 3 570 例资料,结果观察到 $PM_{2.5}$ 浓度每增加 10μg/m³,肺癌发病风险也增强,其相对风险度(odds ratio,OR)值为 1.29[95% 置信区间(confidence interval,CI):0.95~1.76]。雾霾可诱导产生活性氧(ROS),使肺自由基生成增多,导致 DNA 氧化损伤,诱发抑癌基因突变失活、癌基因异常表达,激活信号传导通路,以致蛋白质合成和降解失调,引起细胞分裂,形成癌变。

二、雾霾对心血管系统疾病的影响

$PM_{2.5}$ 在全球死因排第 13 位(WHO),每年可致约 80 万人死亡。$PM_{2.5}$ 浓度每增加 10μg/m³,

疾病总死亡率风险增加 6.2%，心血管疾病死亡率风险也增加 10.6%。

德国 Peter 等人群研究发现，在交通高峰时期大气污染中暴露数小时，发生心肌梗死的相对风险度为 2.92。美国约翰·霍普金斯大学公共卫生学院最新研究显示，65 岁以上的人群，短期暴露于 $PM_{2.5}$ 较高浓度的空气中，罹患心血管和呼吸道疾病的风险明显增高。据美国癌症协会队列研究显示，空气 $PM_{2.5}$ 浓度每升高 $10\mu g/m^3$，人群总死亡率和心血管疾病死亡率分别增加 4.0% 和 8.0%；大气 SO_2 和二氧化氮（NO_2）浓度每增加 $10\mu g/m^3$，心血管疾病死亡率分别增加 1.45%、1.05%。空气 $PM_{2.5}$ 很容易经肺泡 - 呼吸膜 - 肺静脉进入血液循环和心脏。由于雾霾天气时气压降低，人们室外活动的汗液排出减少，以致血压升高，出现呼吸急促、胸闷等。老年人是心血管疾病的高发人群，雾霾天气易出现急、慢性心血管疾病，诱发心肌梗死、心绞痛等，严重时甚至发生猝死。

老年人、尚未诊断的冠心病及心脏结构异常的患者是 $PM_{2.5}$ 致心血管疾病的易感人群，这些人群暴露于 $PM_{2.5}$ 数小时至数天发生心血管疾病的风险会极大地增加。尤其是暴露于冬季的 $PM_{2.5}$，冬季由于燃煤增多，大气污染更严重，$PM_{2.5}$ 表面吸附大量硝酸盐、有机碳、金属元素等，其特点是多环芳烃含量多，铅、铁、锌、钒、铝、铬等有毒有害物质多，对人类健康的危害更大。

$PM_{2.5}$ 对心血管系统影响的途径：①氧化应激和炎症反应的间接效应。$PM_{2.5}$ 可通过肺局部氧化损伤、炎症反应使促炎介质及血管活性分子进入血液，引发氧化应激和炎症反应，对心血管系统产生间接影响。②炎症介质对自主神经系统的直接效应。短期或长期吸入 $PM_{2.5}$ 可导致心率和血压的波动，而心率和血压的波动主要取决于自主神经功能的调节，$PM_{2.5}$ 可能诱发自主神经系统功能紊乱而作用于心血管系统。③细颗粒物的某些成分进入血液直接作用于心肌细胞。$PM_{2.5}$ 对心血管系统的直接作用是由易穿透肺泡上皮细胞而进入循环系统的成分引起，颗粒物的一些可溶性成分以及超细颗粒物也可以通过气血交换进入血循环而造成心脏损害。④ $PM_{2.5}$ 可导致血液高凝，是冠脉粥样硬化的原因之一。$PM_{2.5}$ 暴露可以使血浆凝血酶原时间、活化的部分凝血酶原时间缩短，血浆纤维蛋白原增加，血小板活化增加，纤溶酶原激活抑制物表达增加，以致血液高凝及血栓形成。

三、雾霾对中枢神经系统疾病的影响

长期暴露于 $PM_{2.5}$ 与中枢神经系统炎症、神经细胞退行性变有关，$PM_{2.5}$ 是中枢神经系统疾病的重要危险因素。阿尔茨海默病（AD）、帕金森病（PD）等与 $PM_{2.5}$ 高暴露有关。AD 的特点是神经细胞外淀粉样物（Aβ）沉淀，形成老年斑（SP）。$Aβ_{1-42}$ 是形成 SP 的重要因素，其增高与 AD 发病密切相关，可在脑组织内形成不溶性 β 沉淀，逐渐形成 PD。因此，暴露于 $PM_{2.5}$ 被认为是 AD 及 PD 的危险因素，而携带 APOE4 等位基因者患 PD 的危险性更高。

$PM_{2.5}$ 引起的中枢神经系统炎症和神经退行性变，主要是炎症介质在中枢神经系统的低水平持续表达和活性氧成分的形成引起的。细颗粒物能通过一定方式扩散进入神经系统，所携带的物质可引发氧化应激反应，导致线粒体及各种细胞器出现退行性改变，进而触发神经元、胶质细胞等出现非正常折叠蛋白，出现 AD 等早期症状。雾霾也可以通过母体的摄入对胎儿的神经系统发育产生影响，进而影响到子代的认知和神经行为学。

四、雾霾对糖尿病的影响

空气污染会降低胰岛素敏感性，引起胰岛素分泌及血脂的变化，导致 2 型糖尿病的发生

率和死亡率增加。短期亚急性暴露于低浓度 $PM_{2.5}$ 可导致人体胰岛素抵抗,从而诱发糖尿病发生。长期 $PM_{2.5}$ 暴露可诱发糖尿病,$PM_{2.5}$ 浓度升高与 2 型糖尿病发病率增加呈正相关。$PM_{2.5}$ 日平均浓度和年平均浓度每增加 $10\mu g/m^3$,2 型糖尿病发病率均增加 1%。长时间处于高浓度的 $PM_{2.5}$ 下,有害颗粒的大量吸入会诱发炎症,引起健康人机体抵抗力下降,对胰岛素的敏感性降低,容易诱发糖尿病。

空气污染与糖尿病急性并发症、昏迷和酮症酸中毒相关。糖尿病、高血压患者和肥胖人群暴露于高浓度 $PM_{2.5}$ 后,机体的 C- 反应蛋白(CRP)、白介素 -6(IL-6)、白细胞数量等炎症水平明显高于正常人群。2 型糖尿病患者外周血管内皮细胞黏附因子(VCAM-1)浓度随着 $PM_{2.5}$ 暴露水平升高而增加。$PM_{2.5}$ 日平均浓度每增加 $10\mu g/m^3$,2 型糖尿病患者血液中 IL-6、TNF-α 水平分别升高 20.2% 和 13.1%。

五、雾霾对儿童及孕妇的影响

孕期 $PM_{2.5}$ 的高暴露可能与婴儿低出生体重、胎儿死亡、宫内发育迟缓等有关。

细颗粒物的遗传毒性指细颗粒物对染色体、DNA、基因等不同水平遗传物质产生的毒效应,包括染色体结构变化、DNA 损伤和基因突变等。如果这些变化发生在体细胞,可造成体细胞突变或癌变;如果发生在生殖细胞,则会引起遗传变异。$PM_{2.5}$ 可引起染色体畸变,造成生殖毒性,甚至癌变。

据流行病学调查显示,$PM_{2.5}$ 暴露浓度与卵巢癌患者的死亡率呈正相关。Iwai 等发现卵巢癌的高发病率与机动车尾气释放的 $PM_{2.5}$ 有关,且可能与其干扰内分泌紊乱、雌激素样作用有关。$PM_{2.5}$ 有类雌激素作用,$PM_{2.5}$ 暴露与乳腺癌发生相关性较强。暴露烟雾颗粒(主要为 $PM_{2.5}$)会引起宫颈癌细胞的氧化应激,造成 DNA(8-oxdG)的损伤,与人乳头瘤病毒(human papillomavirus,HPV)感染呈协同作用,这也是吸烟患者中宫颈癌高发的原因。

第三节 雾霾的防护

一、室内防护措施

1. 雾霾天少开窗、会开窗　室内若长时间不开窗,易导致室内 CO_2 浓度升高,氧气消耗过多浓度下降,影响居民健康。因此,即使雾霾天最好也要保持一定时间开窗通风。开窗时要躲开早晚雾霾高峰时段或在雾霾散尽的时候,将窗户打开一条缝通风,每次以 0.5h 为宜。特别是冬季以空调取暖的居室,更要注意开窗透气,确保室内氧气充足。

2. 空气净化　如果雾霾天气持续时间长而无法开窗通风,可采用空气净化设备净化室内空气。市售大多数空气净化器都以净化空气的细微颗粒物为主,对 $PM_{2.5}$ 的吸附效果较好。但在使用过程中要注意观察净化效果。如果发现净化效果明显下降,或者开启空气净化器后有异味,就应及时更换过滤材料和清洗过滤器。而且,空气净化器中的净化材料是有使用寿命的,为避免造成二次污染,可根据污染程度和使用时间及时更换。室内污染较重时,应提高过滤材料的更换频率。更换空气净化器内部材料时也要做好自我防护,如更换滤网时要戴手套和口罩,以防止更换过程中接触和吸入被截留的有害物质。

3. 禁止室内吸烟　吸烟对室内空气质量影响较大,是造成室内 $PM_{2.5}$ 超标的重要原因之一。据北京市疾病预防控制中心检测显示,在 $30m^3$ 实验舱中,燃烧 1 支香烟,室内 $PM_{2.5}$ 浓度可达 $500\mu g/m^3$ 以上。如果在雾霾天同时吸烟,室内 $PM_{2.5}$ "爆表"的程度比室外还严重,且香烟中含有大量的有毒、有害物质,造成的健康危害会更大。应当做好室内禁烟工作,尤其要避免雾霾天气时在室内吸烟。

4. 选择合理烹饪方式　居家烹饪也是室内 $PM_{2.5}$ 污染的一个重要来源。室内门窗关闭,厨房中采用煎、炒、炸等烹饪方式,即使开启油烟机,瞬间 $PM_{2.5}$ 浓度也可超过 $800\mu g/m^3$。并可一定程度上扩散到客厅、卧室等地方。当采用蒸、煮烹饪方式时,厨房内 $PM_{2.5}$ 浓度变化不明显。在雾霾天做饭时,要关闭厨房门,开启油烟机。天气重污染期间,尽量采用蒸、煮的方式。完成烹饪后,仍需继续开启油烟机 5~15min。

5. 注意居室环境卫生　雾霾天气时人们室内活动增多,在门窗关闭的情况下,会使室内 $PM_{2.5}$ 浓度逐渐上升。因此在重污染天气,居室清扫宜采用湿式清扫法。可使用湿润的拖布、抹布等进行室内清洁,并适当增加频次。一旦雾霾散去,应及时开窗通风。

二、个人防护措施

1. 雾霾天少出行　在门窗密闭的情况下,严重雾霾天气室内 $PM_{2.5}$ 浓度要低于室外浓度三到四成。因此,在雾霾天气时,要尽量减少暴露在室外的时间,降低室外活动强度。特别是慢性呼吸道疾病患者,如哮喘、慢性咽喉炎、过敏性鼻炎患者、心血管疾病患者或体弱多病、老人、小孩、孕妇等患者,在雾霾天要减少室外活动。雾霾天气是心血管疾病患者的"健康杀手",尤其是有呼吸道疾病和心血管疾病的老人,雾霾天最好不出门,更不宜晨练,可能有诱发病情、威胁生命的危险。雾霾天是心血管疾病患者的"危险天",因雾霾天多气压低,空气含氧量有所下降,人们容易感到胸闷。早晨潮湿寒冷的雾气还会造成冷刺激,易引起血管痉挛、血压波动、心脏负荷加重。同时,雾霾的一些病原体会导致头痛,甚至诱发高血压、脑卒中等。因此,慢性呼吸道疾病和心血管疾病患者需要外出时,尤其是哮喘、冠心病患者,要随身携带药物,以免受到污染物刺激病情突然加重。

儿童正处于生长发育阶段,对环境污染比成人更敏感。老人机体抵抗力低,通常患有基础病,雾霾的大量灰尘、颗粒会刺激呼吸道,容易引起呼吸道刺激症状。所以,儿童、老人要注意防护雾霾。患病人群在雾霾天要减少户外活动,同时不要到人多拥挤、空气污浊的场所活动,注意个人卫生,勤洗手,注意随时增减衣物,以保持良好的身体状况。

2. 雾霾天减少户外锻炼　户外锻炼时人体需氧量增加,随着呼吸的加深,雾霾的有害物质会被吸入呼吸道而危害健康。在雾霾天可暂停户外锻炼或改为室内锻炼。建议关注空气质量预报,合理安排出行。当空气质量指数大于 300 时,尽量避免户外活动。当空气质量指数小于 100 时,比较适宜户外运动。雾霾天气里可每天抽出一定时间在室内进行体育锻炼,以增强免疫力及提高身体功能。

3. 外出佩戴"防霾口罩"　①纱布口罩。能滤除大部分粉尘和病菌,但对 $PM_{2.5}$ 几乎没有防护效应。②活性炭口罩。有吸附效应的活性炭层,可隔绝异味,对抗颗粒物防霾效果欠佳。③普通一次性医用口罩。一般为无纺布材质,有防飞沫、吸湿等效应,但对过滤颗粒物效果并不理想,不适合用于抵挡 $PM_{2.5}$。④ N95 型口罩。美国国家职业安全卫生研究所(NIOSH)认证的 9 种防颗粒物口罩中的一种。N95 指在标准规定的测试条件下,过滤非油性颗粒物最低效率为 95%。

口罩上的 N 代表采用的是美国标准, FFP 是欧洲标准, KN 是中国的标准。字母后面的数字则代表口罩的防护等级, 数字越大, 防护等级越高。三种不同标准口罩之间防护级的评估由专业人士提供了一个公式: FFP3>FFP2=N95=KN95>KN90。一般建议选择标有 KN95 或N95、FFP2 及其以上标准的口罩。此外, 消费者在选择口罩时, 除了防护功能外, 还要综合考虑使用者脸型、舒适性等因素, 以确保有效的防护。N95 口罩防护性虽好, 但因为密闭性强,可能会造成人体缺氧、呼吸困难等, 心脑血管疾病患者如果要用 N95 口罩, 要按医嘱。儿童、老年人及体质较弱的人在使用时也需谨慎。因此, 有学者建议, 在综合考虑价格、防护及舒适度的情况下, 选择 KN90 口罩比较经济实用。

4. 保护眼睛 雾霾不仅可通过呼吸进入人体, 同时也会影响裸露在外的身体部分。雾霾天要选择合适的眼镜或防护镜, 尽量不戴隐形眼镜。空气粉尘和颗粒物可吸附在隐形眼镜上, 阻塞镜片的透气孔, 降低镜片透氧性能, 引起角膜缺氧。佩戴隐形眼镜时还可使泪液流动性变差, 在空气污染时, 粉尘和颗粒物易聚集于结膜上, 引起眼部过敏或感染, 甚至导致角膜炎。

5. 其他 日常生活中一定要多喝水, 保持呼吸道的湿润; 合理膳食, 多吃清心润肺的瓜果、蔬菜, 适当摄入肉类食品, 补充身体所必需的维生素和蛋白质营养物质; 生活作息要规律, 从而提升自身的免疫力。

雾霾天要注意个人卫生, 外出时尽量不要将皮肤裸露在外。雾霾天气外出, 衣服、口鼻等会附着雾霾的污染物, 可持续对健康造成危害。回家后应及时脱掉外衣、洗脸、洗手、洗口鼻, 减少污染。

（李艳博 张 怡 张 婷 张 晶 朴金梅）

第六章　食品添加剂/污染物

第一节　食品污染物

食品从原料到生产、加工、运输、储存、经营和消费过程中,都可能存在污染因素,以致引起食品安全问题。食品污染主要包括生物性污染和化学性污染,可通过空气、水、土壤、动植物、食物链等引起污染。主要污染物有农药、兽药、微生物毒素、环境污染物、加工过程的污染物和包装材料化学物等。

一、黄曲霉毒素

案例 6-1　2004 年 1~6 月,某国某地居民因食用被黄曲霉污染的玉米而引起黄曲霉毒素中毒。317 人因肝衰竭就诊,其中 125 人死亡。调查发现,玉米黄曲霉毒素 B1(AFB1)的浓度高达 4 400ppb,是该国食品标准限值的 220 倍。

(一)来源及主要污染食品

黄曲霉毒素是黄曲霉和寄生曲霉的部分产毒菌株代谢产物。不同菌株的产毒能力差异很大,湿度(80%~90%)、温度(25~30℃)、氧气(1% 以上)是黄曲霉繁殖和产毒的必需条件。

我国长江沿岸以南地区黄曲霉毒素污染严重,北方地区污染较轻。在各类食品中,以花生、花生油、玉米的污染最严重,大米、小麦、面粉污染较轻,豆类很少被污染。

限制食物中黄曲霉毒素的含量,是防止其对人体危害的一项重要措施。我国规定玉米、花生仁、花生油黄曲霉毒素含量不得超过 20μg/kg,玉米及花生仁制品(按原料折算)不得超过 20μg/kg,大米、其他食用油不得超过 10μg/kg,其他粮食、豆类、发酵食品不得超过 5μg/kg,婴儿代乳食品不得检出黄曲霉毒素。

(二)理化特性

黄曲霉毒素毒性与其结构有关,已确定结构的黄曲霉毒素有 20 多种。在天然食品中以 AFB1 污染最常见,其毒性和致癌性也最强。黄曲霉毒素可溶于氯仿、甲醇及乙醇等有机溶剂,但不溶于水、乙烷、石油醚和乙醚。黄曲霉毒素耐高温,一般加热烹调温度不易破坏。在 280℃时发生裂解,强碱性条件可破坏其内酯环,形成水溶性的香豆素钠盐,其毒性亦被破坏。

(三)毒性及对健康的影响

黄曲霉毒素是一种剧毒物质,对鱼、鸡、鸭、鼠类、兔、猫、猪、牛、猴及人均有极强的毒性。多数敏感动物在摄入毒素后 3d 内死亡,可明显损伤肝,出现肝细胞坏死,胆管上皮增生、肝脂肪浸润、肝内出血等急性病变。少量持续摄入可引起肝纤维细胞增生、肝硬化等慢性病变。

急性黄曲霉毒素中毒较为多见,如非洲霉木薯饼中毒、泰国霉玉米中毒。1974年,印度两个邦200个村庄因食用霉变玉米爆发中毒性肝炎,有397人发病,其中106人死亡。中毒表现为发热、呕吐、厌食、黄疸,严重者出现腹水、下肢浮肿、肝脾肿大及肝硬化、甚至死亡。发病者食用玉米AFB1含量为6.25~15.6mg/kg。

AFB1不仅有很强的急性毒性,也有明显的慢性毒性。长期低剂量摄入黄曲霉毒素可产生慢性毒性,出现生长障碍、亚急性或慢性肝损伤,肝功能下降、肝硬化。此外,还有食物利用率下降、体重减轻、生长发育迟缓、母畜不孕、母畜产仔量减少等。

黄曲霉毒素有较强的肝毒性,对肝有特殊亲和性,干扰肝功能,导致突变、癌症、肝坏死。其毒作用机制主要是抑制肝合成RNA,破坏DNA模板功能,影响蛋白质、脂肪、线粒体、酶等的合成与代谢。饲料黄曲霉毒素可以在动物肝、肾和肌肉组织蓄积,人食用后可引起慢性中毒。

黄曲霉毒素是迄今发现较强的化学致癌物质之一,其致肝癌强度比二甲基亚硝胺大75倍。黄曲霉毒素不仅可以诱发鱼、禽、大鼠、猴等实验性肝癌,而且还可以诱发其他部位产生肿瘤,如胃、肾、直肠、乳腺、卵巢、小肠等。

(四)防治措施

黄曲霉毒素的预防措施主要有:①防霉是预防食品被黄曲霉毒素污染的根本措施。食品霉变需要合适的温度、湿度和氧气,其中湿度尤为重要,所以防霉的主要措施是控制食品的水分。粮食在收获、保藏过程中要注意低温保存,除湿和通风。此外,选择有抗霉作用的品种。②食品被黄曲霉毒素污染或者怀疑含有黄曲霉毒素时,可采取挑选霉粒法、碾压加工法、加水搓洗法、物理吸附法、植物油加碱去毒法将毒素破坏或去除。③限制食品中黄曲霉毒素含量。

二、N-亚硝基化合物

案例6-2　2014年4月,某大学医学院某硕士研究生喝水后出现呕吐,体温高达39.3℃,被医院诊断为急性胃肠炎。次日,仍呕吐、发热、腹部隐痛。实验室检查显示肝功能和凝血功能异常,接受保肝和输血治疗。第三天病情急剧恶化,血小板减少、昏迷,以致死亡。据调查,这是一起急性N-二甲基亚硝胺中毒事件。

N-二甲基亚硝胺属于N-亚硝基化合物,是一类对动物有较强致癌效应的化合物,包括N-亚硝胺和N-亚硝基酰胺两大类。

(一)来源及主要污染食品

环境和食品中天然存在的N-亚硝基化合物的含量很低,而作为N-亚硝基化合物前体物质的硝酸盐、亚硝酸盐与胺类在自然界广泛存在,在适宜条件下,这些前体物质可经化学或生物学途径合成N-亚硝基化合物。

蔬菜等农作物在生长过程中从土壤中吸收硝酸盐等营养成分,当光合作用不充分时,植物体内可积蓄较多的硝酸盐。新鲜蔬菜中硝酸盐含量差异很大,主要与作物种类、栽培条件(如土壤和肥料的种类)以及环境因素(如光照等)有关。鱼、肉等食物在加工过程中会使用硝酸盐或亚硝酸盐作为防腐剂和着色剂。

含氮的有机胺类化合物是N-亚硝基化合物的另一类前体物,广泛存在于人类环境和食物中。对胺类含量研究最多的是鱼,不同种类的鱼中二甲胺、三甲胺、氧化三甲胺的含量都较高,特别是海鱼。鱼和肉的胺类随其新鲜度、加工过程和贮存而变化,无论是晒干、烟熏或装罐均使其含量增高。

1. 鱼、肉制品 鱼和肉类食物含少量的胺类和丰富的脂肪、蛋白质,在腌制、烘烤等加工处理过程中,尤其是油煎烹调时,能分解出较多的胺类化合物。腐烂变质的鱼和肉也可分解出大量胺类,使用亚硝酸盐或硝酸盐作为发色剂也可生成亚硝胺。

2. 乳制品 一些乳制品(如干奶酪、奶粉、奶酒等)含有微量的挥发性亚硝胺,含量一般为 0.5~5.0μg/kg。

3. 蔬菜、水果 在室温下长期放置或者腌制,由于细菌及酶的作用,蔬菜水果的硝酸盐可还原成亚硝酸盐,与蔬菜本身中含有的胺类生成微量的 N-亚硝基化合物,其含量是 0.01~6.0μg/kg。

4. 酱油、醋、啤酒、酸菜等发酵食品 可检出 N-亚硝基化合物。啤酒含有微量的二甲基亚硝胺(0.5~5.0μg/kg),近年来由于酿造工艺的改进,多数大型企业生产的啤酒亚硝胺类化合物含量得到有效控制。

(二)毒性及对健康的影响

1. 急性毒性 各种 N-亚硝基化合物的急性毒性因化学结构不同而有较大差异,主要引起肝损伤、出血、坏死、胆管增生、纤维化等,还导致肾、肺、睾丸、胃受损。

2. 致突变作用 亚硝基酰胺是直接致突变物,能引起细菌、真菌、多种哺乳动物发生突变。亚硝胺则需要经过哺乳动物微粒体代谢活化才有致突变性。

3. 致癌性 N-亚硝基化合物的致癌性强。迄今该类化合物有近 300 种,其中 90% 有致癌性。少量长期或者一次大剂量暴露都可致癌,其致癌效应特点是可诱发多种实验动物、多个组织器官(肝、食管、胃等)肿瘤,多途径摄入都可诱发肿瘤。至今未发现哪一种动物对 N-亚硝基化合物的致癌效应有抵抗力。亚硝胺不是终末致癌物,需在体内代谢活化。亚硝基酰胺是终末致癌物,不需体内活化就有致癌效应,该类化合物可经胎盘对子代致癌。

4. 致畸作用 甲基或乙基亚硝基脲可诱发胎鼠脑、眼、肋骨、脊柱畸形,有剂量-效应关系。然而,亚硝胺致畸作用很弱。

(三)防治措施

1. 防止食品霉变或被其他微生物污染 某些细菌和霉菌等微生物可还原硝酸盐为亚硝酸盐,而且许多微生物可分解蛋白质,生成胺类化合物,或有酶促亚硝基化作用。因此,防止食品霉变或被细菌污染对降低食物中亚硝基化合物含量至关重要。在食品加工时,应保证食品新鲜,并注意防止微生物污染。人体摄入硝酸盐可以在唾液蓄积,在口腔细菌的作用下还原为亚硝酸盐,从而增加胃合成 N-亚硝基化合物的前体物质。因此,保持口腔卫生有助于减少人体内 N-亚硝基化合物的内源性合成。

2. 控制食品加工过程中硝酸盐和亚硝酸盐的使用量 这可以减少亚硝基化合物前体,从而减少亚硝胺的合成。在加工工艺可行的情况下,尽可能使用亚硝酸盐的替代品。

3. 施用钼肥 农业用肥及用水与蔬菜中亚硝酸盐和硝酸盐含量有密切关系。使用钼肥有利于减少蔬菜硝酸盐和亚硝酸盐含量。例如白萝卜、大白菜等施用钼肥后,亚硝酸盐含量平均减少 1/4 以上。

4. 阻断亚硝胺的合成 利用天然食物中有还原作用的成分,阻断亚硝胺合成。例如大蒜和大蒜素能抑制胃内硝酸盐还原菌,使胃内亚硝酸盐含量明显降低,维生素 C 有阻断亚硝胺合成的作用,维生素 E、谷胱甘肽、酚类及黄酮类化合物等也有阻断亚硝胺合成的作用。因此,茶叶、猕猴桃、沙棘果汁等对预防亚硝胺危害有较好的效果。多吃新鲜水果和蔬菜,多摄入富含维生素 C 和维生素 E 及多酚类物质的新鲜蔬菜水果可以减少体内 N-亚硝基化合物的合成。

5. 制定标准并加强监测　我国《食品卫生标准》(GB 2762—2017)规定 N-亚硝胺限量标准为:海产品 N-二甲基亚硝胺≤4μg/kg,肉制品 N-二甲基亚硝胺≤3μg/kg。此外,要加强监测食品 N-亚硝基化合物含量,禁止食用 N-亚硝基化合物含量超标的食物。由于亚硝酸盐能经胎盘进入胎儿体内,胎儿和小于 6 个月的婴儿对亚硝酸盐类引起的组织缺氧特别敏感,WHO 建议禁止在婴儿食品中添加亚硝酸盐类物质,欧共体建议亚硝酸盐不得用于婴儿食品,硝酸盐也不得作为食品添加剂使用。我国禁止硝酸盐和亚硝酸盐作为婴儿食品添加剂。

三、多环芳烃类化合物

多环芳族(polycyclic aromatic hydrocarbons,PAHs)化合物是最早发现和研究的致癌类化合物之一,已发现有致癌性的 PAHs 及其衍生物高达 400 多种,是一类重要的食品化学污染物。在 PAHs 中,以苯并芘[B(a)P]与人类健康的关系最密切。

(一)来源及主要污染食品

1. 食品在烘烤或熏制时直接受到污染。直接用煤炭或植物染料烟熏、烘烤食物时,炙烤时间短且铁架上的食物直接接触火焰,含有 PAHs 的烟尘可直接污染食物。

2. 食品成分在烹调加工时经高温热解或热聚形成,这是食品中多环芳烃的主要来源。食物脂肪熔化后滴至加热器上,被热裂而形成 PAHs。食用植物油及其加热产物中均含有 PAHs,且加热后 PAHs 含量明显升高,B(a)P 含量是加热前的 2.33 倍。

3. 植物性食品可吸收土壤、水中污染的多环芳烃,还可受到大气飘尘的直接污染。如靠近高速公路生长的莴苣可检出高浓度的 PAHs,其污染水平与靠近高速公路的距离成反比。

4. 食品加工中受机油、食品包装材料等的污染,在柏油路上晒粮食可受到 PAHs 污染。

5. 污染的水可使水产品受到 PAHs 污染。污染源包括泄漏的原油,陆地排放的废水。

6. 植物和微生物可合成微量多环芳烃。

(二)毒性及对健康的影响

1. 急性、慢性毒性　PAHs 急性毒性多为中等或低毒性。长期暴露 PAHs 主要表现为神经毒、肺毒、血液毒和心肌损伤、致敏等。神经毒主要是头晕、恶心、呕吐、运动共济失调等。肺毒主要见于吸入染毒,引起刺激性和呼吸道炎症,甚至肺水肿。某些 PAHs 有明显的血液毒性,可引起红细胞和血红蛋白数量减少,白细胞数增加,血清蛋白和球蛋白比值下降。

2. 发育毒性　PAHs 可透过胎盘屏障进入胎儿。动物试验显示,大多数 PAHs 有发育毒性,对胎儿颅面、皮肤、肌肉、骨组织、网状免疫系统等有致畸效应,引起新生儿生长发育不良。

3. 致癌性　1775 年,英国医生 Pott 观察到烟囱清洁工阴囊癌发病率增高与其频繁烟灰(煤焦油)暴露有关。1932 年,从煤矿焦油和矿物油中分离出 B(a)P,并在动物实验发现其有高度致癌性。据人群流行病学调查,食品 B(a)P 含量与癌症发生率有关,如熏鱼、熏肉 B(a)P 含量较高,常食用容易诱发胃癌,如匈牙利西部是胃癌高发区,与当地居民常常食用自制的熏鱼、熏肉有关。冰岛是胃癌高发国家,当地居民喜食自制的熏制食品,用该地的熏羊肉喂大鼠,可诱发出胃癌等。拉脱维亚沿海地区胃癌高发被认为与当地居民吃熏鱼多有关。

(三)防治措施

1. 改进食品加工烹调办法　防止食品加工过程中造成 PAHs 的污染。改变不合理的饮食习惯,少吃或不吃高温熏烤或煎炸的食物。

2. 去毒　采用活性炭吸附法去除食品 B(a)P,在油里加入 0.3%~0.5% 的活性炭,90℃搅拌 30min,可去除 B(a)P 89%~95%。粮谷类可采用去麸皮或糠麸的方式使 B(a)P 含量下降。此外,日光或紫外线照射也可去除部分食品的 PAHs。

3. 制定食品中 PAHs 允许量标准　建议人体每日 B(a)P 摄入量不超过 10μg。

四、杂环胺类化合物

20 世纪 70 年代,Sugumura 等人在烹调加工的烤鱼、烤牛肉烧焦部分和烹调烟气中,发现有强致突变性的杂环胺类化合物。

(一)来源及主要污染食品

1. 烹调方式　加热温度是杂环胺形成的重要影响因素,当温度从 200℃升至 300℃时,杂环胺生成量增加 5 倍。烹调时间也影响到杂环胺生成,在 200℃油炸时,杂环胺主要在前 5min 形成,在 5~10min 形成减慢,延长烹调时间不能使杂环胺生成量明显增加。食品的水分也可抑制杂环胺形成。因此,加热温度愈高、时间愈长、水分含量愈少,产生的杂环胺愈多。烧、烤、煎、炸等直接与火接触或与灼热金属表面接触的烹调方法,温度较高,可使水分丢失很快,产生杂环胺的数量远大于炖、焖、煨、煮及微波炉烹调等温度较低、水分较多的烹调方法。

2. 食物成分　在烹调温度、时间和水分相同的情况下,营养成分不同的食物产生的杂环胺种类和数量有很大差异。一般而言,蛋白质含量较高的食物产生杂环胺较多,而蛋白质的氨基酸构成则直接影响到产生杂环胺的种类。

(二)毒性及对健康的影响

杂化胺类化合物有致突变、致癌效应。杂环胺是前致突变物,需要代谢活化后才有致突变性,诱导 DNA 损伤。

杂环胺对啮齿类动物有不同程度的致癌性,其主要靶器官为肝,其次是血管、肠道、胃、乳腺、阴蒂腺、淋巴组织、皮肤和口腔等,某些杂环胺对灵长类也有致癌性。

(三)防治措施

1. 改变不良烹调方式和饮食习惯。不要使烹调温度过高,不要烧焦食物,并避免食用过多烧烤煎炸的食物。

2. 增加蔬菜和水果摄入量。膳食纤维有吸附杂环胺、降低其活性的作用,蔬菜、水果的某些成分有抑制杂环胺的致突变性和致癌效应。

3. 灭活处理。次氯酸、过氧化酶等可使杂环胺氧化失活,亚油酸可降低其诱变性。

4. 加强监测,建立和完善杂环胺的检测方法。加强食物杂环胺含量监测,深入探讨杂环胺的生成及其影响条件、体内代谢、毒效应及其阈剂量等,尽快制定食品的允许限量标准。

五、丙烯酰胺

案例6-3 2018年3月30日，某国的一家法院裁决，90多家快餐品牌在该行政州销售的咖啡必须贴上癌症警告标签，原因是发现市售烘焙咖啡含有高浓度化学致癌物丙烯酰胺。2017年，丙烯酰胺（acrylamide）被IARC列为2类致癌物。淀粉类食品在高温（>120℃）烹调下易产生丙烯酰胺，可经消化道、呼吸道、皮肤黏膜等途径进入体内。

（一）来源及主要污染食品

丙烯酰胺主要在高碳水化合物、低蛋白质的植物性食物加热烹调过程中形成。其主要前体物为游离天门冬氨酸（土豆和谷类中的代表性氨基酸）与还原糖，二者在加热120℃以上时，发生美拉德反应生成丙烯酰胺，生成的最佳温度是140~180℃。丙烯酰胺形成与加工烹调方式、温度、时间、水分等有关，所以不同食品加工方式和条件，其形成丙烯酰胺的量差异很大，即使同一食品的不同批次，其丙烯酰胺含量也有差异。

2005年，在FAO/WHO联合食物添加剂专家委员会（JECFA）第64次会议上，从24个国家获得的2002—2004年食品丙烯酰胺检测数据6 752个，各类食品丙烯酰胺含量见表6-1。中国疾病预防控制中心营养与食品安全研究所提供的资料显示，我国食品的丙烯酰胺含量与其他国家相近。

表6-1 不同食品中丙烯酰胺的含量（24个国家的数据）

食品种类	样品数	均值（micro；g/kg）	最大值（micro；g/kg）
谷类	3 304（12 346）	343	7 834
水产	52（107）	25	233
肉类	138（325）	19	313
乳类	62（147）	5.8	36
坚果类	81（203）	84	1 925
豆类	44（93）	51	320
根茎类	2 068（10 077）	477	5 312
煮土豆	33（66）	16	69
烤土豆	22（99）	169	1 270
炸土豆片	874（3 555）	752	4 080
炸土豆条	1 097（6 309）	334	5 312
冻土豆片	42（48）	110	750
糖、蜜（巧克力为主）	58（133）	24	112
蔬菜	84（193）	17	202
煮、罐头	45（146）	4.2	25
烤、炒	39（47）	59	202
咖啡、茶	469（1 455）	509	7 300

续表

食品种类	样品数	均值（micro;g/kg）	最大值（micro;g/kg）
咖啡（煮）	93（101）	13	116
咖啡（烤,磨,未煮）	205（709）	288	1 291
咖啡提取物	20（119）	1 100	4 948
咖啡,去咖啡因	26（34）	668	5 399
可可制品	23（23）	220	909
绿茶（烤）	29（101）	306	660
酒精饮料（啤酒,红酒,杜松子酒）	66（99）	6.6	46

（二）理化特性

丙烯酰胺是一种不饱和酰胺,分子量为 70.08,其单体为无色透明片状结晶,沸点 125℃,熔点 84~85℃,密度 1.122g/cm³;能溶于水、乙醇、乙醚、丙酮、氯仿,不溶于苯及庚烷中;室温下稳定,在酸碱环境中可水解成丙烯酸;当处于熔点或其以上温度、氧化条件以及在紫外线的作用下很容易发生聚合反应。

（三）生物活性及代谢

丙烯酰胺可经消化道、呼吸道、皮肤黏膜等途径进入人体内,以消化道吸收最快。进入体内的丙烯酰胺约 90% 被代谢,仅少量以原形经尿排出。丙烯酰胺进入体内后,在细胞色素 $P450_{2E1}$ 的作用下,生成活性环氧丙酰胺（glycidamide）。其主要致癌活性代谢产物环氧丙酰胺比丙烯酰胺更容易与 DNA 鸟嘌呤结合形成加合物,导致遗传物质损伤和基因突变。此外,丙烯酰胺和环氧丙酰胺是蛋白质烷化剂,可与血红蛋白形成加合物,给予动物丙烯酰胺和人摄入含丙烯酰胺的食品均在体内检出血红蛋白加合物。

（四）毒性及对健康的影响

1. 急性毒性　大鼠、小鼠、豚鼠和兔的丙烯酰胺经口 LD_{50} 为 150~180mg/kg,属中等毒性物质。

2. 遗传毒性　体内外实验显示,丙烯酰胺有致突变作用,可引起哺乳动物体细胞和生殖细胞出现微核形成、姐妹染色单体交换、多倍体、非整倍体和其他有丝分裂异常等基因突变和染色体异常。

3. 生殖发育毒性　雄性大鼠精子数目和活力下降及形态改变和生育能力下降。大鼠生殖和发育毒性试验的未观察到有害作用的剂量（NOAEL）为 2mg/kg。

4. 神经毒性　大鼠 90d 喂养试验,以神经系统形态改变为终点,NOAEL 是 0.2mg/kg。职业性丙烯酰胺暴露人群或事故性偶然丙烯酰胺暴露的职业流行病学调查观察到,丙烯酰胺有神经毒效应,主要表现为周围神经退行性变化和涉及学习、记忆及其他认知功能的中枢退行性变。

5. 致癌性　丙烯酰胺在动物和人体均可代谢转化为有致癌活性的环氧丙酰胺,使大鼠乳腺、甲状腺、睾丸、肾上腺、中枢神经、口腔、子宫、脑下垂体等产生肿瘤。IARC 将丙烯酰胺判定为 2A 类致癌物,即人类可能的人类致癌物。

（五）防治措施

1. 优化烹调方式　煮的食物丙烯酰胺含量相对较低。蔬菜在炒之前先简单焯水，也能够减少丙烯酰胺生成。

2. 提倡平衡膳食　减少油炸和高脂肪食品的摄入，补充水果和蔬菜。

3. 改进食品加工工艺和条件　研究减少食品中丙烯酰胺的可能途径。

六、氯丙醇

（一）来源及主要污染食品

食品加工过程产生的氯丙醇（chloropropanol）类污染物包括单氯丙醇和双氯丙醇，单氯丙醇生成量是双氯丙醇的 100~10 000 倍，单氯丙醇中 3- 氯丙醇（3-MCPD）含量可反映食品加工中氯丙醇类物质生成状况，并作为监测参数。在食品加工储藏过程中，氯丙醇污染的主要来源有 5 点。

1. 酸水解植物蛋白（HVP）产生　氯丙醇污染的主要途径是在酱油、蚝油等调味品加工过程中产生氯丙醇，传统的天然酿造酱油检不出氯丙醇，添加酸水解蛋白液，则会检出氯丙醇。如果在生产酱油中，用添加盐酸的方法来加速生产，会导致产品中氯丙醇含量偏高。

2. 焦糖色素的不合理使用和生产　一般食用焦糖色素是以葡萄糖母液为原料，分别采用氨水、碱和铵盐为催化剂生产。部分焦糖厂家为节约成本采用红薯渣等淀粉原料，加压酸解得到焦糖色素，该生产工艺使得盐酸和用于生产蛋白质的残余脂肪反应产生氯丙醇。

3. 食品生产用水被氯丙醇污染　自来水厂和某些食品厂用含有 1,2- 环氧 -3- 氯丙烷（ECH）成分的阴离子交换树脂进行水处理时，从树脂中溶出 ECH 单体，与水中氯离子发生化学反应形成 3-MCPD，以至于在饮用水或食品生产用水中检出少量 3-MCPD。

4. 食品包装材料含有氯丙醇　用 ECH 作交联剂强化树脂生产的食品包装材料也会污染食品，如茶袋、咖啡滤纸和纤维肠衣等。

5. 其他加工方式使食品产生氯丙醇　经高温加工谷物制品及麦芽提取物等也发现含有少量 3-MCPD。

（二）理化特性

食品加工过程中的氯丙醇污染物 3-MCPD，是无色透明液体，有微弱气味，可溶于水、乙醇和乙醚，相对密度 1.132，沸点 160~162℃。

（三）毒性及对健康的影响

1. 急性毒性　3-MCPD 大鼠经口 LD_{50} 为 150mg/kg，肾是其毒效应靶器官。1,3-DCP 大鼠经口 LD_{50} 为 120~140mg/kg。

2. 生殖毒性　3-MCPD 可使精子数减少，精子活动降低，并干扰体内性激素平衡，以致雄性动物生殖能力下降。

3. 致突变性　Ames 试验显示，3-MCPD 呈阳性反应，而 2-MCPD 在 Ames 试验和微核试验都有阳性结果，且出现以染色体单体断裂为主的染色体畸变。

4. 致癌性　3-MCPD 会引发动物肝、肾、口腔、上皮细胞和甲状腺等产生肿瘤，2011 年 IARC 将 3-MCPD 归为 2B 组，推断为一种非遗传性的可能致癌物。

（四）防治措施

1. 严格原料管理，生产优质 HVP 产品，控制污染源头。

2. 改进生产工艺,提高 HVP 产品的安全性。

3. 加强对焦糖色素生产企业的监管,改进生产工艺。

4. 加强制订标准。

七、塑化剂

案例 6-4　2011 年 5 月,某地区发生食品添加物起云剂(乳化稳定剂)危害健康的塑化剂(邻 - 苯二甲酸二辛酯,DEHP)事件。当地某起云剂供应商将 DEHP 当作配方生产起云剂 30 年,供应该地区至少 45 家饮料、乳品制造商以及生物科技公司、药厂,涉及企业 156 家,受污染产品约 500 项,含 DEHP 起云剂销往中国内地、中国香港、菲律宾、越南、美国等国家和地区。

(一)来源及主要污染食品

塑化剂(增塑剂)是一种高分子材料助剂,属于环境雌激素中的酞酸酯类(phthalates,PAEs),其种类繁多,最常见品种是 DEHP(商业名称 DOP)。DEHP 化学名邻苯二甲酸二(2-乙基己)酯,是一种无色、无味液体,工业上应用广泛。食品中塑化剂主要来源有如下两种。

1. 使用 DEHP 代替起云剂　"起云剂"是一种合法食品添加剂,常用于果汁、果酱、饮料等,是由阿拉伯胶、乳化剂、棕榈油、多种食品添加物混合而成。个别企业为减少成本,违法使用 DEHP 代替起云剂而引发食品安全问题。

2. 从包装材料迁移到食品中　空气、水都含有塑化剂 DEHP,食品在储存过程中也会有微量增塑剂从包装材料中迁移到食品,但合格的塑料包装材料迁移量不会超出有关标准。

(二)理化特性

塑化剂种类很多,狭义塑化剂指邻苯二甲酸酯类,有芳香味或无气味的无色液体,中等黏度、高稳定性、低挥发性、成本低廉、低水溶解度,易溶于多数有机溶剂中。

(三)生物活性及代谢

DEHP 可经呼吸道、消化道和皮肤进入体内,大部分可以较快代谢、分解,并通过尿、粪便排出,小部分可在体内累积。DEHP 因其分子结构类似雌激素,干扰正常内分泌之功能,造成内分泌失调。

(四)毒性及对健康的影响

1. 急性毒性　在常见的邻苯二甲酸酯类塑化剂中,DEHP 对大鼠和家兔的经口 LD_{50} 大于 3 000mg/kg,是低毒物质。

2. 类雌激素作用　DEHP 因其分子结构类似荷尔蒙,被称为"环境荷尔蒙"。在环境中残留的微量化合物,经食物链进入体内,形成假性荷尔蒙,传送假性化学讯号,并影响本身体内荷尔蒙含量,进而干扰内分泌正常机制,造成内分泌失调,引发以下后果。

(1)可能会造成小孩性别错乱,包括生殖器变短小、性征不明显。

(2)对动物会产生致癌效应。

(3)邻苯二甲酸酯可能影响胎儿和婴幼儿体内荷尔蒙分泌,引发激素失调,可能引起儿童性早熟。

3. 增加心血管疾病风险。

(五)防治措施

1. 加强法律意识,坚决杜绝添加塑化剂。

2. 加强原辅料的监管。

3. 减少塑料制品在生产环节中的使用。

4. 合理选择包装材料。

5. 注意储存和运输条件。

八、组胺

案例6-5 2013年8月15日,某公司53名员工在职工食堂晚餐后,出现疑似食物中毒,表现为面部皮肤潮红,头晕、头痛、恶心、呕吐等。所有患者经治疗后,于次日凌晨2时痊愈出院。据流行病学调查、实验室检查和临床表现分析,确认这是因食用变质鲐鱼引起的组胺中毒事件。

(一)来源及主要污染食品

组胺(histamine)是一类常见的生物胺,广泛存在于各类食品中,尤其是鱼肉及其制品、干酪、乳制品、酒及各类发酵产品、水果、蔬菜、巧克力等富含蛋白质和氨基酸的食品。组胺的产生需要前体物质(组氨酸)、催化酶(主要由微生物产生的组氨酸脱羧酶)和发生组氨酸脱羧反应的条件(如适宜的温度、pH等)。组胺来源主要有如下两种。

1. 水产品 在加工或储藏过程污染外源性微生物而产生组胺。鱼死后,体内正常菌群被打破,导致产组氨酸脱羧酶微生物滋生,并产生组胺。

2. 葡萄酒类、豆制品、泡菜、香肠及奶制品 食品组胺蓄积主要是由储藏、加工过程污染的外源性微生物引起的。

(二)理化特性

组胺化学式 $C_5H_9N_3$,分子量111,熔点83~84℃,沸点167℃,无色针状结晶,易溶于水,在日光下易变质。

(三)毒性及对健康的影响

1. 急性毒性 小鼠经口 LD_{50} 为220mg/kg,大鼠经静脉 LD_{50} 为630mg/kg。当人摄入过量组胺时,会出现头痛、恶性、心悸、血压变化、呼吸紊乱等过敏反应,甚至危及生命。

2. 致突变性 小鼠胚胎细胞遗传学分析,200mg/L出现阳性结果。人体细胞DNA抑制系统2μmol/L出现阳性结果。

3. 其他 组胺释放肾上腺素和去甲肾上腺素,刺激平滑肌,刺激感觉神经和运动神经,控制胃酸分泌,引起过敏和高血压。

(四)防治措施

1. 选择较好的存储方式 传统的组胺控制方法是采用低温保藏或高盐腌渍。

2. 使用防腐剂 大蒜、姜黄和生姜提取物能够抑制产组胺微生物(芽孢杆菌等)的生长。

3. 使用乳酸菌 利用其抗氧化、抗菌等特性减少组胺产生。

4. 其他 拟采用生物间的拮抗性来控制产组胺微生物的发生。

第二节 食品添加剂

《食品安全国家标准 食品添加剂使用标准》(GB 2760—2014)中规定:食品添加剂是改善食品品质和色、香、味,以及为防腐、保鲜和加工工艺需要而加入食品的人工合成或者天然物质。也包括食品用香料、胶基糖果中基础剂物质、食品工业用加工助剂。目前,国际上使用的食品添加剂种类有 25 000 多种,其中直接使用的 4 000 多种,常用近 1 000 种,香精香料占 80% 左右。

食品添加剂分为酸度调节剂、拮抗剂、消泡剂、抗氧化剂、漂白剂、膨松剂、胶基糖果中基础剂物质、着色剂、护色剂、乳化剂、酶制剂、增味剂、面粉处理剂、被膜剂、水分保持剂、营养强化剂、防腐剂、稳定剂、凝固剂、甜味剂、增稠剂、食品用香料、食品工业用加工助剂及其他类共 23 个功能类别。食品添加剂专家委员会(JECFA)把食品添加剂分为四大类:①安全使用的添加剂,不需建立 ADI 值;② A1 和 A2,A1 类制定 ADI 值,A2 类制定暂定 ADI 值;③ B1 和 B2,B1 类未制定 ADI 值,B2 类未进行安全性评价;④ C1 和 C2,C1 类为应该禁止使用的,C2 类为应该严格限制使用的食品添加剂。

食品添加剂不是食品的基本成分,在允许范围内按照要求使用通常是安全的,但有的食品添加剂对人体有潜在的危害性。食品添加剂安全性经过测试,但还是引起广泛的关注和争议,在我国食品加工过程中还可能存在超标准使用的情况,所以有必要研究食品添加剂的慢性毒性、特殊毒性及其联合效应。

一、苯甲酸钠

案例 6-6 2003 年 1 月,某市疾病预防控制中心在某冷冻厂雪糕新品种中检出苯甲酸钠含量为 0.02g/kg。据调查,该雪糕的制作原料之一是某公司生产的 5 个批次全脂奶粉(工业奶粉,25kg/ 袋),都含有苯甲酸钠,检出量为 0.09~0.27g/kg,均值为 0.21g/kg。样品经某进口食品检验中心复检,结果也是阳性。生产厂家对检验结果无异议,但声称没有在生产过程中添加苯甲酸钠。因此,抽查了 73 件食品生产企业的原料工业奶粉和市场销售的即溶奶粉及牛奶,检测苯甲酸、山梨酸残留量。结果显示,来自 3 个厂家 16 件工业奶粉都检出苯甲酸钠,检出量为 0.04~0.27g/kg,均值为 0.14g/kg,2 件工业奶粉中检出山梨酸钾(0.07g/kg)。7 个厂家生产的 16 份袋装即溶奶粉中检出苯甲酸钠,检出范围 0.02~0.06g/kg。

苯甲酸钠是常用的防腐剂,随着其广泛应用,毒副作用也日益突出。我国《食品添加剂使用卫生标准》(GB 2760—2014)规定,在肉制品中不得检出苯甲酸和苯甲酸钠。但是,苯甲酸钠价廉易得,在药品、食品、化妆品中广泛应用。苯甲酸钠是苯甲酸的钠盐,在酸性食品中部分转化为有活性的苯甲酸,防腐机制和苯甲酸类似。苯甲酸钠亲脂性较强,极易穿透细胞膜进入细胞体内,干扰细胞膜通透性。抑制细胞膜对氨基酸吸收,可酸化细胞内储备碱,选择性抑制细胞内呼吸酶系活性,有效地阻止乙酰辅酶 A 缩合反应,以达到防腐效应。

(一)理化性质

苯甲酸钠(sodium benzoic)是一种白色颗粒或晶体粉末,无臭或微带安息香气味,味微甜,有收敛味,也称安息香酸钠,分子式为 $C_7H_5O_2Na$,相对分子质量 144.12。在空气中稳定,易溶于水,其水溶液的 pH 值为 8,溶于乙醇。苯甲酸及其盐类是广谱抗微生物试剂,其抗菌有效性取决于食品 pH 值,防腐最适 pH 为 2.5~4.0。

(二)安全限值

在药剂中按 0.06g/kg 添加苯甲酸,苯甲酸无致癌、致畸、致突变效应。我国《食品安全国家标准 食品添加剂使用标准》GB 2760—2014 明确规定 21 类食品的苯甲酸、苯甲酸钠最大使用量,其他食品不允许添加苯甲酸和苯甲酸钠作为防腐剂。苯甲酸钠急性毒性较小,动物最大无作用剂量为 500mg/kg。

（三）代谢

小鼠摄入苯甲酸及其钠盐，会发生体重下降、腹泻、出血、瘫痪，甚至死亡。苯甲酸可改变细胞膜通透性，抑制细胞膜对氨基酸的吸收，并透过细胞膜抑制脂肪酶活性，使三磷酸腺苷（ATP）合成受阻。苯甲酸在动物体内会很快降解，苯甲酸（99%）主要与甘氨酸结合形成马尿酸，其余与葡萄糖醛酸结合生成 1- 苯甲酰葡萄糖醛酸。

（四）毒性及对健康的影响

1. 神经毒性　大量饮用含苯甲酸钠防腐剂的饮料可导致大脑严重萎缩。长期饮用含苯甲酸钠的碳酸饮料可引起儿童多动症。苯甲酸钠与胃酸会发生反应，生成苯甲酸，后者有一定的毒性，长期饮用会引起人慢性苯中毒。猫对苯甲酸比较敏感，用含有 2.39% 苯甲酸的肉喂 28 只猫，17 只出现神经过敏、兴奋、失去平衡和视力下降。

2. 致癌性　苯甲酸钠是染色体断裂剂，能引起癌变。

3. 细胞毒性　苯甲酸钠能破坏细胞膜的有序结构，改变膜结构，使膜发生功能性紊乱，从而破坏细胞平衡机制，并与体内羟基自由基结合生成苯产生毒性。

4. 其他　苯甲酸钠能诱发反复发作的急性荨麻疹、血管性水肿。

（五）防治措施

添加食品防腐剂旨在改善食品品质、延长保存期、方便加工和保全营养成分。只要按照国家规定的品种范围和使用量添加苯甲酸和苯甲酸钠，都是安全的。日常生活中，添加苯甲酸和苯甲酸钠并不是肉制品唯一的防腐方法。使用天然防腐剂，如采用乳酸链球菌素（Nisin）、壳聚糖、香辛料提取物等也能够达到抑菌保鲜作用，也是肉制品工业的一个发展方向。此外，可以通过改善加工条件，改进食品包装，对产品热处理或辐照杀菌、进行低温储藏来实现肉制品的防腐保鲜。

二、山梨酸钾

山梨酸钾在食品、饲料加工业、化妆品、香烟、树脂、香料、橡胶等行业使用。山梨酸钾是酸性防腐剂，有很强的抑制腐败菌和霉菌作用，因毒性远比其他防腐剂为低，是全球最主要的防腐剂。

山梨酸钾抗菌性能较高，主要抑制微生物体内的脱氢酶系统，从而抑制微生物生长和防腐作用，对细菌、霉菌、酵母菌也有抑制效应；其效果随 pH 的升高而减弱，pH 为 3 时抑菌达到顶峰，pH 为 6 时仍有抑菌能力，但最低浓度（MIC）不能低于 0.2%。实验证明 pH 3.2 与 pH 2.4 的山梨酸钾溶液浸渍相比，未经杀菌处理的食品的保存期短 2~4 倍。

山梨酸钾可有效抑制霉菌、好氧性细菌、酵母菌活性，还可防止葡萄球菌、肉毒杆菌、沙门氏菌等繁殖，抑制发育效应大于杀菌效应，不仅保持食品原有的风味，也达到延长食品保存时间的目的。山梨酸钾在使用时能够直接添加、浸渍、喷洒或者干粉喷雾，包装材料的处理也较灵活，因山梨酸钾特性等同天然物，山梨酸和山梨酸钾的毒性比苯甲酸钠小，防腐效果也比苯甲酸钠好，应用范围及使用量还会逐渐扩大。目前，许多国家已逐渐采用山梨酸和山梨酸钾替代苯甲酸和苯甲酸钠。

（一）理化性质

山梨酸钾为不饱和六碳酸，白色或浅黄色颗粒，含量在 98%~102%。无臭味或微有臭味，易吸潮、易氧化而变褐色,对光、热稳定,可燃,易溶于水,溶于丙二醇,乙醇。相对密度 1.363,熔点在 270℃,其 1% 溶液的 pH 为 7~8。

(二)安全限值

山梨酸钾是国际粮农组织(FAO)和 WHO 推荐的安全高效防腐保鲜剂,广泛用于食品、饮料、烟草、农药、化妆品等行业,其每日允许摄入量(acceptable daily intake,ADI)是 0~25mg/kg(以山梨酸计,FAO/WHO 1994),小鼠经口 LD_{50} 是 1 300mg/kg。

骨髓细胞微核试验、小鼠精子畸形试验、传统致畸试验显示,山梨酸钾无遗传毒性和发育毒性,是一种安全、相对无毒的食品添加剂,可用于各类食品及饮料中。

(三)对健康的影响

1. 皮肤致敏 使用包含山梨酸钾的护肤霜或其他美容产品会造成皮肤发红、皮疹,烧灼感或流眼泪,对钾过敏的人最容易出现不良反应。

2. 食物中毒 长期过量摄入山梨酸钾防腐剂会导致恶心、呕吐、反胃和腹泻等。

3. 营养缺乏 长期摄入山梨酸钾还会造成营养缺乏,妨碍维生素和矿物质的吸收。

(四)防治措施

1. 吃新鲜食物 避免山梨酸钾的最简单方法是用新鲜食物代替加工食品。尽可能不吃或少吃罐头或加工食品。

2. 注意成分 在购买加工或罐头食品时,查看成分是否有山梨酸钾。在购买加工食品时,最好选择使用天然防腐剂(醋、盐和维生素 C 等)的产品。

3. 无菌过滤 能减少葡萄酒的山梨酸钾。

4. 限制该防腐剂的摄入量

三、苏丹红

案例 6-7 2005 年 2 月,某国食品标准署在某公司生产的一款辣酱油使用辣椒粉检查中,检出被欧盟禁用的苏丹红一号色素。2 月 18 日,该署就食用含有添加苏丹红色素的食品向消费者发出警告,并在网站公布了 30 多家该国企业可能含有苏丹红一号的产品清单,随后产品清单增加到 474 种。为此,该国大型超市和商店纷纷撤下被勒令召回的相关调味品、披萨、方便面、鸡翅等 400 多种产品。国内某市对某餐厅检查,在新奥尔良烤翅、烤鸡腿堡调料也检出苏丹红一号微量成分。同年 2 月 23 日,我国国家质量监督检验检疫总局发出紧急通知,要求各地出入境检验检疫部门对进口食品,尤其是欧盟食品开展苏丹红一号项目检测,禁止进口含有苏丹红一号的食品。

苏丹红又名"苏丹",是一种人工合成的红色工业染料,为亲脂性偶氮化合物,主要包括Ⅰ、Ⅱ、Ⅲ和Ⅳ号类型,其中Ⅲ、Ⅳ号为重偶氮化合物。该偶氮化学结构的性质决定了它有致癌性,对人体肝肾有明显的毒效应。IARC 将苏丹红Ⅰ、Ⅱ和Ⅲ判定为 3 类致癌物。苏丹红Ⅲ的代谢产物 4-氨基偶氮苯和苏丹红Ⅳ的代谢产物邻-甲苯胺和邻-氨基偶氮甲苯列为 2类致癌物(可能的人类致癌物)。苏丹红属于化工染色剂,主要是用于石油、机油和其他的一些工业溶剂中,目的是使其增色,也用于鞋、地板等增光。苏丹红染色可增强食品色彩,因而被非法使用在一些食品。

(一)理化性质

苏丹红为黄色粉末。熔点 134℃。不溶于水,微溶于乙醇,易溶于丙酮、苯、矿物油等有机溶剂。

（二）代谢

苏丹红进入机体后，主要产生苯胺、萘酚等代谢产物，苯胺有氧化血红蛋白为高铁血红蛋白的能力，引起高铁血红蛋白血症，造成缺氧和中枢神经抑制，还可损伤生殖、心血管系统。萘酚有致癌、致畸、致敏、致突变效应。

（三）毒性及对健康的影响

苏丹红为工业原料，主要在亚硝酸根和酸性条件下合成，芳香胺转化为重氮化离子，进一步与芳香化合物偶合形成偶氮化合物。IARC 将苏丹红一号归为动物致癌物。苏丹红一号可以引起肝、脾癌症。苏丹红一号可通过影响细胞周期，调节细胞的增殖活动，促进癌细胞生长、分化和增殖，也可引起淋巴细胞肿瘤相关基因的表达发生变化。苏丹红有致畸性，大鼠骨髓微核试验呈阳性，可增加 CHO（Chinese hamster ovary cell）细胞（中国仓鼠卵巢细胞）姐妹染色单体交换。彗星试验显示，苏丹红可引起小鼠胃和结肠细胞 DNA 断裂。此外，苏丹红还有致敏性。在体外用苏丹红一号与豚鼠肝匀浆（S-9）上清共孵育后可导致豚鼠皮肤出现过敏反应。

1. 内脏　引起肝病，对胃肠道刺激效应较明显。长期暴露可引起肝及周围脏器肿瘤、淋巴细胞癌、膀胱癌。

2. 血液系统　急性中毒后可引起高铁血红蛋白血症，高铁血红蛋白 10% 以上，红细胞出现赫恩兹小体。苏丹红中毒 4d 左右可发生溶血性贫血。

3. 生殖系统　可能会引起流产、出生缺陷、先天性疾病等。

4. 其他　出现头痛、头晕、恶心、呕吐、手指发麻、精神恍惚等，严重可导致呼吸困难，甚至昏迷。此外，还可引起结膜角膜炎、皮炎、溶血性贫血、肝和肾损害。

（四）防治措施

为了预防非法添加剂对身体造成的影响，首先要提高对添加剂的正确认识，在选择食品时，应当注意挑选优质、信誉较好的生产厂家的产品。其次，在购买各种加工食品的时候，一定要看清添加剂的成分。再次，尽量吃一些天然新鲜的食品，适当食用排毒食品，减少添加剂的积累。

四、糖精

案例 6-8　某女，11 岁，因神志不清 8h 入院。入院前两天，误服糖精 2~3g，2h 后出现恶心、呕吐。入院前一天神志恍惚，甚至呼之不应。入院后马上给氧、补液，大剂量维生素 C，能量合剂、肌苷以保护脑细胞，葡萄糖酸钙、苯巴比妥控制肌束震颤及甘露醇、地塞米松降颅压。8h 后，神志稍有恢复，呼之能应，次日瞳孔及光反射渐恢复正常。入院第 3 日，神志恢复正常，视物清楚，查体未见异常，1 周后痊愈出院。该患者 1 次食糖精量为规定量的 13~20 倍，以致糖精中毒。

糖精化学名为邻苯酰磺酰亚胺，糖精类包括糖精、糖精铵、糖精钙、糖精钾和糖精钠。其中使用最多的是糖精钠。我国是全球最大的糖精生产和出口国，占全球糖精产量约 80%，美国、韩国等还有少量生产。

（一）理化性质

糖精钠为无色结晶或白色的结晶性粉末，无臭或有轻微气味，味浓甜带苦，稀溶液中甜度约是蔗糖的 500 倍,又称不溶性糖精或糖精酸,主要用于饮料、调味和诊断用药,广泛用于电镀工业和化妆用品。

糖精钠的水溶液中,加入其他钠离子(醋酸钠或硫酸钠)时,能降低其甜味,故认为糖精的甜味是缘于其阴离子,而非其分子。糖精化学性质稳定,在一般烹调和灭菌处理时,都不致分解。此外,糖精和果酸长时间共热,能破坏其甜味,并产生一种不愉快的味道。在制备该类食品时,可以加入少量碳酸氢钠以中和果酸,最好是在煮沸后加入糖精。

(二)安全限值及使用范围

糖精的小鼠经口 LD_{50} 为 17.5g/kg,大鼠经口最大无作用剂量为 0.5g/kg,长期喂养试验(1923 年、1951 年)的报告证实糖精是安全的,志愿受试者每天食用 4.8g,连续 5 个月未见不良反应。FAO/WHO(1994)规定,ADI 为 0~5mg/kg。糖精钠的化学性质稳定,未经代谢随尿排出体外。《食品安全国家标准　食品添加剂使用标准》(GB 2760—2014)中对糖精钠的使用范围、最大使用量有明确的规定(表 6-2)。

表 6-2　糖精钠使用范围和最大使用量

食品名称	最大使用量 [1]/g·kg⁻¹
冷冻饮品(食用冰除外)	0.15
水果干类(仅限芒果干、无花果干)	5.0
果酱	0.2
蜜饯凉果	1.0
凉果类	5.0
话化类	5.0
果糕类	50
腌渍的蔬菜	0.15
新型豆制品(大豆蛋白及其膨化食品、大豆素肉等)	1.0
熟制豆类	1.0
带壳熟制坚果与籽类	1.2
脱壳熟制坚果与籽类	1.0
复合调味料	0.15
配制酒	0.15

注:1. 以糖精计。

(三)致癌性及对健康的影响

1879 年糖精被发明,不久后用作甜味剂。第一次世界大战后,糖精大量用于软饮料等食品制造业。20 世纪初的争议主要集中在使用糖精替代蔗糖是否可能产生未知的健康影响。20 世纪 50 年代有两个致癌试验得到弱阳性结果:①将糖精涂在皮肤上,随后再涂巴豆油;②将含糖精的石蜡片植入小鼠膀胱。一般认为,用这两种试验评价口服的化学物是不合适的,人们对糖精安全性的信心并未动摇。1970年,发现糖精可以导致大鼠膀胱癌,据此不少国家禁止使用糖精钠或受到消费者的抵制。1996年,科学家Whysner和Williams观察到雄性大鼠尿的特殊理化特性,以致糖精诱发膀胱癌。雄性大鼠尿液有高pH、高磷酸钙和高蛋白的特性,摄入的糖精被结合形成微小晶体,损伤大鼠膀胱内壁,导致膀胱癌。但是,人尿缺乏这些理化特性,从而不能在人身上复制糖精性大鼠膀胱癌。糖精也不能导致小鼠膀胱癌,佐证了糖精致大鼠膀胱癌的种属特异性。更重要的是,在对经常服用糖精等糖替代品的糖尿病患者的人群流行病学研究中,也没有发现糖尿病患者患膀胱癌的危险性高于一般人群。

1980年、1987年,IARC将糖精列为2B类致癌物(人类可疑致癌物),1999年IARC在重新评估后将糖精列为3类致癌物(基于现有证据不能对人类致癌性进行分类)。目前,各国将糖精列为允许使用的食品添加剂。

(四)防治措施

糖精的安全性已经广为社会接受。由于其热量少,对肥胖、高血压、糖尿病、龋齿等患者有益,比较经济,以至在食品中广泛应用。生产厂家严格按照国家规定的标准使用,并在食品标签上正确标注,对消费者健康不会产生危害。

短时间内食用大量糖精,引起血小板减少,会导致急性大出血。食用过量糖精对消化道黏膜有刺激效应,吸收后对中枢神经系统可出现先兴奋后抑制的效应。有过敏体质者内服少许糖精可引起不良反应,出现呕吐、腹泻、腹痛、荨麻疹或大疱性皮疹,严重者可累及神经系统。青少年长期食用可能会引起营养不良,个别有厌食行为,对身体发育产生不良的影响。

糖精中毒治疗方法是催吐、导泻、补液,以加速糖精的排出,保护脑细胞、降颅压,并给予对症综合治疗。学龄期儿童尽量不用糖精作甜味剂。

五、亚硝酸钠

案例6-9 2005年9月12日早晨,某食堂80人吃早餐,主食(汉堡、烧饼、油条)在快餐店购买,副食(凉拌咸菜丝、猪皮冻)由食堂自己加工制作。餐后1h,23人陆续出现头晕、头痛、恶心、呕吐、心慌、胸闷、肢体无力、口唇及指甲发绀等症,11点后无新发病例。据调查,23例中毒者全部食用猪皮冻。炊事员说先后3次加入陈粉制作猪皮冻,陈粉是从集市购买的。检测显示,猪皮冻亚硝酸盐含量为5 000mg/kg,超过最大使用量33倍和肉制品残留量的167倍。9份患者呕吐物亚硝酸盐含量在9~15mg/kg;23例患者血液高铁血红蛋白在4.9~6.1g/L,均超过正常值。根据《食源性急性亚硝酸盐中毒诊断标准及处理原则》WS/T 86—1998,判定为亚硝酸盐中毒。

亚硝酸钠($NaNO_2$)是肉制品生产中最常用的一种食品添加剂,其可增加肉类的鲜度,抑制微生物的作用,有助于保持肉制品的结构和营养价值。

(一)理化性质

亚硝酸钠为白色至浅黄色粒状或粉末,有吸湿性。加热至320℃以上分解,微溶于乙醇,水溶液呈碱性。属强氧化剂,有还原性,在空气中可逐渐被氧化,表面变为硝酸钠,也能被氧化剂所氧化。遇弱酸分解出三氧化二氮气体(棕红色),快速分解为一氧化氮(无色)和二氧化氮气体(棕红色),与有机物、还原剂接触能引起燃烧或爆炸,并放出有毒的刺激性的氧化氮气体;遇强氧化剂也能被氧化,如在常温下与硝酸铵、过硫酸铵等互相作用,产生高热,引起可燃物燃烧。

(二)安全限值及使用范围

亚硝酸钠小鼠经口 LD_{50} 为220mg/kg,大鼠经口 LD_{50} 为85mg/kg。ADI 为 0~0.06mg/kg(以亚硝酸根离子计,FAO/WHO,1996)。亚硝酸钠适用范围和最大使用量见表6-3。

表6-3　亚硝酸钠的使用范围及最大使用量(GB 2760—2014)

食品名称	最大使用量 ^{1}/g·kg^{-1}	残留量 /mg·kg^{-1}
腌腊肉制品类(咸肉、腊肉、板鸭、腊肠、中式火腿)	0.15	≤30
酱卤肉制品类	0.15	≤30
熏、烧、烤肉类	0.15	≤30
油炸肉类	0.15	≤30
西式火腿(熏烤、烟熏、蒸煮火腿)类	0.15	≤70
肉灌肠类	0.15	≤30
发酵肉制品类	0.15	≤30
肉罐头类	0.15	≤50

注:1. 以亚硝酸钠计。

(三)毒性及对健康的影响

亚硝酸钠是食品添加剂中急性毒性较强的物质之一。过量摄入亚硝酸钠后使血红蛋白转变成 Fe^{3+} 血红蛋白,丧失携带氧的能力,造成机体缺氧。急性中毒表现为全身无力、头痛、头晕、恶心、呕吐、腹泻、胸部紧迫感、呼吸困难,皮肤黏膜发绀。严重者血压下降,昏迷、死亡。

在特定条件下,包括剂量、酸碱度、微生物和温度等,长期大量食用的亚硝酸盐可转化成亚硝胺。IARC 将亚硝胺列为 1 类致癌物(明确的人类致癌物),大量的动物实验已确认,亚硝胺是强致癌物,并能通过胎盘和乳汁引发后代肿瘤。亚硝胺还有致突变和致畸效应。人群流行病学调查表明,人类某些癌症(如胃癌、食管癌、肝癌、结肠癌和膀胱癌等)可能与亚硝胺有关。

(四)防治措施

亚硝酸钠可防止肉毒梭状芽孢杆菌的独特作用,在肉类制品中是一种不可替代的添加剂。①食品加工企业在使用亚硝酸钠时,必须严格按照国际上和我国卫生部门对亚硝酸钠使用量的控制标准。我国食品添加剂卫生标准对亚硝酸钠使用量有严格规定,其残留量为肉类罐头不超过 0.05g/kg,肉类制品不超过 0.03g/kg。大家在购买肉类罐头和肉类制品时,要注意选购正规企业的产品,在购买个体散销产品时要慎重。②国家食品药品监督管理局规定,亚硝酸钠要专人采购、专人保管、专人领用、专人登记。采购时索证索票,不购买无证或包装标识不清的亚硝酸钠。同时严格控制亚硝酸钠的使用量,按照《食品添加剂使用卫生标准》规定,不可超量、超范围使用。要避免亚硝酸钠与食盐、面碱等原料混放,包装或存放亚硝酸钠的容器要有醒目标志或有明显的标签,以免误用。③在腌制食品时,要注意掌握好时间、温度和食盐的用量。维生素 C 有抑制亚硝胺合成的功能,维生素 A 可阻断亚硝胺致癌效应。所以,在食用腌制肉类时,要多食用富含维生素 C、β- 胡萝卜素的蔬菜水果。

（卢日峰　王兰芳　张　君　杨　萍　黄晓薇）

第七章　生物毒素

案例 7-1　8月25日晚上,有500多人在某酒店用晚宴。次日上午,不断有参会人员出现腹泻、呕吐、发热等症,有252人到医院就诊。据调查,在留样食品"卤味拼盘"、患者和厨师粪中检测出同型的肠炎沙门氏菌,由此判定这是一起因食用沙门氏菌污染食品引起的中毒。

生物毒素(biological toxins)指生物机体分泌代谢或伴生物合成产生的、不可自复制的有毒化学物质,包括微生物(细菌、真菌)、植物、动物在生长繁殖过程中或一定条件下产生的、对其他生物物种有毒效应的化学物质。生物毒素种类繁多,约有数千种,按来源分为细菌毒素、真菌毒素、植物毒素、动物毒素、藻毒素。生物毒素有较高的生物毒性,受其污染的食品对人类健康会造成极大危害。有极高毒性的肉毒毒素还具备发展成潜在生物武器的可能性,以致威胁国家公共安全。此外,生物毒素可以使农业、畜牧业、水产业的生产受损,危害环境。因此,生物毒素中毒救治与公害防治是全球性问题,对食品、生物和环境样本中生物毒素的检测已引起世界性聚焦。

第一节　细菌毒素

案例 7-2　2016年10月18日,某小学有85名学生因发热、呕吐、腹泻、腹痛、脓血样便入医院就医,初步诊断为细菌性痢疾。经当地疾病预防控制中心调查,在食堂残留食物、患者排泄物中发现宋氏志贺菌,短时间在患者中先后出现相同的中毒表现,来自同一个群体并食用过相同的食物,故判断这是一起由宋氏志贺菌引起的食物中毒。

细菌毒素(bacterial toxin)指细菌利用分解代谢产物和能量合成一些有重要生物意义的代谢产物。按其性质和效应特点分为外毒素(exotoxin)和内毒素(endotoxin)。外毒素指细菌合成、分泌或释放到胞外的毒性蛋白,绝大多数革兰氏阳性菌、部分革兰氏阴性菌能够产生外毒素。按外毒素对宿主细胞亲和性、作用靶点的不同,可分为神经毒素、细胞毒素和肠毒素。神经毒素主要作用于神经组织,引起神经传导功能紊乱,例如肉毒毒素、破伤风痉挛毒素等,毒性强,致死率高;细胞毒素可通过抑制细胞蛋白质的合成、破坏细胞膜的完整性等途径直接损伤宿主细胞,例如白喉毒素、金黄色葡萄球菌 α 溶血素;肠毒素则作用于肠上皮细胞,引起肠道功能的紊乱,例如霍乱毒素、艰难梭菌毒素。内毒素指革兰氏阴性菌细胞壁的脂多糖(lipopolysaccharide,LPS),只有当细菌死亡裂解后才能被释放出来。与外毒素比较,内毒素毒性较弱,无选择性毒性,各种革兰氏阴性菌产生的内毒素致病效应相似,其引起的主要毒性反应有致发热反应、白细胞数量改变、内毒素血症和内毒素休克等。

一、志贺菌属毒素

志贺菌属(shigella)细菌常统称为痢疾杆菌。志贺菌属有肠道共同抗原,为革兰氏阴性菌直杆菌,不产生芽孢,无动力,属兼性厌氧型细菌,最适生长温度为37℃。志贺菌属共分4群,分别为A群痢疾志贺菌、B群福氏志贺菌、C群鲍氏志贺菌以及D群宋氏志贺菌。志贺菌为食源性疾病的病原菌,主要引起细菌性痢疾。

1. 毒素及毒性 志贺菌株的内毒素能作用于肠黏膜,使其通透性增强,并促进肠道对内毒素的吸收,引起发热、神智障碍、中毒性休克。内毒素也可破坏肠黏膜,形成炎症、溃疡,出现黏液脓血便;内毒素还可作用于肠壁自主神经系统,使肠道功能紊乱、肠蠕动共济失调和痉挛(尤其是直肠括约肌痉挛最明显),以致出现腹痛、里急后重等。A群痢疾志贺菌中的1型血清型和部分2型血清型菌株可产生外毒素,又称为志贺毒素(shiga toxin,STX)。STX有细胞毒性、神经毒性和肠毒性,分别作用于肝细胞、神经系统、胃肠道,引起相应的临床表现。其中肠毒性志贺毒素与大肠埃希菌和霍乱弧菌肠毒素的活性类似,故志贺菌感染早期也有水样腹泻。少部分患者STX可介导肾小球内皮细胞损伤,导致溶血性尿毒综合征。

2. 中毒途径 以粪-口途径为主,人进食被志贺菌或毒素污染的食物、饮用水后,毒素侵袭结肠黏膜上皮细胞引起中毒。

3. 中毒表现 主要有发热、腹痛和水样腹泻(每天10多次至数10次),病情加重后,水样腹泻可变为脓血黏液便,伴有里急后重、下腹疼痛等。急性中毒性痢疾是内毒素作用,使微血管痉挛、缺血和缺氧,以小儿多见,出现高热、休克、中毒性脑病。

二、金黄色葡萄球菌毒素

案例7-3 2014年12月19日下午,某幼儿园10名幼儿出现恶心、呕吐、腹痛、腹泻等症。经送当地医院治疗,患儿在次日上午5时30分基本痊愈并出院。经当地疾病预防控制中心调查,10名患儿都在同一个班,有共同进餐史,临床表现基本相同,潜伏期和病程较短,人与人之间不传染,发病曲线呈单峰型,符合食物中毒特点。此外,在一名患儿呕吐物和粪便、厨师吴某手拭子和焖饭等样品中检出金黄色葡萄球菌,其阳性菌株引起的发病表现与幼儿发病表现基本一致,所以判断这是一起金黄色葡萄球菌引起的急性食物中毒。

金黄色葡萄球菌为革兰氏阳性球菌,呈葡萄串珠状排列,无芽孢及鞭毛,需氧或兼性厌氧,当衰老、死亡后常转为革兰氏阴性。金黄色葡萄球菌是葡萄球菌中毒力最强的菌株,对外界理化因素抵抗力较强,金黄色葡萄球菌的致病力强弱主要取决于其产生的毒素和侵袭性酶类。

1. 毒素及毒性 金黄色葡萄球菌可以产生外毒素,包括溶血素(α、β、γ、δ)、表皮剥脱毒素、杀白细胞素、肠毒素及毒素休克综合征毒素-1。金黄色葡萄球菌还可以产生凝固酶和其他酶类(纤维蛋白溶酶、透明质酸酶、耐热核酸酶、脂酶),参与细菌致病过程。

(1)葡萄球菌溶血素:指引起金黄色葡萄球菌感染的重要致病因子,能溶解细胞膜,损伤红细胞、血小板、溶酶体,引起局部缺血和坏死。按其抗原不同分为α-、β-、γ-、δ-溶血素。

(2)葡萄球菌肠毒素:指一组由凝固酶阳性、金黄色葡萄球菌产生的可溶蛋白质,能够抵抗胃肠液蛋白酶的水解作用。其食物中毒特点是潜伏期短,进食后2~6h发作,伴有恶心、呕吐、腹痛、腹泻等。

(3)表皮剥脱毒素:在新生儿、婴幼儿、免疫力低下的人群中,可引起烫伤样皮肤综合征,皮肤出现全身扩散性红斑、鳞片状脱皮。

（4）毒素休克综合征毒素-1:可引起机体发热、休克、脱屑性皮疹、毒性休克综合征。

（5）杀白细胞毒素:攻击中性粒细胞和巨噬细胞,形成脓栓,加重组织损伤。

2. 中毒途径　主要经健康医护人员暂时寄居细菌的手进行传播。易感者为有创口的外科、严重烧伤、血液病、恶性肿瘤、糖尿病等患者以及新生儿、老年人、免疫缺陷者。

3. 中毒表现（见于金黄色葡萄球菌外毒素）

（1）食物中毒:发病急骤,潜伏期短,一般2~5h,主要表现为明显的胃肠道表现,如恶心、呕吐、中上腹部疼痛、腹泻等,以呕吐最明显。呕吐物常含有胆汁,或含血、黏液,剧烈吐泻可导致虚脱、肌痉挛、严重失水。一般1~2d快速恢复,很少死亡。儿童对肠毒素比成人更敏感,病情较严重。

（2）烫伤样皮肤综合征:多见于婴幼儿和免疫力低下的成年人。发病突然,开始皮肤有红斑,1~2d表皮浅层起皱,稍用力摩擦,有大片表皮剥脱,露出鲜红色水肿糜烂面,类似烫伤性创口。

（3）毒性休克综合征:患者突发高热、呕吐、腹泻、弥漫性红疹,接着有脱皮（尤以掌及足底明显）、低血压、黏膜病变（口咽、阴道）,严重者可出现心、肾衰竭、休克。

三、肉毒梭菌毒素

案例7-4　2010年7月8日下午4点左右,某家庭5人食用了小卖部销售的火腿肠（某县食品厂生产）,2h后,2人出现恶心、腹痛等,第3位出现复视、眼睑下垂、吞咽困难等,次日12时,第4位、第5位出现呕吐、腹痛、眼睑下垂、吞咽困难、呼吸困难等,并且例4出现昏迷,经送当地医院治疗后,全部痊愈出院。据当地疾病预防控制中心调查,该中毒平均潜伏期26.4h（区间:2~88h）,食用同一可疑食品,发病率100%。患者主要以神经、呼吸系统中毒表现为主,消化系统表现为辅。餐中剩余火腿肠经快速检测（胶体金法）,肉毒毒素阳性,并进行了动物实验,确认为B型肉毒毒素中毒。

肉毒梭菌为专性厌氧的革兰氏阳性菌,两端钝圆,无荚膜,有鞭毛,生长适宜温度为25~40℃。该菌有呈卵圆形芽孢,位于近端,比菌体稍大。根据肉毒毒素抗原性将其分为A、B、C、D、E、F、G型。肉毒毒素对胃酸有抵抗力,但对热敏感,煮沸1h便可被破坏。

1. 毒素及毒性　肉毒梭菌的致病作用取决于其生长繁殖过程中产生的外毒素,即肉毒毒素（botulinum toxin,BTX）。BTX是毒性最强的特异性嗜神经毒素。BTX经小肠上皮进入血液和淋巴循环,选择性地作用于神经肌肉接头、副交感神经突触前膜,干扰乙酰胆碱释放,抑制神经冲动传导,出现一系列神经麻痹。

2. 中毒途径　人和动物感染、发病,多因食入被BTX污染的食物或饲料所致,我国中毒食品主要是家庭自制的豆类、谷物类发酵食品,国外中毒食品以罐头类、火腿为主。人吸入含有肉毒毒素的气溶胶也可发生类似于食源性肉毒中毒表现。当肉毒梭菌芽孢或繁殖体污染创面后,在局部厌氧条件下生长繁殖,产生BTX而引起中毒。在医学美容治疗时,大剂量注射BTX也可能发生中毒。

3. 中毒表现

（1）食物性肉毒中毒:主要是运动神经末梢麻痹,恶心、呕吐、腹痛不明显。摄入含毒素的食物后,一般在12~36h发病,也可2h内发病。早期出现乏力、头痛、眩晕、畏光、视力减退、复视,接着出现斜视、眼睑下垂、吞咽、言语、呼吸困难。随着病情进展,患者双下肢肌力减弱,病情严重者膈肌麻痹、心力衰竭、呼吸骤停,甚至死亡。

(2)婴儿型肉毒中毒:发病者通常为2周至8个月婴儿。首先出现便秘,接着吸吮无力、吞咽困难、哭声弱、头颈部肌肉松软、肌力减退和运动功能发育不良等。患儿经过合理营养与适当护理后,病情在1~3个月可自然恢复,严重者可因呼吸肌麻痹而死亡。

(3)创伤性肉毒中毒:肉毒梭菌污染伤口后,在局部厌氧环境下产生BTX,经血抵达神经系统引起神经末梢麻痹。

四、蜡样芽孢杆菌毒素

案例7-5　2010年6月19日7点30分,某旅行团39人在某饮食店用早餐。8点左右,7人出现头痛、头晕、恶心、呕吐,经送医治疗后痊愈。经当地疾病预防控制中心调查,该早餐食物主要有牛奶、麻糕、油条、稀饭、鸡蛋、萝卜干、咸菜豆子,5人食用油条,3人食用麻糕(其中1人同时食用油条和麻糕)。该中毒平均潜伏期35min(区间:30~45min),中毒症状以呕吐(占71.4%)为主,头晕、头痛、恶心、呕吐为辅。将油条、麻糕、肛拭子样品直接涂片、革兰染色镜检,观察到大量革兰氏阳性呈链状有芽孢无荚膜的杆菌,样本在普通琼脂平板上采用连续划线法接种,经37℃,24h培养,检出蜡样芽孢杆菌,故判断这是一起因食用麻糕、油条引起的蜡样芽孢杆菌食物中毒。

蜡样芽孢杆菌为革兰氏阳性大杆菌,需氧或兼性厌氧。蜡样芽孢杆菌是条件致病菌,主要通过细菌毒素引起食物中毒,也可由菌体本身造成多种肠道外的局部感染性疾病。

1. 毒素及毒性　蜡样芽孢杆菌在发芽末期可产生肠毒素(腹泻、呕吐毒素)。腹泻毒素(diarrheagenic lethal toxin,DLT)是一种蛋白质,属不耐热肠毒素。呕吐毒素(emetic toxin,ETX)是一种环形肽,属耐热肠毒素,该毒素在食物中产生,十分稳定,进入胃与5-HT3受体结合,引起呕吐。蜡样芽孢杆菌是食源性疾病病原菌,受污染食物在食用前保存不当或存放时间过长,使得芽孢发芽,并产生毒素。

2. 中毒途径　食用前不加热或加热不彻底可引起食物中毒,中毒食品以米饭、米粉最多见。

3. 中毒表现

(1)食物中毒:夏秋季节高发,多见于6~10月。临床表现分为腹泻型、呕吐型。腹泻型由DLT引起,潜伏期为8~12h,以腹痛、腹泻为主。呕吐型由ETX引起,潜伏期较短,为1~3h,以恶心、呕吐为主,严重者可致爆发型肝衰竭。

(2)肠道外表现:出现角膜炎、眼内炎、心内膜炎、支气管炎、菌血症、败血症、脑膜炎等。

五、其他细菌毒素

生活中还有其他一些常见的细菌毒素,具体总结如表7-1所示。

表7-1　常见的其他细菌毒素

细菌名称	毒素类型	临床表现	治疗措施
沙门菌属	内毒素	发热、寒战、恶心、呕吐,腹痛,水样腹泻等急性胃肠炎表现	轻者补液、对症、支持治疗,对重者、菌血症者及时使用抗生素治疗

细菌名称	毒素类型	临床表现	治疗措施
肠产毒素性大肠埃希菌	肠毒素	旅行者腹泻,婴幼儿腹泻,水样便,恶心,呕吐,腹痛,低热	对症支持治疗,重者尽快使用抗生素,首选亚胺培南
肠出血性大肠埃希菌	志贺样毒素	突发剧烈腹痛、腹泻、先水便后血便,可并发 HUS、血小板减少性紫癜	对症支持治疗,重者尽快使用抗生素,首选亚胺培南
副溶血性弧菌	溶血素	自限性腹泻至中度霍乱样症状,腹痛、腹泻,呕吐,低热,粪便为水样或血水样,里急后重不明显	补液、对症治疗,抗菌药物可用庆大霉素或复方 SMZ-TMP
破伤风梭菌	破伤风痉挛毒素	苦笑貌,牙关紧闭,角弓反张,自主神经功能紊乱	早期、足量使用破伤风抗毒素(TAT)
空肠弯曲菌	内毒素、外毒素	痉挛性腹痛、腹泻,血便或果酱样便,头痛、不适、发热	治疗选用红霉素、氨基糖苷类抗生素、氯霉素等
白喉棒状杆菌	白喉毒素	喉部假膜,毒血症,肾上腺出血,心肌损伤,外周神经麻痹	早期足量注射白喉抗毒素血清,配合青霉素、红霉素进行治疗

六、防治措施

1. 预防措施

(1) 防止食品被细菌污染:切实加强对禽畜宰前检疫与宰后检验,加强食品在储藏、运输、加工、烹饪及销售等各个环节的卫生管理。

(2) 严格执行体检制度:食品加工人员、医院、托幼机构人员应严格执行就业前体检和录用后定期体检的制度。如发现带菌、腹泻、皮肤化脓性感染者要马上停止工作,给予治疗,必要时调离岗位。

(3) 积极开展卫生宣教工作:改变不洁饮食习惯,减少生食频次,注意个人卫生;食品在食用前应充分加热,以杀灭病原体和毒素;在低温或通风阴凉处存放食品,控制细菌繁殖和毒素形成。

(4) 预防控制医院感染:在医院常规诊疗中,必须严格执行无菌操作,加强消毒灭菌,做好隔离预防。

(5) 及时报告:一旦发生食物中毒,应尽快报告当地疾病预防控制中心,及时调查;建立快速、可靠的病原菌检测技术,为大范围食物中毒暴发的快速诊断和处理提供相关资料,及早控制疫情。

2. 治疗措施

(1) 现场处理:避免继续接触被细菌或毒素污染的物品,禁食可疑被污染的食品。

(2) 一般治疗:卧床休息,加强护理。在进食可疑食物 4h 内,尽快清除胃肠道内毒素,减少其继续吸收。用 5% 碳酸氢钠溶液或 1:4 000 高锰酸钾溶液洗胃,并用 50% 硫酸镁导泻、灌肠。对于吞咽困难者,给予鼻饲饮食或静脉营养。

(3) 对症治疗:吐泻、腹痛剧烈者暂禁食,口服复方颠茄片或注射 654-2(山莨菪碱)10mg 或皮下注射阿托品 0.5mg。高热者给予物理降温或退热药。及时纠正水与电解质紊乱及酸中毒,抢救循环衰竭和呼吸衰竭。

（4）特殊治疗:按病原菌种类、药物敏感试验,合理选择抗菌药物。对金黄色葡萄球菌肠毒素性中毒一般不用抗生素,以补液、调节饮食为主。如果进食食物有肉毒梭菌或肉毒毒素存在,应及早使用抗毒素多价抗毒素血清。

第二节 藻 毒 素

藻毒素是由藻类产生的一类有毒的生物活性物质。水体富营养化导致藻类特别是蓝藻异常繁殖,部分淡水水域在夏季经常出现蓝藻水华,而海水则出现赤潮现象。据 WHO 报告,全球水华藻类中 59% 为有毒蓝藻。蓝藻毒素是由蓝藻细胞中藻毒素合成酶基因合成、在藻类衰亡期破裂后释放出来的有毒次级代谢产物。蓝藻毒素在所有藻毒素中最常见,蓝藻的微囊藻属、鱼腥藻属、颤藻属及念珠藻属等在代谢过程中能产生蓝藻毒素,其毒性较大,所以颇受关注。

1. 毒素与毒性　蓝绿藻毒素主要有肝毒素、神经毒素（变性毒素 a）。肝毒素是肽类,共有 53 种相关的环状肽。由 7 种氨基酸组成的肽叫微囊藻素,由 5 种氨基酸组成的肽叫节球藻素。肝毒素能够抑制蛋白质磷酸酯酶,引起肝细胞骨架收缩,从而破坏肝细胞与其他肝细胞以及与窦状毛细血管的接触,导致干细胞皱缩;随血液进入肝可引起其充血肿大,严重时可导致肝出血、坏死。变性毒素 a 是一种天然出现的有机磷酸酯,其功能与合成的有机磷杀虫剂非常相似,如对硫磷、马拉硫磷等,能够抑制乙酰胆碱酯酶活性。变性毒素 a 能阻止乙酰胆碱酯酶降解乙酰胆碱,从而使乙酰胆碱得以连续不断地刺激肌肉细胞,引起呼吸肌麻痹从而导致人和动物死亡。

2. 中毒途径　人和动物因饮（食）用被蓝绿藻毒素污染的水和水（海）产品而中毒。

3. 中毒表现　人和动物直接饮用或食用含有蓝绿藻毒素的水、海及其产品会造成皮肤、眼睛过敏、发热、疲劳、急性肠胃炎,重者出现昏迷、肌肉痉挛、呼吸急促、皮肤癌、肝炎、肝癌等。

4. 藻毒素中毒的预防　藻毒素中毒的治疗目前没有很好的方法。最重要的是预防,人和家畜的饮水一定要经过消毒处理。更重要的是保护水源,免受污染,拒绝食用藻类污染的水产品,如鱼类贝类等。去除藻毒素有如下常用方法。

（1）物理沉淀:用石灰和明矾处理水样,引起藻细胞的凝结和沉降,藻毒素会在聚集的藻细胞中保持或分解,但不能释放到水体中,从而不表现出毒性。

（2）化学除藻:利用除草剂、杀藻剂及金属盐等来控制水华,如用硫酸铜治藻,硫酸铜在水中分解为 Cu^{2+} 和 SO_4^{2-},Cu^{2+} 与藻体中的蛋白质结合,蛋白质变性,藻体死亡。

（3）微生物降解:有些细菌可产生降解藻毒素的酶,从而降解藻毒素。如鞘氨醇单胞菌、铜绿假单胞菌、青枯菌、食酸戴尔福特菌等有降解藻毒素的能力。

第三节 真 菌 毒 素

自然界中的真菌分布非常广泛,真菌毒素指由部分真菌分泌的,并可对机体产生不良影响的生物活性物质或有毒的化学物质。

真菌污染食品引起的严重食品安全性问题有：①真菌性食品变质；②真菌毒素性中毒。因此，真菌中毒的直接作用物是真菌毒素。此外，真菌毒素因对粮食生产造成威胁而受到人们关注。真菌毒素可使多种作物致病，如曲霉毒素引起的葡萄果实腐烂、曲霉或镰刀菌繁殖引起的玉米果穗腐烂、镰刀菌污染引起的谷物穗疫病等。

　　衡量一个国家真菌毒素污染严重程度的标准有：①食品和饲料中真菌毒素的含量；②人和家畜的真菌毒素中毒频率。通常在热带和亚热带的发展中国家的粮食中真菌毒素含量高，其原因是高温、高湿的气候条件，有利于霉菌的生产和产毒，同时这些国家合理贮存粮食的设施和设备也比较缺乏。因此，真菌毒素是与粮食和食品安全有关的重要生物类代谢产物。

一、黄曲霉毒素

　　案例7-6　1960年，某国发现约10万只火鸡死于一种以前没见过的病，故称"火鸡X病"。后来，鸭子也被波及。追根溯源发现饲料是最大的嫌疑。火鸡和鸭子吃花生饼，花生饼是花生榨油后剩下的残渣，富含蛋白质，是很好的禽畜饲料。科学家很快从花生饼中找到了罪魁祸首，一种真菌产生的黄曲霉毒素（aflatoxin，AFT）。

　　AFT是真菌毒素的典型代表，是由黄曲霉菌和寄生曲霉菌在生长繁殖过程中所产生的，对人类危害极为突出的一类强致癌物。自从发生"火鸡X病"以来，经过40多年的研究，科学家逐渐阐明了其化学结构、分布、理化性质和危害性。1966年，美国衣阿华州立大学SeUm等人对当年从埃及市场上购买的调味品、草药、谷物等进行了AFT污染情况调查，发现AFT在无壳花生检出率高达100%，调味品检出率为40%，草药检出率为29%，谷物检出率为21%。AFT在美国等发达国家和地区的污染也较普遍。

　　1. 化学结构和理化性质　AFT是一类结构类似的化合物，其基本结构含有一个双氢呋喃环和一个氧杂萘邻酮，其中最常见、毒性也最强的AFT为AFTB$_1$。AFTB$_1$在肝中活化为终致癌物，有诱变性和致癌性。AFT是在紫外线照射下能发出强烈特殊荧光的物质，其中AFTB$_1$发射波长为415nm，蓝色荧光，分子量为312，熔点为268~269℃。AFT难溶于水、己烷、石油醚，在水中的最大溶解度为10mg/L，可溶于甲醇、乙醇、氯仿、丙酮、二甲基甲酰等有机溶液。此外，AFT的热稳定性非常好，分解温度高达280℃。

　　2. 产毒条件　AFT是黄曲霉菌和寄生曲霉菌污染食物后生长繁殖产生的毒素。AFT产生菌的生长繁殖最适宜温度为30~38℃、相对湿度80%以上，故南方、温湿地区在春夏季节易发生AFT中毒，有的作物在收获前、收获期和贮存期可能被AFT污染。

　　3. 毒性　①急性毒性。按动物LD$_{50}$，AFT属剧毒物，其毒性是氰化钾的10倍，砒霜的68倍。一次口服中毒剂量可出现急性中毒，主要表现为肝、肾细胞变性、坏死或出血。②慢性毒性。主要表现为动物生长障碍，慢性肝损害等。③致癌性。AFTB$_1$的致癌性很强，可诱发肝癌，而AFTG$_1$和M$_1$的致癌性较弱。

　　4. 毒作用机制　主要是抑制核酸、蛋白、脂肪酸和凝血因子合成，抑制酶合成、糖酵解作用和脂类代谢、葡萄糖代谢和线粒体呼吸。AFT急、慢性中毒的靶器官主要是肝。AFT一经侵入会导致肝细胞坏死或死亡。AFT需要经体内代谢活化才表现出毒性。其中关键一步是受到细胞色素P450的多功能氧化酶的催化而发生环氧化反应，形成一种有高反应活泼性、亲电性的环氧化物。

二、赭曲霉毒素

案例 7-7 1957 年、1958 年,多瑙河沿岸部分居民流行一种肾病(巴尔干肾病)。该病特征是一种间质性肾炎,病症通常发展缓慢、肾功能减退、发病无性别差异。这种肾病在不同国家、村落人口之间有明显的区域性。最近研究显示,"巴尔干肾病"是该地区小麦被马兜铃植物污染,人食用含有赭曲霉毒素的食物而发病。IARC 将赭曲霉毒素 A 判别为可能的致癌物。

赭曲霉毒素是曲霉属和青霉属中的某些菌种所产生的一组次级代谢产物。赭曲霉毒素能毒害所有的家畜家禽,也能毒害人类。

1. 化学结构和理化性质　赭曲霉毒素有 7 种结构类似的化合物,其中毒性最强是赭曲霉毒素 A,它是一种无色结晶化合物。溶解于极性有机溶剂、微溶于水和稀的碳酸氢盐中。该毒素耐热,普通加热法不能将其破坏。

2. 主要产毒菌株及其分布　能产生赭曲霉毒素菌种有洋葱曲霉、硫色曲霉、蜂蜜曲霉、赭曲霉、孔曲霉、佩特曲霉和菌核曲霉。该毒素常见于玉米、小麦、大麦、燕麦和其他原料中。赭曲霉素 A 是代替异香豆精的苯丙氨酸衍生物,该产物是在适度气候下由青霉属、青霉属变种和温带、热带地区曲霉产生的。

3. 毒性

(1) 急性毒性和慢性毒性:有较强的肾、肝毒性。当人畜摄入被该毒素污染的食品和饲料后,会发生急性或慢性中毒,如大鼠经口喂赭曲霉毒素 20mg/kg 可引起急性中毒。该毒的毒性特点是造成肾小管间质纤维结构和功能异常,引起营养不良性肾病、肾小管炎症、免疫抑制。

(2) 致癌性:赭曲霉毒素能引起严重肾病变、急性肝功能障碍、脂肪变性、透明变性及局部性坏死,长期摄入有致癌效应。此外,有致畸和致突变性。

三、T-2 毒素

T-2 毒素是单端孢霉烯族毒素之一,可由多种真菌产生。该毒素毒性强烈,在自然界中广泛存在,严重危害人畜健康。

1. 化学结构和理化性质　T-2 毒素是一种倍半萜烯化合物,纯品为白色针状结晶体,熔点为 151~152℃,易溶于有机溶剂。该毒素性质稳定,一般的食物烹调加热方法不能破坏其结构,在室温下放置 6~7 年或加热至 200℃,1~2h 毒力仍无减弱,而碱性条件下次氯酸钠可使其失去毒性,其氧环和双键被认为是活性单位。

2. 产毒条件和毒性　T-2 毒素可由自然界多种农作物致病菌产生,其中大多来自镰孢菌属。产毒能力随真菌种类而异,同时受到环境因素的影响。枝孢链孢菌的最适产毒条件为基质含水量 40%~50%,温度 3~7℃;在玉米和黑麦中产毒能力较强,其次为大麦、大米和小麦。

T-2 毒素是引起自然界常见作物疾病的致病因子,如在热带地区广泛存在的"巴拿马病"等。因此,T-2 毒素导致的人畜中毒在生活中比较常见。T-2 毒素主要作用于增殖活跃的细胞,如骨髓、肝、黏膜上皮和淋巴细胞等,对淋巴细胞的损害最为严重,可引起急性、慢性和特殊毒性。

（1）急性毒性：T-2毒性通过不同途径进入机体引起中毒。中毒主要表现为恶心、呕吐、食欲减退、拒食、倦怠、体重减轻等。毒素的反应强弱与动物种属差异、成熟程度、染毒途径和剂量有关。

（2）亚慢性毒性和慢性毒性：分别给大鼠和小鼠喂以含T-2毒素10μg/g的饲料4周到1年，受试鼠均发生胃腺部分病变，出现鳞状上皮化增生、角化过度及棘皮症。

（3）其他：T-2毒素有致畸性和弱的致癌性，没有致突变性。

四、桔青霉素

桔青霉素是一种强毒性且分布广泛的甲基酮类真菌毒素，通常可在粮食及其他食品中检出。

1. 化学结构和理化性质　桔青霉素是一种柠檬黄色针状结晶，熔点为172℃，很难溶于水，对荧光敏感，不论在酸性还是在碱性溶液中均可热分解。Raistrick和Smith证明桔青霉素具有显著的抗细菌活性。

2. 产生菌株及其分布　桔青霉素产生菌很多，主要是桔青霉。瘦青霉、纠缠青霉、黄绿青霉、扩展青霉和雪白青霉等也可产生桔青霉素。桔青霉易侵染大米，尤其是加工精磨后的大米，被侵染的米粒呈蛋黄色，无病斑，进一步发展便会在黄色米粒上出现青色菌丝。

3. 毒性　桔青霉素中毒表现为急性或慢性肾病，出现多尿、口渴、呼吸困难等。桔青霉素能使试验家兔小肠平滑肌的收缩幅度和张力增加，证明桔青霉素对小肠平滑肌具有兴奋作用。桔青霉素是一种肾毒素，可导致实验动物肾肿大，尿量增多，肾小管扩张、上皮细胞变性坏死等。

五、其他真菌毒素

生活中还有其他一些常见的真菌毒素，见表7-2。

表7-2　其他真菌毒素及其毒性特点

名称	来源	毒性特点
杂色曲霉毒素	杂色曲霉、构巢曲霉、焦曲霉、索拉金离蠕孢霉	有强致癌性、急性毒性和慢性毒性
脱氧雪腐镰孢霉烯醇	某些镰孢霉	有强致呕效应，主要引起厌食、拒食、呕吐、心跳缓慢、腹泻、胃肠道出血等，还有慢性毒性和细胞毒性
展青霉素	展青霉、扩展青霉、圆弧青霉、木瓜青霉、土曲霉等	以神经中毒表现为主，表现为全身肌肉震颤痉挛、对外界刺激敏感性增强、狂躁等，毒效应机制是不可逆地与细胞膜上巯基结合
黄天精	岛青霉	对动物有致癌效应，可损害肝功能
黄绿青霉素	黄绿青霉	有神经毒性，出现上行性麻痹；慢性中毒动物有肝肿瘤和贫血

第四节 植物毒素

植物毒素指天然存在于植物中对机体产生不良影响的生物活性物质或有毒的化学物质。植物产生的有毒化学成分主要有非蛋白氨基酸类、蛋白质类化合物、生物碱、苷类化合物、萜类化合物。通过对植物毒素研究既能让人类藉此了解植物在生存斗争中形成的一套防御措施,植物在击退捕食者或阻止昆虫或动物啃食的过程中会产生一系列化学物质,当机体食用或接触植物时,植物产生的化学物质是如何影响我们的健康,同时又能加深我们对生物机制的理解,并在此基础上开发新药和功能性食品。

随着分离技术的快速发展,人类在地球这个植物资源宝库中探索到许多能够用来生产新药的植物,如应用洋地黄和铃兰降低血压,预防心脏病发作,还发现许多可食用的美味植物,如鲜香爽滑的蘑菇。然而,这些物质具有极端的两面性,一旦使用不当就可能是致命的毒药。因此,更多地去走近和了解它们,能使我们之间更好地和谐相处。

一、毒蕈毒素

案例 7-8 2018 年 7 月 18 日,某县一家四口因误食有毒蘑菇被送到当地医院洗胃、药物治疗,接着被送往四川省人民医院。发病时,患者出现呕吐、眩晕等,其中两名患者病情较严重,尿量明显减少或无尿,提示肝肾受损。经血液灌流、血浆吸附等治疗,他们病情的好转。鉴于夏季是蘑菇、野菜等生长旺盛的季节,也是食物中毒的高发季节,建议大家不要盲目采摘野生蘑菇,以免误食有毒蘑菇中毒。

蕈类又称蘑菇,属于真菌植物。我国可食用蕈有 300 多种,毒蕈 80 多种,其中剧毒对人致死的有 10 多种。毒蕈有毒成分比较复杂,通常一种毒素含在几种毒蕈之中或一种毒蕈又可能含有多种毒素,可出现拮抗或协同效应。

1. **毒蕈毒素种类及毒性** 蘑菇毒性主要因其含有不同毒素而有明显的区别。毒肽主要为肝毒性,毒性强,作用缓慢;毒伞肽为肝肾毒性,作用强;毒蝇肽作用类似乙酰胆碱;光盖伞素可引起幻觉和精神症状;鹿华毒素可引起红细胞性溶血。

2. **中毒途径** 毒蕈因与可食蕈不易区别,一般是误食,以春夏季最常见。2001 年 9 月 1 日,江西永修县 40 多人因食用野蘑菇而中毒。

3. **中毒临床表现与分型**

(1) 胃肠炎型:最常见引起肠道炎症反应。一般潜伏期较短,多为 0.5~6h,有剧烈恶心、呕吐、水样腹泻、阵发性腹痛,以上腹部疼痛为主,体温不高,多见于误食毒粉褶菌、毒红菇、虎斑蘑、橙红毒伞、月光菌等毒蕈性中毒。一般病程数小时到三天,恢复较快,预后较好。

(2) 神经精神型:潜伏期 1~6h,除有轻度胃肠反应外,主要有明显的副交感神经兴奋表现,如多汗、流涎、流泪、瞳孔缩小、脉搏缓慢等。少数病情严重者可出现谵妄、幻觉、惊厥、抽搐、昏迷、呼吸抑制等表现,个别病例因此而死亡,多由毒蝇伞、豹斑毒伞等引起。由误食角鳞灰伞菌、臭黄菇等引起者除肠胃炎症状外,可有头晕、精神错乱、昏睡等。即使不治疗,1~2d 亦可康复,死亡率较低。误食牛肝蕈、橘黄裸伞蕈等毒蕈,除胃肠炎症状外,多有幻觉(小人国幻视症)、谵妄等症状,部分病例有迫害妄想等,类似精神分裂症的表现,此型多预后较好,无后遗症。

（3）溶血型:潜伏期多为 6~12h,因红细胞大量破坏,引起急性溶血。主要症状为恶心、呕吐、腹泻、腹痛等胃肠炎表现。发病 3~4d 后出现溶血性贫血、黄疸、肝脾肿大、血红蛋白尿等。此型若伴有中枢神经系统表现,多为误食鹿华蕈、马鞍毒蕈所致。病程一般 2~6d,病死率低。但严重者脉弱、抽搐、幻觉及嗜睡,可能因肝、肾严重受损、心力衰竭而导致死亡。

（4）多脏器损伤型:多为误食毒伞七肽、毒伞十肽、白毒伞、鳞柄毒伞等引起,可损伤人肝、肾、心脏和神经系统,尤以肝受损最严重,可导致中毒性肝炎。该型中毒病情凶险而复杂,病死率很高。

1）潜伏期:多为进食后 10~30h,短者为 6~7h,一般无任何症状。

2）肠胃炎期:出现恶心、呕吐、脐周腹痛、水样便腹泻,多在 1~2d 后缓解。

3）假愈期:多无症状或仅感轻微乏力、不思饮食等,轻度中毒患者肝损害不严重。

4）内脏损害期:重症患者在发病 2~3d 后,出现肝、脑、心、肾等损害,以肝受损最严重,有黄疸、肝大、肝功能异常、出血倾向等,甚至出现肝坏死、肝性昏迷。肾损害可出现血肌酐、尿素氮明显升高,少尿、无尿或血尿等,严重时可出现肾功能衰竭、尿毒症。常并发弥散性血管内凝血,还可发生中毒性心肌炎、中毒性脑病等,导致多脏器不同程度的功能障碍。

5）精神症状期:主要因肝受损严重而出现肝性昏迷,呈烦躁不安或淡漠嗜睡,甚至昏迷惊厥。可因呼吸、循环中枢抑制或肝昏迷而死亡。一些患者在胃肠炎期后很快出现精神症状,但看不到肝损害明显表现,该情况属于中毒性脑病。

6）恢复期:经过积极治疗的病例,一般在 2~3 周后进入恢复期,各项临床表现逐渐消失而痊愈。

（5）类光过敏型:可因误食胶陀螺（猪嘴蘑）引起。误食后,毒素使人体细胞对日光敏感性增强,出现类似日光性皮炎表现。在体表暴露部位,出现明显的肿胀,疼痛,尤其是嘴唇肿胀外翻。潜伏期较长,一般在食后 1~2d 发病。另外,有些患者还会有指尖疼痛,指甲根部出血等症。

二、马铃薯毒素

马铃薯又叫土豆、山药蛋、洋山芋。由于营养丰富,味道鲜美,是人们日常喜爱的食物之一。马铃薯含有龙葵素,在新鲜及没有发芽、没有变质的马铃薯中龙葵素含量极少。但是,当马铃薯发芽,皮肉青紫发绿或不成熟时,龙葵素的含量就大量增加,尤其在发芽的部位（幼芽及芽根）含量最多。

1. 毒素及毒性　龙葵素是马铃薯的有毒物质,也可见于茄子,未熟的西红柿。主要是以茄啶为糖苷配基构成的茄碱和卡茄碱等 6 种不同的有毒弱碱性糖苷生物碱。龙葵素能溶于水,遇醋酸加热易分解,高热、煮透可解毒。陕西关中民间有道醋熘洋芋的家常菜,不仅吃起来味香可口,而且在烹饪过程中已将其毒素破坏。一般每 100g 马铃薯含有龙葵素 5~10mg,食用后不会中毒。发芽马铃薯或未成熟、青紫皮马铃薯含龙葵素数倍或数十倍,当烹调时又未能去除或破坏掉龙葵素,大量食用后易引起急性中毒。龙葵素有腐蚀性、溶血性,对运动、呼吸中枢有麻痹效应。

2. 中毒途径　如果一次食入 200~400mg 龙葵素（约吃 30g 变青、发芽的土豆）时,可致严重中毒。群体性中毒多因土豆未经去皮油炸,大量的龙葵素溶解在油中,再用该油烹调别的食物,可能会引起进食者中毒。

3. 中毒表现　潜伏期为食后数分钟至数小时,最先出现口腔、咽喉部瘙痒,上腹部灼烧感或疼痛,并有恶心、呕吐、腹泻等;还可出现头晕、头痛、瞳孔放大、耳鸣。重者因剧烈呕吐、腹泻而导致脱水、电解质紊乱、血压下降;严重者可出现昏迷及抽搐,甚至呼吸中枢麻痹而致死。

三、四季豆毒素

案例7-9　2013年1月17日,某小学学生进食晚餐,食谱有米饭、炒四季豆、猪肉豆腐香菇汤。约2h后,学生龙某出现恶心、呕吐、腹痛,此后陆续有学生出现类似临床表现,马上送卫生院就医。截至当晚十点,卫生院接诊患者33例,大多为轻微的恶心或腹痛,体检无腹部压痛,精神状态良好,可能是受心理因素影响引起。仅7人有较典型的恶心、呕吐和腹痛,经对症治疗后痊愈。据当地疾病预防控制中心检查,食堂留样的四季豆大部分未煮熟透,现场采集患者呕吐物、肛拭子(含厨师)、自来水、四季豆做实验室检查,未检出致病菌。因此,判定为一起食用未煮熟透四季豆引起的食物中毒。

四季豆是人们普遍爱吃的蔬菜,如烹调方法不当(没有加热煮熟),食用四季豆中毒常有发生。

1. 毒素及毒性　四季豆豆荚含有皂苷,对消化道黏膜有较强的刺激性,可引起胃肠道充血、肿胀、出血性炎症,并对红细胞有溶解作用,可引起溶血。豆粒含植物血凝素,有凝血作用。这些毒素经加热100℃以上可被破坏。四季豆放置太久,会产生大量亚硝酸盐,引起变性血红蛋白症。

2. 中毒途径　进食炒、煮不透的菜豆所致。

3. 中毒表现　潜伏期为数分钟至数小时,多数在1~5h。主要有急性胃肠炎,上腹部不适或胃部烧灼感、恶心、呕吐、腹泻、腹痛、水样便为主。中毒者多数有四肢麻木、心慌和背疼等。此外,有头晕、头痛、胸闷、心慌、出冷汗、四肢麻木和畏寒等。一般病程较短,多在1~2d恢复。少数重症可发生溶血性贫血。

四、苦杏仁毒素

苦杏仁,山杏果仁,味苦,含有苦杏仁苷约3%,可作为医药和工业原料。

1. 毒素及毒性　苦杏仁苷属氰苷类,在苦杏仁苷酶作用下,水解成氢氰酸及苯甲醛等。苦杏仁苷 LD_{50}:大鼠、小鼠静脉注射为25g/kg体重;大鼠腹腔注射为8g/kg体重。大鼠口服为0.6g/kg体重;人口服苦杏仁55粒(约60g),含苦杏仁甙约1.8g(约0.024g/kg),可致死。大量口服苦杏仁易产生中毒。最初使延脑呕吐、呼吸、迷走、血管运动等中枢兴奋,接着引起昏迷、惊厥,使中枢神经系统麻痹而致死。

2. 中毒途径　食用性中毒,或吃了加工不彻底未完全消除毒素的凉拌杏仁中毒。

3. 中毒表现　潜伏期短,起病急,多于进食2h内发作。轻度中毒出现消化道症状及面红、头痛、头晕、四肢无力、心悸、口唇及舌麻木、口中苦涩、流涎等。较重者胸闷、呼吸困难,呼吸时可嗅到苦杏仁味。严重者意识不清、呼吸微弱、发绀、昏迷、四肢冰冷、常发生尖叫,接着意识丧失、瞳孔散大、对光反射消失、牙关紧闭、全身阵发性痉挛,多死于呼吸麻痹。

五、其他植物毒素

生活中还有一些植物性食品中含有毒素,如加工烹调不当或误食等,均可引起食物中毒(表 7-3)。

表 7-3　其他植物毒素的危害

名称	有毒成分	临床特点	急救处理
白果	银杏酸、银杏酚	潜伏期 1~12h。呕吐、腹泻、头痛、恐惧感、惊叫、抽搐、昏迷、甚至死亡	催吐、洗胃、灌肠、对症处理
鲜黄花菜	类秋水仙碱	潜伏期 0.5~4h,呕吐、腹泻、头晕、头痛、口渴、咽干等	及时洗胃,对症处理
有毒蜂蜜	蜜源来自含生物碱的有毒植物,如雷公藤、钩藤属植物等	潜伏期 1~2d,口干、舌麻、恶心、呕吐、头痛、心慌、腹痛、肝大、肾区疼痛	输液、保肝、对症处理
生豆浆	胰蛋白酶抑制剂	潜伏期数分钟至 1h 出现恶心、呕吐、腹泻、腹胀、腹痛等胃肠炎症状	对症处理
粗制棉籽油	棉酚、棉酚紫、棉酚绿	烧热病(皮肤潮红、口干等)、肢体软瘫、生殖功能障碍	对症处理
木薯	亚麻仁苦苷	潜伏期短者 2h,长者 12h,一般 6~9h。临床表现与苦杏仁相似	催吐、洗胃、导泻、解毒治疗(亚硝酸异戊酯、亚硝酸钠、硫代硫酸钠)、对症治疗
十字花科蔬菜	芥子苷	能阻止机体发育和致甲状腺肿大等	对症处理
柿子	柿胶酚、柿胶酸、红鞣质	生成胃柿石症,引起心口痛、恶心、呕吐、胃扩张、胃溃疡,甚至胃穿孔等	对症处理
山药、芋头	皂角素或黏液里含的植物碱	接触性皮炎,表现为瘙痒,皮肤变红	清洗接触部位,抹醋或火烤等

六、急救与治疗

1. **急救措施**　首先阻止或减少毒素的吸收,尽快去除未吸收毒素或变成惰性代谢物质。

(1)清洗污染:如果有毒植物污染皮肤表面和黏膜,可用清水充分冲洗,对不溶于水的毒素,可选用其他适当溶剂。

(2)洗胃:用 1∶5 000 高锰酸钾溶液或炭末混悬液或热盐水反复洗胃,直至呕吐物变清为止。昏迷患者,应尽量避免洗胃。内服强腐蚀性毒物应禁忌洗胃。

(3)催吐:如果不适宜洗胃时,可用催吐法,可灌服 1∶2 000 高锰酸钾 100~300ml,或硫酸铜、硫酸锌溶液(0.3~0.5g 溶于 150~250ml 温水中),应用碘酊(0.5ml 加水 500ml)可刺激胃黏膜引起呕吐。也可用 3% 盐水一杯灌服,然后用手指机械地刺激咽部呕吐。

(4)导泻:常用硫酸镁或硫酸钠导泻。中枢抑制性毒物中毒时不要用硫酸镁,也可用生理盐水或肥皂水 1 000ml 高压灌肠。

（5）服用沉淀剂：用鞣酸、茶叶水，使用生物碱沉淀，减缓毒物的吸收，再用洗胃法清洗。

（6）服用吸附剂和保护剂：活性炭是良好的吸附剂；如遇对食管、胃肠道黏膜有刺激、腐蚀效应的有毒物中毒要服用保护剂，如植物油、牛奶、蛋清、豆浆、淀粉糊等。

（7）加速排泄：利尿是主要措施。可饮用大量浓茶，给予利尿药或输液，加快毒物随尿排出。

2. 应用解毒剂治疗

（1）一般解毒剂：在不了解何种植物毒时，可按氧化、中和等进行一般性解毒。当酸中毒时，可用弱碱（如肥皂水等，不宜用苏打），通过中和作用解毒；若毒素是碱，可用弱酸（如食醋）中和。

（2）特效解毒剂：应用特效解毒剂是最有效的解毒方法，但采用时必须确认中毒植物种类。

（3）对症和支持治疗。

第五节　动 物 毒 素

案例 7-10　2000 年 8 月 20 日，某女孩（13 岁）在山上砍柴时不慎被一群毒蜂刺伤，当时即感全身疼痛，舌肿大、僵硬，约 10min 后感胸闷、呼吸困难、全身浮肿、四肢麻木，急送县妇幼保健院治疗，因病情逐渐加重，出现高热、烦躁、嗜睡、无尿，毒蜂刺伤约 17h 后转入某医学院附属医院救治。入院诊断为蜂毒中毒，中毒性休克、急性肾功能不全、中毒性心肌炎。经治疗，患者病情仍迅速加重，出现昏迷，呼吸困难加重，呈叹气呼吸，血压进行性下降，双瞳孔不等大，对光反应消失，心律不齐，心音弱。在中毒 28h 后，该患者因毒性反应严重，累及心、脑、肝、肾等，以致多脏器功能衰竭而死亡。

动物毒素指由动物分泌或排出对其他动物有害，或者动物本身某些器官含有对其他动物有害的化学物质。能分泌动物毒素的动物主要包括爬行动物，如毒蛇、毒蜥蜴等；两栖动物，如蟾蜍、蛙；软体动物，如蜗牛、芋螺、海葵等；节肢动物，如蜘蛛、蜱、蜈蚣、蝎子、牛虻等。动物毒素的结构非常丰富。从一级结构来说，有的由几个氨基酸组成，有的则拥有几百个氨基酸；它们的高级结构，有简单的无规卷曲，也有复杂的多亚基蛋白复合体。我国有丰富多样的有毒物种资源，迄今已发现蛇类 200 余种，两栖类 400 余种，蝎类 30 余种，蜘蛛 4 000 多种，芋螺 100 余种，昆虫数万种及数量众多的其他有毒动物。

一、蛇毒素

全球蛇类有 2 700 多种，其中毒蛇有 600 多种。我国蛇类资源丰富，有 200 多种，其中毒蛇为 48 种，剧毒蛇有 10 多种。

1. 蛇毒的种类及毒性　蛇毒是由蛇毒腺分泌的毒液。蛇毒主要成分有蛋白质和多肽。其化学成分十分复杂，主要有：①酶，蛇毒酶约占蛇毒蛋白组分 50%，这些酶与蛇咬伤造成的出血、水肿及血凝失调有密切的关系。蛇毒类凝血酶在蝮亚科蛇毒中分布最广，含量最丰富。②神经毒性多肽，主要分布在眼镜蛇和海蛇科蛇毒中，不同蛇种的蛇毒含神经毒素不同，同一种属蛇所含的神经毒素也不一，是蛇伤致死的主要原因。③神经生长因子，对神经损伤有调节修复作用,对伤口愈合、生殖、早期造血等也有一定疗效。④蛇毒细胞毒素,占蛇毒总蛋白 25%~60%,能直接破坏红细胞,改变细胞膜通透性而引起细胞渗漏,并使膜上的酶易于溶出,对心、骨骼肌、周围神经等都有损害作用。⑤血循环毒素,多见于五步蛇、竹叶青等蛇毒中。种类多,成分复杂。

2. 中毒途径　人或其他动物被毒蛇咬伤时,蛇毒腺分泌蛇毒,蛇毒经排毒导管进入其毒牙鞘内,经插入被咬者伤口的毒牙挤压入伤者体内,并随血液和淋巴扩散至全身而引起中毒。

3. 中毒表现　毒蛇咬伤后,中毒表现因毒蛇种类不同、蛇毒成分及其注入量而有所差异。银环蛇、金环蛇的毒液为神经毒;五步蛇、烙铁头蛇、竹叶青、蝰蛇的毒液为血循环毒;眼镜蛇、眼镜王蛇、蝮蛇的毒液为混合毒。一般来说,局部伤口表现为持续疼痛、剧痛或麻木、发痒;或局部红肿;或瘀血、起水疱或血疱;或伤口周围局部淋巴结肿大、压痛;或组织溃疡、坏死;进而引起头晕、乏力、气喘、流涎、视力模糊、眼睑下垂、出血、黄疸、贫血、语言不清、吞咽困难等,严重者可导致肢体瘫痪、休克、昏迷、惊厥、呼吸麻痹、急性循环衰竭、肾功能衰竭等,最终导致死亡。蛇的生物学习性决定了蛇咬伤常发生于每年 6~10 月份。

二、蜂毒

蜂毒是工蜂毒腺和附腺分泌出来的一种有芳香气味的透明胶状毒液,贮存在毒囊中,当工蜂攻击其他物种时由蜇针排出。

1. 蜂毒及其毒性　蜂毒化学组成主要有多肽类、酶类和非肽类物质。肽类主要包括蜂毒肽、蜂毒明肽及肥大细胞脱粒肽。蜂毒肽是蜂毒中最主要的多肽,具较高生物学活性,可以与生物膜相互作用,引起生物膜性能的一系列变化,表现出强溶血活性,占蜂毒干重的 50% 左右。蜂毒明肽可以通过血 - 脑屏障,直接作用于中枢神经系统,是一种强神经毒素。酶类包括五十多种,其中磷脂酶 A2 是受蜂蜇之后产生过敏反应的主要物质。磷脂酶 A2 约占蜂毒干重的 12%,是蜜蜂蜂毒的主要活性成分和过敏原。其与蜂毒肽具有协同作用,产生强溶血活性,促使红细胞溶解;非肽类物质包括组胺,各种生物胺类物质,与受蜂蜇之后产生疼痛有关。

2. 中毒途径　蜜蜂蜇伤人的体表皮肤。

3. 中毒表现　人被蜂蜇伤后,轻者局部出现红肿、疼痛、灼热感,也可有水疱、瘀斑、局部淋巴结肿大,数小时至两天自行消失。如果身体被蜂群蜇伤多处,常出现发热、头痛、头晕、恶心、烦躁不安、昏厥等全身症状。蜂毒过敏者,可发生荨麻疹、鼻炎、唇及眼睑肿胀、腹痛、腹泻、恶心、呕吐,个别严重者可发生喉头水肿、气喘、呼吸困难、昏迷,甚至因呼吸循环衰竭而死亡。

三、河豚毒素

河豚大都含有河豚毒素及其衍生物,毒素集中于卵巢、肝、肾、血液、眼睛、鳃及皮肤中,繁殖季节毒性最强。

1. 河豚毒素及毒性　河豚毒素是一种非蛋白质神经毒素,理化性质稳定,在中性和酸性条件下对热稳定,在碱水溶液中易分解。用盐腌、日晒和一般加热烧煮等方法均不易消除。

2. 中毒途径　河豚一般在冬春季节产卵,此时河豚的肉味最鲜美,但是河豚毒素的量也最高,一般人因食用加工处理不当的河豚而中毒。

3. 中毒表现　中毒潜伏期很短,短至 10~30min,长至 3~6h,发病急,抢救不及时,中毒后最快 10min 内死亡,最迟 4~6h 死亡。如果患者能度过 24h 尚能幸存,则预后相对良好。河豚毒素中毒主要表现是手指、脚趾刺痛及麻痛并扩张至全身,发展为麻木而不知疼痛。面色苍白,唇舌感觉倒错,眩晕,运动失调,并大量流涎、出汗、头痛,体温和血压下降,脉搏快而微弱,颈痛、心前痛及极度虚弱相继出现。病情严重发展到出现运动神经麻痹、四肢瘫痪、共济失调,不能行动,言语不清,接着出现明显的呼吸系统症状,嘴唇四肢和全身强烈发绀,躯体广泛瘀点性出血起疱。随着肌肉抽搐、震颤,共济失调逐渐加重,最后广泛肌肉麻痹,呼吸麻痹而死亡。

四、贝类毒素

贝类生物毒素常引起食品安全事故,严重威胁消费者健康。贝类属于非选择性滤食生物,其食物主要为藻类、原生动物等浮游生物和一些有机物残渣。在其生长过程中极易富集环境中的有害物质,如致病菌、贝类毒素、农药残留物、重金属等。常见引起中毒贝类有牡蛎、扇贝、螺类、蛤类和贻贝等。

1. 贝类毒素与毒性　贝类中毒最主要诱因是贝类通过不同方式积累的生物毒素,其中不同类型的藻类毒素和河豚毒素是比较常见的外源毒素。根据中毒表现可分为记忆缺失性贝毒、西加鱼毒、腹泻性贝毒、神经性贝毒和麻痹性贝毒等。麻痹性贝毒(PSP)是毒性很强的毒素,作用机制和毒性与河豚毒素相似。其中石房蛤毒素是眼镜蛇毒素毒性的 80 倍,迄今尚无解毒特效药。腹泻性贝类毒素(DSP)是比 PSP 发现更晚的一种新毒素。神经性贝类毒素(NSP)主要由短裸甲藻所分泌的短裸甲藻毒素(BTX)引致。引起记忆缺失性贝毒(ASP)中毒的毒素是软骨藻酸,是一种相对罕见的神经毒性氨基酸,硅藻为软骨藻酸的主要来源。它可以毒化双壳贝及其他甲壳类动物。

2. 中毒途径　有毒藻类被海洋贝类摄食后,毒素便在其体内蓄积形成贝毒。人进食有毒贝类而中毒。

3. 中毒表现

(1)记忆缺失性贝毒:腹痛、腹泻、呕吐、短暂记忆缺失、意识混乱,不能辨认家人及朋友,通常在进食后 3~6h 发病,严重者有可能造成永久失忆。

(2)麻痹性贝毒:全球分布最广、危害最大的赤潮生物毒素,有口舌感觉异常、麻木、恶心眩晕、身体麻痹等症,甚至呼吸困难、喉咙紧张,危险期为 12~14h。

(3)腹泻性贝毒:大部分中毒表现为腹泻、恶心、呕吐,可持续 3~4d,一般不致命。

(4)神经性贝毒:人食用蓄积 BTX 贝类后,30~180min 出现中毒,主要表现为胃肠紊乱和神经麻痹。在赤潮区吸入含有 BTX 的气雾也会引起气喘、咳嗽等。

五、其他动物毒素

除了前面介绍的常见的动物毒素外,在生活中还有一些其他种类的动物毒素,见表7-4。

表 7-4　其他常见动物毒素

类别	名称	毒素名称或毒性
高组胺鱼类	竹荚鱼、金枪鱼、秋刀鱼、鲭鱼、沙丁鱼、鲥鱼、淡水鲤鱼等	组胺酸
卵毒鱼类	裸鱼、狗鱼、光唇鱼等	鱼卵毒素
昆虫	蜈蚣	溶血蛋白、组织胺
	蝎子	神经毒蛋白
	蜘蛛	蜘蛛毒素
	蜱	麻痹性毒素
	斑蝥	斑蝥素
无脊椎动物	海胆	海胆毒素
	海星	类固醇皂苷
	海葵	海葵素(羟基四甲胺)、海葵毒(5-羟色胺)等
	海参	海参毒素
	水母	水母毒素
	沙蚕	沙蚕毒素
	海兔	海兔毒素
	鱼胆(草鱼、青鱼、鲢鱼、鳙鱼、鲤鱼等)	组胺、胆盐及氰化物
	鱼肝(鲨鱼肝、马梭鱼、鲳鱼、鳕鱼)	维生素 A、D 和其他毒素
	蟾蜍	蟾蜍毒素

六、急救与治疗

一般以排出毒素和对症处理为主。①催吐、洗胃、导泻,及时处理被咬或被蜇伤口,清除未吸收的毒素;②补液及利尿,促进毒素排泄;③早期应用对症治疗药物;④支持呼吸、循环功能。必要时行气管插管,心脏骤停者行心肺复苏。

第六节　生物毒素的检测

一、生物测定法

1. 动物活体检测法　鼠生物检测法是测定河豚毒素(TTX)和麻痹性贝类毒素(PSP)的标准方法。在对小鼠腹腔注射 TTX 后,死亡时间的倒数与注射量呈线性关系,根据绘制的标准曲线可估算毒素含量。该法操作简便、能检测样本总毒性且能真实代表生物对毒素的反应。此外,还有家蝇生物分析法、蝗虫生物分析法。

2. 组织或细胞检测法　组织培养法是基于 TTX 对 Na^+ 通道的阻断作用与细胞成活率之间的关系建立的组织生物传感器,简便实用,但检测限不理想。细胞检测法也是基于 PSP

类毒素的 Na^+ 通道阻滞剂的特性，可拮抗箭毒、藜芦碱的作用，以减少或"解救"细胞形态的改变及细胞裂解死亡，且此拮抗或"解救"作用与 PSP 类毒素的量呈对应关系，可计算出毒素含量。近年基于石房蛤毒素(STX)的神经细胞分析装置，已成功用于酸性粗毒中 PSP 总毒性、STX、neoSTX、膝沟藻毒素(GTX)和 dcSTX 相关毒性的测定，该装置灵敏度高，检测迅速且无须组织培养。

二、理化分析法

1. 荧光检测法、紫外分光光度法　较早建立检测 TTX 的方法，将 TTX 衍生化后检测其衍生物，灵敏度高、设备简单。在 TTX 的荧光检测法中，应用微波辅助碱解法可提高 TTX 的水解速度和 C_9 碱的产率。在碱解体系中，以水和异丙醇作为混合溶剂使荧光强度得到显著提高，该方法可检测 16μg/L TTX。

2. 色谱法　高效液相色谱法(HPLC)灵敏度高、专一性强、检出限量低、分析时间短，能提供更多毒素信息，是检测真菌毒素和 PSP 毒素常用方法之一。用荧光衍生化试剂 1- 蒽腈对 T-2 毒素进行柱前衍生化，以免疫亲和色谱柱分离，检出限为 5μg/kg(谷粒)，回收率 80%。玉米黄曲霉毒素也可采用 HPLC- 荧光法(FLD)测定，当丙酮 - 水的比例为 6+4(v/v)时，对所有黄曲霉毒素的提取率都较高，好于公职农业化学家学会(AOAC)法中 8+2(v/v)的甲醇 - 水的提取方法。

3. 质谱法　气相色谱 - 质谱联用法(GS-MS)检测多育曲霉素下限为 50mg/kg，单端孢霉烯下限为 5~15mg/kg。液相色谱 - 质谱联用法(LC-MS)/MS 对大米呕吐毒素检测限为 0.5ng/g。基质辅助激光解吸电离飞行时间质谱(MALD-TOF/MS)对水中微囊藻毒素检测下限为 0.015mmol/L。

三、免疫学方法

1. 免疫荧光法　检测赭曲霉毒素 A(OTA)的灵敏度为 0.02mg/L。

2. 放射免疫法　固相放射免疫法对霍乱弧菌肠毒素检测水平为 0.01pg/ml，检测血短裸甲藻毒素 pbtx-3 的水平为 10~300mg/kg。

3. 酶联免疫吸附法(ELISA)　直接竞争 ELISA 法检测限可达 3pg/ml，间接 ELISA 的检测限为 10pg/ml。双抗夹心 ELISA 法在检测组织蓖麻毒素时，浓度范围为 1.25~320ng/ml，最低定量限为 2.5ng/ml。

4. 免疫 PCR 法　用于检测极微量的抗原，双抗夹心免疫 PCR 法在检测蓖麻毒素和金黄色葡萄球菌肠毒素 B(SEB)时，灵敏度为 0.1ng/L。

此外，其他方法见表 7-5。

表 7-5　生物毒素免疫分析方法

方法	毒素	检出限
免疫荧光法	蛇毒素	0.4μg/L
	伏马毒素 B1	50ng/L
酶联免疫吸附法(ELISA)	河豚毒素	2μg/L

续表

方法	毒素	检出限
	黄曲霉毒素	25ng/kg
	T-2 毒素	30μg/kg
	金黄色葡萄球菌肠毒素 B	1.5μg/L
免疫 PCR 法	蓖麻毒素	10pg/L
	金黄色葡萄球菌肠毒素 B	10ng/L
免疫亲和层析法	河豚毒素	2μg/L
	黄曲霉毒素	2μg/kg
	金黄色葡萄球菌肠毒素 B	20ng/L
上转发光免疫层析试纸条	黄曲霉毒素 M₁	0.1μg/kg
免疫磁珠浓缩免疫层析试纸条	黄曲霉毒素 M₁	0.1μg/kg
电化学免疫分析	T-2 毒素	0.3μg/L
	黄曲霉毒素	0.2μg/L
	短裸甲藻毒素 B	6ng/L
电化学免疫传感器	微囊藻毒素 LR	0.3μg/L
	相思子毒素	5ng/L
	金黄色葡萄球菌肠毒素 B	0.7pg/L
免疫传感器（磁致弹性）	蓖麻毒素	5μg/L
免疫吸附表面区	肉毒杆菌毒素	0.5pg/L
免疫捕获检测法	相思子毒素	2.5mg/L
平面波导免疫芯片	微囊藻毒素 LR	0.1μg/L

四、生物传感器检测法

1. 表面等离子共振（SPR）生物传感器　多重 SPR 法已应用在藻类及海水样品中检测麻痹性贝类毒素、冈田酸 OA、软骨藻酸 DA，三者以 IC_{20} 表示的检出限分别为 0.82ng/ml、0.36ng/ml 和 1.66ng/ml，该法可用于海洋生物毒素的早期快速预警。

2. 分子印迹电化学传感器　线性范围为 1.0~120μmol/L，检出限为 0.47μmol/L，可用于桃儿七和人血清样品中鬼臼毒素的检测。

3. 基于核酸适配体的生物传感器　食品蓖麻毒素 B 链检出限为 30ng/ml，对完整的蓖麻毒素 A-B 复合物检出限为 25ng/ml。

4. 细胞生物传感器法　将 B 淋巴细胞 Ped-2E9 包埋在 3D 架构的胶原蛋白中，可实现对毒素的识别，包括金黄色葡萄球菌中的 α- 溶血素、产气荚膜梭状芽孢杆菌中的磷脂酶 C、向日葵大海葵中的溶细胞素、单增李斯特菌中的溶血素 O、芽孢杆菌中的肠毒素，检出限为 10~40ng。将生物电识别测定法用于检测黄曲霉毒素 M1。通过电插入法将 AFM1 的单克隆抗体插入成纤维细胞的细胞膜中,将毒素加入后与抗体作用,会引起细胞膜电位的变化,3min 可完成检测,检测限低至 5pg/ml。该装置可特异性识别黄曲霉毒素 B1 和赭曲霉素 A。

（石兴民　苏键镁　徐　毅　戈　娜　迟宝峰　贺云发）

第八章　家居有毒化学物

第一节　酒　精

案例8-1　小李(35岁)日常喜欢喝酒,逢喝必醉,酒后话多,每次喝完回家都与媳妇唠叨不停。体检发现"三高",但他总认为自己还年轻,喝这点酒没什么。某一天,小李像以往一样喝完酒回家,去卫生间走不了直线,一头躺在床上也不说话了。他媳妇认为他喝多睡了。儿子要父亲陪他拼玩具,怎么都叫不醒,小李媳妇发现不对劲,马上拨打120将小李送往医院。经诊断,小李是重度酒精中毒。

一、概述

我国酒历史可以追溯到上古时期。《史记·殷本纪》关于纣王"以酒为池,悬肉为林""为长夜之饮"的记载,以及《诗经》中"十月获稻,为此春酒,以介眉寿"的诗句,说明我国有约五千年酒文化历史。酒精和水约占酒重量的98%,微量成分(包括有机酸、醇类、酯类、醛类等有机化合物)占酒重量的2%,决定着酒的香气、口味、风格。

二、酒精的生物学特性

酒精80%在肠道吸收,20%由胃吸收。饮酒5min后可在血液中检出酒精,30~60min后血液中的酒精浓度达到高峰。约90%的酒精在体内代谢成CO_2和H_2O,10%左右以原形随尿、汗、唾液和呼吸排出。正常情况下,酒精(CH_3CH_2OH)进入体内后经胃、小肠吸收,通过血液进入肝脏,在肝内乙醇脱氢酶(ADH)将酒精氧化成乙醛(CH_3COH),乙醛再经乙醛脱氢酶(ALDH)代谢为乙酸(CH_3COOH),随尿排出。由于一次大量饮酒或长期摄入酒精,大于肝代谢解毒能力,以致血液和肝中乙醛大量蓄积。乙醛是一种毒物,能损害肝。过多饮酒者皮肤潮红、兴奋、头痛、恶心、头晕等与乙醛有直接或间接的关系。

在酒精依赖性研究中,ADH和ALDH是能影响饮酒依赖性和醉酒等行为的基因,酒精依赖的遗传倾向是由多基因决定的。一滴血检测一个人是否能喝酒,应用的是ALDH2基因的多态性。ALDH2活性降低或缺失的人群由于乙醛的堆积而产生细胞毒作用,导致他们喝酒是一定没有快感的。缺少该基因功能的人最明显标志就是喝酒脸红。乙醛蓄积使食管癌发生风险增强。喝酒容易脸红的人身体内有高效的ADH,能迅速将酒精转化成乙醛,却缺乏ALDH2功能,导致乙醛在体内迅速累积而迟迟不能代谢。此时,大量累积的乙醛会导致人体内毛细血管破裂,外在表现就是喝酒脸红。有些人喝酒并不脸红,反而会越喝越白,但他们也不是真正的喝酒高手,脸发白是因为两种酶都缺乏,于是酒精在体内积聚,起初并不会有什么问题,只是到了一个极限的时候,人会突然倒下,出现酒精中毒。真正能喝酒的是两种酶都很丰富的人,由于酒精在体内迅速被分解成无害的乙酸,出现"千杯不倒(极其稀有的基因),一般的判断标准是人一边喝酒一边大量出汗。WHO 的最新报告显示,酒后脸色容易变红的人如果经常喝酒,患食管癌的概率可能远远高于那些饮酒后面不改色的人群。

血液中的酒精易于检出。我国《车辆驾驶人员血液、呼气酒精含量阈值与检验》规定,最高允许驾驶的血液乙醇浓度(blood alcohol content,BAC)为 <20mg/dl,BAC≥20mg/dl 为酒后驾驶,BAC≥80mg/dl 为醉酒驾驶。据国内报道,酒后驾车发生道路交通伤害的危险性是未饮酒驾车的 4.13 倍,并随驾驶员饮酒量的增大而逐渐升高,呈剂量依赖关系。酒精可明显抑制运动神经系统,破坏肌肉的协调,引起神经反应迟缓、注意力不集中,降低驾驶员对信息的接受和感知能力。

据研究,酒精代谢产物直接刺激机体产生内毒素。血中内毒素升高,刺激肝 kupffer 细胞产生大量的核转录因子(NF-κB),诱导激活肝 kupffer 细胞,释放 IL-6、IL-8 等炎症因子。同时,肿瘤坏死因子(TNF-α)的增加直接引起肝细胞脂肪变性、炎症、坏死。由内毒素诱导的前列腺素(PGE$_2$)引起氧耗过多,导致肝细胞缺氧。过量的乙醛及酒精氧化代谢产物可诱导肝细胞微粒体酶细胞色素 P450 系统活性,尤其是与酒精代谢有关 CYP2E1 活性升高。CYP2E1 是一种高活性氧化代谢酶,其氧化代谢可产生大量的活性氧自由基(ROS)、氮自由基(RNS),有极强的氧化攻击特性,可直接攻击细胞器、DNA 以及重要的蛋白信号因子,导致肝细胞损伤。

三、酒精对健康的影响

(一)酒精的毒效应

酒精依赖指饮酒时间和量已达一定程度,饮酒者无法控制自己的饮酒行为,并出现心理和躯体耐受综合征。①过量饮酒会引起人体营养素缺乏。长期饮酒的人约有一半以上进食不足。酒能使胃蠕动能力降低,造成继发性恶心,使饮酒者丧失食欲,进食量减少,以致蛋白质、脂肪、糖缺乏。②饮酒容易造成叶酸、维生素 B$_1$、维生素 B$_6$、烟酸缺乏。这是由于小肠对维生素 B$_{11}$、维生素 B$_{12}$、叶酸等吸收率降低的缘故。临床表现主要有神经疾病、舌炎、贫血和细胞减少等。过量饮酒会导致贫血,酒精被吸收入血液后,能刺激、侵蚀红细胞、其他血细胞的细胞膜,引起血细胞萎缩、破裂、溶解。酒精还能干扰骨髓、脾等造血器官的造血功能。③过量饮酒会导致肥胖。酒精发热量较高,进入人体后首先被吸收、氧化,对同时或酒后吃下的食物不能及时地消化、吸收。这些食物在体内被转化为脂肪储存起来。④过量饮酒可降低人体免疫力。酒精可侵害防御体系中的吞噬细胞、免疫因子和抗体,致使人体免疫功能减弱,容易发生感染,引起溶血。⑤过量饮酒损害消化系统。酒精能刺激食管和胃黏膜,引起消化道黏膜充血、水肿,导致食管炎、胃炎、胃及十二指肠溃疡等。酒精的解毒主要是在肝内进行的,90%~95% 的酒精都要经肝代谢。所以,饮酒对肝损害较大。酒精能损伤肝细胞,引起肝病变。连续过量饮酒者易患脂肪肝、酒精性肝炎,进而可发展为酒精性肝硬化,甚至肝癌。狂饮暴饮(一次饮酒量过多)不仅会引起急性酒精性肝炎,还可能诱发急性坏死型胰腺炎,严重者危及生命。⑥酒精也能使血液中的胆固醇和甘油三酯升高,从而发生高脂血症或导致冠状动脉硬化。血液脂质沉积在血管壁上,使血管腔变小引起高血压,血压升高有诱发脑卒中的危险。⑦长期过量饮酒可使心肌发生脂肪变性,减小心脏的弹性收缩力,影响心脏的正常功能。⑧损害生殖系统。酒精可抑制睾酮合成,导致肌肉和骨组织萎缩,免疫系统紊乱,生殖能力下降。同时,经常饮酒可能导致妇女不育或者自然流产。孕妇饮酒威胁胎儿健康,酒精扰乱胎盘功能,极易伤害胎儿大脑,研究发现即使在受精前酒精也会损伤卵细胞或精子而导致胎儿异常,因此女性准备怀孕时男女双方应戒酒。⑨每日饮酒是诱发癌症的重要因素。酗酒会导致乳腺、口腔、喉部、食管、直肠和肺部癌变,同时也可促进癌症的发展。

(二)急性酒精中毒

急性酒精中毒指一次饮入过量酒精或酒精类饮料引起以神经、精神中毒表现为主的疾病。饮酒过量时,中枢神经系统由兴奋转为抑制状态。严重者可累及呼吸和循环系统,导致意识障碍、呼吸循环衰竭,甚至危及生命。急性中毒主要表现为不同程度兴奋、行为失常、多言或言语迟钝、运动及步态失调、激动好斗、嗜睡,严重者陷入木僵及昏迷。成人纯酒精致死量为 250~500ml。

1. 中毒机制 主要是抑制中枢神经系统。小剂量酒精可解除 γ- 氨基丁酸(GABA)对脑的抑制,产生兴奋效应。随着剂量增加,可抑制小脑、网状结构和延脑中枢,引起共济失调、昏睡、昏迷、呼吸循环衰竭。

2. 中毒表现 ①兴奋期。血液酒精浓度 >0.5g/L,头昏、乏力、自控力丧失,自感欣快、语言增多,有时粗鲁无礼,易感情用事。颜面潮红或苍白。②共济失调期。血液酒精浓度 >1.5g/L,表情动作不协调,步态笨拙,语无伦次,眼球震颤,躁动,复视等。③昏迷期。血液酒精浓度 >2.5g/L,出现昏睡,颜面苍白,体温降低,皮肤湿冷,口唇微紫。严重者 >4.0g/L,深昏迷,心率快或慢,血压下降,呼吸慢而不规则有呼吸道阻塞和鼾音,甚至可因呼吸衰竭死亡。

3. 防治措施 ①停止饮酒。对于说话滔滔不绝或脾气明显改变的轻度中毒者,要制止其继续饮酒。②催吐。让中毒者用刺激咽喉法(如手指)引起呕吐反射,将酒尽快呕吐出来。③休息。让中毒者卧床休息,注意保暖。如卧床呕吐时应将他的头部侧向一边,让呕吐物顺利流出。④补糖水。喝糖水或吃水果如梨、西瓜等。⑤立即送医院。如酒精中毒较严重或昏迷时,要马上将中毒者送医院救治。

(三)胎儿酒精谱系障碍

胎儿酒精谱系障碍(fetal alcohol spectrum disorder,FASD)指孕期胚胎 / 胎儿酒精暴露引起的一系列障碍总称,包括胎儿酒精综合征(fetal alcohol syndrome,FAS)、FAS 躯体 / 神经发育特征的部分胎儿酒精综合征(partial fetal alcohol syndrome,PFAS)、无特征性躯体表征但有认知和行为障碍的酒精相关神经发育障碍(alcohol-related neurodevelopmental disorder,ARND)、与孕母饮酒有关而无其他症状的酒精相关出生缺陷(alcohol-related birth defects,ARBD)。出生前酒精暴露对儿童发育的影响表现为生长发育迟缓,面部畸形(典型表现是短眼裂、人中平滑和薄上唇)和其他器官畸形,如心脏畸形、腭裂、肾衰竭、听力丧失、肠胃炎、肺炎、支气管炎、失眠、骨和关节问题等,神经障碍,学习、记忆、注意及社交等认知功能缺陷,行为障碍(如脾气暴躁易激惹,表现在拉自己头发、打破家具、以捂耳朵并前后摇晃来回应大声喧哗等)。产前酒精暴露危害终生,个人、家庭和社会都要付出高昂的代价。FASD 是生活不良事件的高风险因素,如辍学、家庭或安置困难、失业、无家可归、酒精和药物滥用、暴力倾向、危害社会行为、卷入刑事司法事件等,给人类健康、社会、教育和法律等带来一系列沉重负担。

据推测，每 13 名孕期饮酒妇女就有 1 名 FASD 婴儿，全球儿童和青少年 FASD 患病率为 7.7‰（95% CI 为 4.9‰~11.7‰），高于所有其他出生缺陷。中国 FASD 患病率为 5.0‰~7.5‰。FASD 是孕期饮酒所致，对其完全可以采取一级预防。但是，酒精性出生缺陷和发育障碍在全球仍不时发生。主要原因：①饮酒对孕期胚胎 / 胎儿健康影响的信息混乱。1981 年，FDA 发布美国卫生部长的劝告，建议孕妇和考虑怀孕的妇女不要饮用酒精饮料，且要当心含酒精的食物和药物。②安全饮酒量是全球难题。食物或毒物决定于剂量，WHO 和各国推荐标准饮酒量千差万别，孕期饮酒不会导致 FASD 的安全饮酒量迄今尚未找到合适的剂量 - 反应关系，缺乏毒理学认可的安全剂量。③无法可依。可以倡导，但不可能像禁酒驾那样立法阻止育龄妇女饮酒，更不可能追究 FASD 患者母亲的法律责任，尤其是妇女饮酒时并没有意识到自己处于怀孕早期（怀孕特别敏感期）。因此，可认为：A. 没有产前酒精暴露就不会有 FASD；B. 孕期饮酒尚无安全的时间、剂量、频率和类型（啤酒、红酒、白酒及各种含酒精饮料的风险相似）。

四、建议与忠告

美国国家科研委员会建议每天不超过 40ml 纯乙醇量。有些人体内酒精代谢酶活性相对较高，酒量比较大。但就大多数人而言，找到适合自己的最佳饮酒量最重要。一般情况下肝脏每天能代谢酒精 1g/kg，一个 60kg 体重的人每天允许摄入的酒精量要限制在 60g 以下。低于 60kg 体重者应相应减少，最好控制在 45g 左右，换算成各种成品酒应为 60 度白酒 50g、啤酒 1kg、威士忌 4 杯（250ml）。营养学建议饮酒每天不要超过 20g 酒精的含量，相当于啤酒 460ml、葡萄酒 160ml、38 度白酒 52ml。女性应酌情减少，尽量饮用低度酒，计划怀孕或有身孕的妇女不要喝酒。食物能够减缓酒精的吸收，故喝酒时要吃些东西，不要空腹喝酒。常饮白酒，易引起维生素 B_1、维生素 B_6、叶酸、镁、锌缺少，应合理补充。糖尿病、高血压等患者最好不饮酒。如果糖尿病患者空腹喝大量的酒，很容易出现低血糖。喝酒对身体会造成伤害，尤其是对肝的伤害，过量饮酒会造成酒精肝或酒精性肝硬化，所以建议不饮酒，如果必须一定要适量饮酒。

第二节　咖　啡　因

案例 8-2　某国一地区有一名 20 多岁男子因长期饮用有提神效果的咖啡因饮料而中毒死亡。据尸检，其胃中混有咖啡因片剂的残片，其死因是为提神频繁饮用服含咖啡因饮料。从具体情况而言，该男子不像是出于自杀而大量服用咖啡因饮料。该国当地的食品安全部称，"在国内尚没有听说过咖啡因中毒死亡的报道"，该案例是该国国内首例长期服用咖啡因中毒致死的报告。销售厂商表示，"希望不要连续饮用多瓶或与能加强副作用的酒精一起饮用"。

一、概述

不少食品含咖啡因（cafeine），包括咖啡、可乐、茶和巧克力等。咖啡因是从茶叶、咖啡果提取出来的一种生物碱，纯品咖啡因是白色、有强烈苦味的粉状物。咖啡因（$C_8H_{10}N_4O_2$）属于甲基黄嘌呤生物碱，化学名为 1,3,7- 三甲基黄嘌呤。自人们认识咖啡因用途以来，其被人为添加到多种食品、饮料和药物中,以致咖啡因与人类健康息息相关,并在人们生活中占有不可替代的地位。适度地使用咖啡因有祛除疲劳、兴奋神经的作用,临床上可用于治疗神经衰弱和昏迷复苏。但是,大剂量或长期使用咖啡因也会对人体产生损害,尤其是成瘾性,甚至引起食用者子代智能低下、肢体畸形,因此被列入受国家管制的精神药品范围。

二、咖啡因生物学特性

咖啡因是咖啡的主要成分,占 2%~4%。咖啡因口服后主要经胃肠道快速、完全吸收,在 15~60min 达峰值浓度。当咖啡因由小肠进入门脉循环时,会出现首过消除效应,主要由分布在肠壁和肝细胞色素 P450(CYP450)酶作用,然后进入全身大循环。咖啡因首过消除效应较弱,所以其被吸收后能完全地进入全身组织,并透过血 - 脑、胎盘、血 - 睾屏障。

三、咖啡因对健康的影响

咖啡因有刺激中枢神经和肌肉效应,可以振作精神、增强思考能力,恢复肌肉的疲劳。作用在心血管系统,可提高心功能,使血管舒张,促进血液循环。对于肠胃系统,它可以帮助消化,帮助脂肪分解,有助于减肥。咖啡含的抗氧化物质比茶多 4 倍,更能对抗心血管疾病,且咖啡本身也符合抗氧化物的原则,色(深)又有苦味。喝咖啡者罹患干眼症的几率明显低于不喝咖啡者,这主要是和咖啡中的嘌呤成分有关(含嘌呤的滴眼剂,能刺激腺体分泌液体,对眼睛有保健作用),多喝咖啡能减少帕金森病罹患率,每天喝 1~3 杯咖啡或其他含有咖啡因饮料的人,罹患帕金森病的比率远比不喝咖啡的人,还要少 60%。喝咖啡还可大幅降低胆结石罹患率,男性每天喝 2~3 杯咖啡,罹患胆结石的概率比一滴咖啡都不沾的男人少 40%,如果每天喝 4 杯以上咖啡,胆结石罹患率更比不喝者降低近 50%。

咖啡因本身并不影响营养素的吸收,但是它具有较强的利尿作用,促进体内已经被吸收的营养素随尿排泄。饮用咖啡后,尿量会明显增加,肾不能像平常那样把尿的营养素重吸收回血,钾、镁、B 族维生素等会随尿排出。同时,容易发生抽筋、水肿者以及皮肤黯淡、黑眼圈、油脂分泌过多的女性要严格控制咖啡的饮用量,因为矿物质和维生素的流失会使病情加重。据研究,每日饮 5 杯或更多的咖啡,可使妇女患心肌梗死的危险增加 70%,而且危险性随着饮咖啡量增加而升高。妊娠高血压综合征是孕妇特有的一种疾病,患者表现为浮肿、高血压和蛋白尿,如不及时防治,可危及母胎安全。每日只饮几杯咖啡就会升高血压,因此孕妇不宜饮用咖啡。另外,长期每天饮 2 杯以上咖啡的老年妇女,不管年龄、肥胖程度如何,其骨密度都会降低,且降低的程度与习惯延续的时间长短和饮用量的多少有关。咖啡因能与人体内的游离钙结合,并经尿排出。游离钙的减少必然引起结合钙的分解,从而导致骨质疏松。20 世纪 80 年代初,发现每天给小白鼠饲喂相当于成人饮 12~24 杯浓咖啡量后,妊娠小鼠生出有畸形的子代,且怀孕期间喝咖啡会增加婴儿唇裂或腭裂的概率。

四、建议与忠告

如果没有摄入咖啡因的习惯,不要因为公司提供免费的速溶咖啡而改变。如果有咖啡因上瘾的迹象,突然停止喝咖啡可能会带来戒断症状,如严重的头痛,建议逐渐减少饮用量。不能戒掉咖啡因的人不妨饮用低咖啡因咖啡。喝咖啡的时候要尽量减少或不加糖和咖啡伴侣,因为它们会增加热量摄入。咖啡伴侣所含的氢化植物油对心血管健康的危害比咖啡本身更大。如果已经饮用咖啡,则更应拒绝可乐、提神饮料和巧克力等食品,避免摄入过多的咖啡因。注意膳食平衡,多摄入富含钙、各种维生素和膳食纤维的食品,减少咖啡对营养平衡的不良影响。

一般正常的成年人咖啡因代谢需要 2h,但是肝病患者或是肝功能不全者,咖啡因的代谢可能需 4~5h,因此肝病患者在喝咖啡时要当心,最好不要在傍晚以后喝,以免因代谢时间长而影响睡眠,而且一天最好不超 1 杯。咖啡的成分单宁酸会刺激胃酸分泌,如果是消化疾病急性期的患者一定要避免饮用咖啡。孕妇喝咖啡应慎之又慎,因为咖啡会增加怀孕第 4~6 个月的自然流产率,同时加大孕育低体重儿的风险。胎儿几乎没有解毒能力,因此,孕妇饮咖啡对胎儿心血管和神经行为方面的影响比自身要大。哺乳期妇女最好不要饮用咖啡。每天喝 3~4 小杯的咖啡,可能会降低胰岛素敏感性大约 15%,为了把血糖控制在正常范围之内,人体不得不增加胰岛素的分泌量,这就意味着人体控制血糖的能力受损,患 2 型糖尿病的风险显著上升。所以,有糖尿病家族史的人和腰腹部肥胖的人,更需要控制饮咖啡的数量,因为他们是糖尿病的高危人群。营养与健康调查显示,爱喝咖啡的人与不喝咖啡者相比,血脂水平比较高,肾上腺素升高 1.5~2.5 倍,大动脉血管的弹性下降,高血压的风险更大。因此,肥胖者和高血压病患者应当避免饮用咖啡。茶叶也是咖啡因的来源,但是茶叶含有多酚类物质、丰富的钾和多种水溶性维生素等,不含致癌物质,以致比咖啡有益健康。

第三节　尼　古　丁

案例8-3　1例重症肌无力患者戒烟后,皮肤搽抹尼古丁使病情加重。某48岁男性患者,患水平、垂直复视,双眼睑下垂和斜视近 6 个月。查体:眼球运动各方向受限,用新斯的明可改善,右尺神经重频电刺激波幅下降12%,血清乙酰胆碱受体抗体阴性。住院当月戒烟搽抹尼古丁(21mg/24h,30cm²)。治疗第五日,双眼睑下垂、眼肌麻痹、肌无力等病情加重,尤其是在搽抹后 1h 症状最严重。去除搽抹剂 3h 内恢复正常。因连续 8d 内观察到类似中毒表现,以致停用尼古丁搽抹剂。

一、概述

尼古丁俗称烟碱,是香烟烟雾中的一种重要化合物,也是香烟烟雾的有毒成分之一。尼古丁是一种吡啶型生物碱,分子式为 $C_{10}H_{14}N_2$,难闻、味苦、无色透明油状液体,有刺激的烟臭味,在空气中极易氧化成暗灰色,存在于茄科植物中,是烟草中含氮生物碱的主要成分,占烟草总成分的 0.3%~5%。尼古丁能迅速溶于水及乙醇中,挥发性强,极易由口腔、胃肠、呼吸道黏膜吸收,吸入的尼古丁 90% 在肺部吸收,其中约 1/4 在几秒钟内进入大脑。自由基态的尼古丁燃点低于沸点,在空气中低蒸气压时易于燃烧,尼古丁大部分是经点燃的香烟产生。尼古丁在人体内半衰期约为 2h,对人致死量是 50~70mg,相当于 20~25 支香烟中所含的尼古丁含量。1560 年,法国 Jean Nicot de Villemain 将烟草种子由巴西寄回巴黎,并推广用于医疗;1828 年,德国化学家 Posselt 和 Reimann 首次从烟草中提取尼古丁;1843 年,Melsens 提出尼古丁的化学式;1893 年,Adolf Pinner 发现尼古丁的结构;1904 年,Pictet 和 Crepieux 成功合成尼古丁。

二、尼古丁生物学特性

尼古丁随香烟烟雾进入肺,并经肺泡进入血液是其最主要的吸收方式,其穿透生物膜吸收过程主要受 pH 影响。尼古丁是一种弱碱,pKa8.0,香烟烟雾是酸性的(pH 5.5~6.0)。此时,尼古丁处于离子状态,不能很快通过口腔壁黏膜等生物膜。当香烟烟雾到达支气管末端、肺泡后,尼古丁被快速吸收,血液尼古丁浓度很快升高,并在吸烟结束时抵达高峰。香烟烟雾尼古丁在肺内被快速吸收,可能是肺泡和支气管末梢巨大的表面积所致。尼古丁在肺内 pH 7.4 的体液中溶解增加,在一定程度上促进了其在生物膜间的转移。一次吸烟后 10~20s,高浓度尼古丁可到达脑部,比静脉注射尼古丁到达脑的速度还快,接着很快产生增强作用。尼古丁浓度快速升高促进吸烟者逐步增加尼古丁水平,并且使吸烟成为最有效、最有成瘾性的摄入尼古丁的形式。尼古丁经吸收进入血液后,与血浆蛋白质结合的比例低于 5%。尼古丁进入人体后,能够迅速被吸收,并分布到全身。尼古丁在身体中广泛分布,其中与尼古丁亲和力最高的部位是肝、肾、脾,亲和力最低的部位是脂肪组织,骨骼肌尼古丁浓度与血液的接近。部分尼古丁会在肝经细胞色素 P450 代谢转化为多种代谢物。尼古丁与脑的亲和力比较高,这与吸烟者脑组织烟碱型乙酰胆碱受体(nicotinic acetylcholine receptors,nAChRs)数目较多有关。由于胃液屏障和唾液屏障的存在导致尼古丁在胃液和唾液中积聚明显。尼古丁还可在乳汁中积聚,并且很容易穿过胎盘屏障。孕期、哺乳期女士吸烟,胎儿、新生儿血液有尼古丁,且尼古丁羊水浓度稍高于乳汁。机体经吸烟获得的尼古丁量受到烟的品质、是否大口吸入、是否使用滤嘴等因素的影响。人体内 75% 以上的尼古丁是经过多种代谢酶的催化下生成可替宁,可替宁进一步通过羟基化效应而生成 3-羟基可替宁,最后经葡萄糖醛酸化以尿的形式排出体外。可替宁对烟草暴露有高特异性和敏感性,并且半衰期较长且较稳定,所以可替宁是烟草暴露的最佳生物学标志。

尼古丁可作用于烟碱乙酰胆碱受体,尤其是自律神经(副肾髓质和其他位置)和中枢神经(中枢神经系统)的受体。低浓度时,尼古丁增加这些受体的活性;高浓度时有抑制效应。尼古丁对人体最明显的效应是对交感神经的影响。尼古丁与肾上腺髓质的烟碱受体结合后,使细胞去极化,钙离子由钙离子通道流入,钙离子促使神经细胞以胞泌作用的方式,释出肾上腺素至血液中,血液中肾上腺素增加,造成心跳加快,血压升高,呼吸加快;可使吸烟者自觉喜悦、敏捷、脑力增强、减轻焦虑和抑制食欲。尼古丁的最大危害就是成瘾性,其在吸入第一口烟时就开始发挥作用,在约 4 周内能使吸烟者上瘾。尼古丁对中枢神经系统的作用主要是通过 nAChRs 来实现。尼古丁与乙酰胆碱受体结合,可影响多种中枢神经递质的功能,导致脑伏核区多巴胺水平增加,产生犒赏效应(如欣快感、放松感等),从而导致机体对尼古丁产生心理依赖。不少中枢神经递质参与了尼古丁成瘾的形成过程,主要包括多巴胺、阿片肽、5-羟色胺、谷氨酸、乙酰胆碱、去甲肾上腺素等。长期使用尼古丁导致中枢神经元后受体改变,进而导致尼古丁依赖和戒断的复杂过程。低浓度尼古丁能调控海马神经元 GABA 的释放,海马是大脑参与介导成瘾和毒瘾复发的区域。吸烟成瘾的机制是尼古丁作用于突触前膜 nAChRs,受体活化后,对海马神经网络功能进行调控,改变 cAMP 反应元件结合蛋白依赖性的基因表达,导致神经元发生长时程可塑性变化。

三、尼古丁对健康的影响

尼古丁对身体的影响主要是引起脉搏加快、血压上升、细胞膜自由脂肪酸含量增多、血糖活化和血儿茶酚胺含量增高等。此外，尼古丁会对抗氧化防御系统产生一定的干扰作用。尼古丁在细胞水平上的影响是尼古丁受体激活，可诱导某些激素（如降肾上腺素和肾上腺素）合成和分泌水平增加，心休克蛋白表达增强，姐妹染色单体交换和染色体畸变增多，细胞增殖和凋亡被抑制等。

尼古丁的危害：①成瘾性。尼古丁是导致机体对烟草产生依赖的重要活性物质。长期吸烟者在尼古丁慢性作用下，体内 nAChRs 发生上调，数量增加，与不吸烟者比较需要更多的尼古丁与受体结合，烟民一天中需要不断地吸烟，以获取尼古丁来满足生理效应。如果停止吸烟，就会产生烦躁、易激惹、焦虑、急躁、头晕、轻度头痛、口干、失眠、坐卧不安、注意力不集中等戒断综合征。吸烟成瘾就是尼古丁成瘾，这是持续吸烟的主要因素。②尼古丁可引起血管痉挛、血管栓塞、血管内膜损伤、心律不齐、血脂代谢异常，这是心脑血管疾病的原因之一。正常血管内皮主要功能是抑制血管平滑肌收缩、血小板聚集、血管平滑肌细胞增生、白细胞黏附和血栓形成等。在尼古丁刺激下，血管内皮功能失调，表现为内皮依赖性血管舒张功能下降，血管通透性增加，引起血管内皮损伤和功能障碍，累及冠状动脉及周围动脉。据研究，对小鼠接受尼古丁的慢性刺激可增加脂质过氧化产物和降低内源性抗氧化剂的活性，引起体内器官氧化损伤，并促进血栓形成，造成多脏器损伤。尼古丁与广泛的心律失常有关，其中包括暂时性的窦性停搏和 / 或窦性心动过缓，窦性心动过速，心房纤颤，窦房传导阻滞，房室传导阻滞和室性快速性心律失常。究其原因可能是尼古丁可使血清儿茶酚胺浓度明显增高，导致心律失常，并且对内向 IK1 通道有直接阻断作用，以致可能促进心律失常发生。③尼古丁可能加速脂肪分解和 / 或诱发胰岛素抵抗，导致血脂异常。与非吸烟者相比，吸烟者极低密度脂蛋白水平较高，高密度脂蛋白胆固醇水平较低，从而促进动脉粥样硬化的形成，提示吸烟者更容易出现与动脉粥样硬化有关的血脂代谢紊乱。④烟草尼古丁可以直接损害胰岛 β 细胞，其中烟碱样乙酰胆碱受体起到重要作用，尼古丁经 nAChRs 影响胰岛素分泌。尼古丁可促进糖尿病慢性并发症的进程，促进糖尿病性肾病的发生发展，增加糖尿病大血管和微血管病变，如冠状动脉、周围血管病、脑卒中的发生。Yoshikawa 等通过反转录 - 聚合酶链反应，发现胰岛 β 细胞存在 nAChRs 中 α2、α3、α4、α5、α7 和 β2 亚单位的表达，找到了尼古丁受体的直接证据。West 等发现尼古丁作用于胰岛 β 细胞时出现线粒体肿胀现象，Bcl-2 比率下调，caspase-3 表达增加，Bax 进入线粒体的转移率及 cytC 释放到胞质的比率增高，提示尼古丁可能通过激活线粒体途径或死亡受体途径造成胰岛 β 细胞凋亡。吸烟降低胰岛素敏感性，引起胰岛素抵抗，以致一系列糖脂代谢紊乱，且糖尿病患者对尼古丁的作用更敏感。尼古丁通过增加促纤维化细胞因子，如转化生长因子 β 和细胞外基质蛋白纤维连接蛋白和Ⅳ型胶原的表达，促进糖尿病肾病的进展。⑤尼古丁可透过胎盘屏障进入羊水和胎儿血中，引起胎儿生长发育障碍、低出生体重儿、早产儿、支气管和肺发育不良等，甚至胎儿死亡。尼古丁成瘾性可导致儿童和青少年主动吸烟，影响儿童智力发育。⑥尼古丁作用于交感神经与副交感神经，影响与生长发育有关的内分泌系统及心功能。⑦尼古丁还会影响消化系统的分泌功能，对营养的消化吸收也有很大影响，所以青少年吸烟会危及生长发育。⑧尼古丁能够通过诱导膜的损伤、改变精子形态和活率、诱导 DNA 断裂和干扰谷胱甘肽(glutathione,GSH)代谢循环等途径来改变男性的生育能力。ROS 可能在男性不育的病理学方面起重要作用,氧化应激水平的增高与持续的精子活力下降相关。研究发现尼古丁能够诱导对细胞有损害的氧化应激作用。氧化应激是 ROS 过量产生与抗氧化防御机制损伤的后果。⑨尼古丁的致癌性不明确。作为 nAChRs 激动剂,尼古丁可能通过与 nAChRs 特异性结合,激活不同信号通路级联反应,调控肿瘤的增殖与凋亡、侵袭与转移以及肿瘤组织血管生成等过程。尼古丁可促进小细胞肺癌、非小细胞肺癌、胃癌、结肠癌、乳腺癌等肿瘤细胞增殖。尼古丁还可调控肿瘤细胞凋亡,促进肿瘤血管生成。上皮细胞向间质细胞转化是肿瘤侵袭和转移的标志之一。尼古丁能够降低 E- 钙黏蛋白、β- 连环蛋白和紧密连接蛋白等上皮标志物的表达,促进肿瘤转移。

四、建议与忠告

尼古丁在烟草成瘾中起着主导作用,吸烟成瘾已经成为一个全球性的医学和社会问题。WHO 已将烟瘾(或称烟草依赖)作为一种疾病列入国际疾病分类(ICD-10,F17.2,精神神经疾病)。按 DSM2 Ⅲ 的标准,尼古丁依赖的终身发生率在曾经吸烟者为 32%,吸烟者为 30%。人群调查显示,42% 的男性和 27% 的女性尼古丁成瘾。我国是烟草生产和消费大国,生产和消费占全球 1/3 以上,位居全球首位,消费群体有年轻化的趋势。要针对国情制订具体有效的控烟政策,通过各种途径展开健康教育,让吸烟者、亲友、同事等充分认识烟草的危害,劝告吸烟者尽早加入戒烟行列。对那些已经打算或已经开始戒烟的烟民,应当由社区保健医生和健康教育工作者给予足够的关心和正确指导,必要时正确使用尼古丁替代物治疗,帮助他们戒烟成功,防止复吸。

第四节 化 妆 品

一、概述

化妆品指以涂擦、喷洒或者其他类似的方法,散布于人体表面任何部位(皮肤、毛发、指甲、口唇等),以达到清洁、消除不良气味、护肤、美容和修饰目的的日用化学工业产品(我国卫生部发布的《化妆品卫生规范》,2007)。化妆品包括护发、彩妆、护肤品、护体、香氛等一系列产品。化妆品发展历史分为:①古代化妆品时代。在原始社会,一些部落在祭祀活动时,会把动物油脂涂抹在皮肤上,使自己的肤色看起来健康而有光泽,这是最早的护肤行为。②矿物油时代(日用化学品时代)。早期护肤品化妆品起源于化学工业,那个时候从植物中天然提炼还很难,而石油、石化、合成工业很发达,所以很多护肤品化妆品的原料来源于化学工业,但是目前看来,护肤品化妆品中的致癌物、有害物质大多来自那个时代。③天然成分时代。从 20 世纪 80 年代开始,专家发现在护肤品中添加各种天然原料,对肌肤有一定的滋润作用。这个时候大规模的天然萃取分离工业已经成熟,此后,市场上护肤品成分中慢慢能够找到天然成分,但大部分底料还是沿用矿物油时代的成分。④零负担时代。2010年,零负担产品开始在欧美和中国台湾地区流行,主导减少没必要的化学成分,增加纯净护肤成分为主题,产品性能温和。⑤现代化妆品时代。随着人体基因组的完全破译,当然这其中也有跟皮肤和衰老有关的基因被破解,这个时代的特点,就是更严密,更科学,技术必须要有严格的临床和实证。

二、化妆品的生物学特性

化妆品是由基质和辅料经过合理调配加工制成的混合物。基质是化妆品的一类主体原料,在化妆品配方中占有较大比例,是化妆品中起到主要功能作用的物质。辅料则是对化妆品的成形、稳定或赋予色、香以及其他特性起作用。生物化妆品最大的特性是与人体同源,假如不与人体同源,人体就会把它当成一个外来有害物质而产生排斥反应。

三、化妆品对健康的影响

现代社会随着化妆品普遍使用而引起的伤害不断增多。化妆品的有害物质主要有无机重金属(包括砷)、化妆品稳定剂、有机溶剂、香料、抗生素、激素等,对人体危害主要有:①刺激性伤害。最常见,与化妆品刺激成分、pH 或使用者皮肤角质层损伤有关。②过敏性伤害。化妆品含有致敏物质,使过敏性体质使用者发生过敏反应。③感染性伤害。使用被微生物污染的化妆品会引起人体的感染性伤害,对破损皮肤和眼睛周围等部位伤害更大。④全身性伤害。化妆品许多成分有美容功效,但对人体可能具有多种毒性。某些成分本身可能无毒,但在使用过程中也可能产生有毒物质(如光毒性)。这些毒性成分可经皮肤吸收,并在体内蓄积,造成全身性伤害。

指甲化妆品常见的健康隐患是感染和过敏。指甲化妆品可以给人带来多种问题,包括对指甲化妆品成分产生的过敏反应,对刺激物所产生的反应,致外伤的因素,存在有传染性的条件。而最严重的与指甲化妆相关的健康问题,是未经有效消毒的修指甲工具造成的接触性传染。未经适当消毒的工具可以给指甲带来多种多样的病毒,如艾滋病病毒(HIV)、疣、乙型肝炎和丙型肝炎等。最容易引起过敏的物质是指甲油的甲苯基物质和在指甲硬化剂中存在的甲醛。口红和唇彩常见的健康隐患是"口红病",长期涂口红会影响全身健康。口红中的羊毛脂和蜡质都有较强的吸附性,常将空气中的尘埃、细菌、病毒及一些重金属离子等悬浮物吸附在口唇黏膜上,这不但增加了引发过敏的机会,而且人在喝水,吃东西时极易将口红及上面附着的有害物质带进口中,危害健康。

四、建议与忠告

应从购买、使用和及早发现问题等方面加以注意,避免出现化妆品对人体的损害。买化妆品要看外包装,到品牌认可的专柜购买化妆品无疑是最安全的。一般正规渠道的产品会有中文标贴、净含量、供应商名称、使用日期等。买化妆品要看说明书,要看"三证"是否齐全,即产品合格证、卫生许可证编号、生产许可证编号。千万不要购买无生产厂家、无商品标志、无检验合格证和生产许可证的"三无"产品。还要注意化妆品的生产日期和保质期。看其成分和作用,不使用含有铅、砷、汞等对人体健康有害的化妆品,关键看产品成分是否含有香精、防腐剂、色素、动物成分,是否经过皮肤科测试。学会辨认卫生批号,根据《化妆品卫生监督条例》规定,化妆品标识应符合国家法规与标准的要求。普通化妆品必须取得省级卫生行政部门的卫生许可,特殊用途化妆品和进口化妆品必须取得国产特殊用途化妆品批准文号或进口化妆品批准文号,方可上市销售。选择化妆品要看形味,学会从外观上、气味上和感觉上识别化妆品的质量。慎用染发、烫发剂。而目前常用的氧化型染发剂,约含 20 种化学成分,其中9种能使头皮细胞发生突变,可能诱发癌症。因此要避免使用散装的化妆品。使用化妆品前要洗手,以免将病菌带入化妆品。根据自己的皮肤特性、使用者和环境因素选择合适的化妆品。一旦对某种化妆品成分过敏,要及时诊治。

第五节　甲　　醛

案例8-4　2004年3月初,朱先生买了一辆新车。不久,朱先生一家人发现车内异味较浓,开车时眼睛刺痛、流泪,甚至有轻度眩晕。其3岁孙子常乘坐该车或在车内玩耍。3月下旬,其孙子颈部淋巴结肿大,经复旦大学附属儿科医院诊断,其孙子患"急性淋巴细胞白血病"。经向医生咨询,朱先生认为新车可能是罪魁祸首。5月份,其委托某市室内装潢质量监督检验站、建设工程质量检测有限公司检测新车的车内空气,发现按《民用建筑工程室内环境污染控制规范》判断,该车空气甲醛超标1.5倍,总挥发性有机物(TVOC)含量超标6倍。

一、概述

甲醛又称蚁醛,是一种无色、有强烈刺激性气味的气体,易溶于水和乙醇,1.067(空气=1),与空气十分接近。其35%~40%水溶液被称为福尔马林,是一种有刺激性气味的无色透明液体,有防腐效应,常用于固定生物标本。自然界甲醛是甲烷循环中的一个中间产物。背景值一般小于0.031mg/m³,城市空气中甲醛年平均浓度为0.005~0.01mg/m³。同时,它也有较高的毒性,并被WHO确定为致癌和致畸形物。甲醛来源广泛,污染范围较为普遍,已成为室内环境中的第一"隐形杀手"。因此,它在我国优先控制的有毒化学品中排第二位。例如,我国第一部《室内空气质量标准》(GB/T 18883—2002)规定,室内空气甲醛含量不得超过0.1mg/m³(1h平均浓度)。《居室空气中甲醛的卫生标准》(GB/T 16127—1995)规定,居室空气甲醛MAC为0.08mg/m³;《民用建筑工程室内环境污染控制规范》(GB 50325—2010)中规定,Ⅰ类建筑物民用建筑工程室内环境甲醛含量不得超过0.08mg/m³,而Ⅱ类建筑物不得超过0.1mg/m³。美国、德国、日本、荷兰规定为最大允许浓度为0.1mg/m³,意大利、丹麦、比利时规定最大允许浓度为0.12mg/m³,挪威为0.06mg/m³。

生活中甲醛的来源主要有:①室内装饰装修材料及家具的释放。甲醛有强黏合性、防虫和防腐性能强,并能加强板材的硬度。因此,甲醛成为黏合剂、人造板、涂料和隔热材料的主要成分被广泛应用于室内装修或家具中使用的材料,尤其黏合剂尿醛树脂、酚醛树脂等。例如,大芯板、细木板、贴墙布或墙纸、化纤地毯、油漆涂料等均含有不同浓度的甲醛或可水解为甲醛的化学物质。在一定的温度和湿度条件下,这些室内装修装饰材料及家具所含的甲醛可逐渐地被释放出来,最长的释放期可达十几年,是室内甲醛污染的主要来源。②燃料和烟草的不完全燃烧释放。例如,木材、煤等。③室内吸烟产生的烟雾中也可产生甲醛。我国是全球第一大产烟和烟草消费大国,吸烟人口超过3.2亿人。每支香烟燃烧产生的烟雾中含20~88μg甲醛。吸烟产生的烟雾分为主流烟和侧流烟,其中主流烟是指吸烟者自己吸入的烟雾,侧流烟是指排入空气中的烟雾。据研究,一支400~500mg的香烟产生的主流烟含甲醛20~901μg,侧流烟含甲醛1 300μg。因此,在密闭房间内吸一支香烟所产生的甲醛污染量超过国家大气质量标准的2.5倍。④家用、日用品。因甲醛杀菌效果、抗皱能力和亲水性好,且不受酸碱度的影响,常被用为洗发香波、沐浴露、清洁剂、消毒剂、服饰等日用品的防腐剂。

据研究,消毒剂、化妆品、服装等均含有一定量的甲醛,也是室内甲醛的释放源之一。⑤室外甲醛污染。室外工业产生的废气、汽车尾气及光化学烟雾等均含有大量的甲醛,是大气中甲醛污染的主要来源之一。室外的甲醛可通过空气流动进入到室内,因此也是室内甲醛污染的来源之一。

二、甲醛的生物学特性

甲醛的用途非常广泛,是制造合成树脂、橡胶、塑料、皮革、造纸、染料、人造纤维和油漆的原料。室内装饰装修或家具使用的材料,包括大芯板、细木板、中度密度纤维板、化纤地毯、油漆、黏合剂等均含有甲醛或可水解为甲醛的化学物质。甲醛主要经呼吸道快速、完全吸收进入机体,可刺激眼睛和呼吸道黏膜,造成免疫功能异常,长期甲醛暴露会使人感到全身不适、头痛、眩晕、恶心,甚至可引起鼻咽癌,甲醛可透过血 - 脑、胎盘和血 - 睾屏障。作为原浆毒物,甲醛可与蛋白质氨基酸结合,致使蛋白质凝固、变性,并干扰人体细胞的正常代谢,对细胞有极大的损伤效应。

三、甲醛对健康的影响

随着我国经济水平的不断提高,室内装修的日益普及和密闭程度的增加,室内空气污染日发严重。甲醛作为其主要污染物之一,时刻威胁着人们的健康。甲醛是已被世界公认的潜在致癌物,并成为室内污染的头号杀手,我国已将其列为高毒化学品。

甲醛对人体的主要危害有:①刺激效应。对神经、眼(刺激阈值为 0.06mg/m^3)、鼻(刺激阈值为 0.06~0.22mg/m^3)和呼吸系统(上呼吸道刺激阈值为 0.12mg/m^3)的刺激效应主要表现为结膜炎、流泪、鼻炎、咽喉和支气管痉挛、呼吸困难、咽喉和肺炎等。②致敏效应。主要表现为过敏性皮炎、产生色斑、裂化、坏死,反复刺激可导致指甲软化和黑褐色变,吸入一定浓度的甲醛可引起支气管哮喘等。③致突变、致癌效应。甲醛已被 IARC 确认为致癌和致畸性物质。2012 年,我国将甲醛列为鼻咽癌的疑似致癌物(2A 组)。甲醛可引起 DNA 损伤、基因突变、染色体畸变、微核细胞转化,并通过破坏基因组抑制 DNA 损伤的修复,进而引发癌症。动物实验显示证实,甲醛可引发大鼠鼻腔肿瘤。据研究,甲醛暴露者胃癌发病危险性是非暴露者的 219 倍,且其发病与暴露浓度、年限呈明显正相关。此外,长期低浓度甲醛暴露还可导致慢性呼吸道疾病、结肠癌、耳部相关癌症、鼻咽癌的发生。④造血毒效应。据流行病学调查,甲醛可导致骨髓性白血病的发病风险增强,白血病、淋巴造血系统恶性肿瘤与甲醛暴露呈明显的相关性。但是,IARC 认为该类型证据尚不够充分,缺少足够的生物学证据。⑤神经毒效应。甲醛是一种神经毒物,可损伤神经元,引起神经行为紊乱,主要表现为平衡和协调功能、灵敏度、记忆力等降低。动物研究观察到,小鼠吸入较高浓度甲醛可导致学习记忆能力下降。⑥其他毒效应。甲醛有肝毒效应,可损伤肝。它对内分泌和免疫系统也有一定的影响,主要表现为长期低浓度甲醛暴露破坏机体免疫系统的自稳功能,导致免疫功能损坏,引起一系列中毒表现,女性可出现月经紊乱。甲醛有生殖毒性,可导致小鼠精子数量、形态明显降低,精子畸形率升高,并出现胚胎畸形。

四、建议与忠告

降低室内空气甲醛污染应从室内装修材料及家具的购买、清除装修后的甲醛浓度等方面着手,主要包括:①控制污染源。预防室内甲醛污染,首先要从其源头上加以控制。购买装修材料和家具等含甲醛的物品时,一定要选择符合国家标准并具有绿色环境标志的环保材料,到品牌认可的专卖店购买装修耗材和家具。例如,选用符合国家标准要求的涂料和黏合剂,"零"甲醛的材料,能够大大降低室内空气中甲醛的释放。②简约装修,减少污染。家庭居室装修应以实用、简约为主,过度装修可导致甲醛污染的叠加效应。③注意室内通风换气。居室装修完成后,不要马上搬入新居,应开窗通风至少 3 个月以上才能居住。采用开窗通风的方式加快室内空气流通,可有效地降低室内甲醛污染物的含量,减少甲醛对人体健康的不良影响。④加强对甲醛的吸收处理。甲醛的吸收处理方法有很多,包括物理吸附、化学治理等。装修完成后,可购买一些对甲醛有吸附作用的活性炭等对空气中的甲醛进行吸附。可利用化学反应,使药品与有害气体发生化学反应,进而达到清除有害气体的作用。也有一些措施可有效地降低室内甲醛含量,如控制室内小气候,如果室内温度 25~30℃,甲醛含量降可减少 50% 以上。当室内环境湿度为 30%~70%,甲醛含量可下降 40% 以上。此外,还有材料封闭法、催化法、生物技术法等,都可有效地降低室内甲醛浓度。

第六节　消　毒　剂

案例 8-5　2018 年 2 月 1 日下午 5 时许,某派出所接警,称某浴池发生一起意外中毒事故,造成 1 名老人死亡,1 名男子和 2 名儿童中毒。据调查,当天下午,该浴池老板两个儿子将洁厕灵和 84 消毒液一起倒入浴盆中,被搓背工小王发现后制止,然后 3 人均产生不适,被送往当地医院治疗。姓李的老人在清理盆的混合水及泼洒过程中,吸入冒出的刺鼻烟雾后感觉嗓子不舒服,不久便倒地身亡。经医院诊断,死者死于氯气中毒,而罪魁祸首是洁厕灵和 84 消毒液。

一、概述

新型冠状病毒属于 β 属冠状病毒,基因特征与 SARSr-CoV 和 MERSr-CoV 有明显区别。但是,目前尚无新型冠状病毒抗力的直接资料,基于以往对冠状病毒的了解,所有经典消毒方法均能杀灭冠状病毒。按国家卫生健康委办公厅《关于印发消毒剂使用指南的通知》(2020 年 2 月 18 日),消毒剂指用于杀灭传播媒介的微生物,并使其达到消毒或灭菌要求的制剂。按有效成分分为醇类消毒剂、含氯消毒剂、含碘消毒剂、过氧化物类消毒剂、胍类消毒剂、酚类消毒剂、季铵盐类消毒剂等;按用途分为物体表面消毒剂、医疗器械消毒剂、空气消毒剂、手消毒剂、皮肤消毒剂、黏膜消毒剂、疫源地消毒剂等;按杀灭微生物能力分为高水平消毒剂、中水平消毒剂和低水平消毒剂。通知要求,在新型冠状病毒肺炎疫情防控期间,要合理使用消毒剂,遵循"五加强七不宜",真正做到切断传播途径,控制传染病流行。

1. "五加强"　①隔离病区、患者住所要随时消毒和终末消毒;②医院、机场、车站等人员密集场所的环境物体表面要增加消毒频次;③高频接触的门把手、电梯按钮等要加强清洁消毒;④垃圾、粪便和污水要进行收集和无害化处理;⑤要做好个人手卫生。

2. "七不宜"　①不宜对室外环境开展大规模的消毒;②不宜对外环境进行空气消毒;③不宜直接使用消毒剂(粉)对人员进行消毒;④不宜对水塘、水库、人工湖等环境中投加消毒剂(粉)进行消毒;⑤不得在有人条件下对空气(空间)使用化学消毒剂消毒;⑥不宜用戊二醛对环境进行擦拭和喷雾消毒；⑦不宜使用高浓度的含氯消毒剂（有效氯浓度大于1 000mg/L）做预防性消毒。

二、消毒剂的种类

1. 含氯消毒剂　指溶于水后产生有杀微生物活性的次氯酸的消毒剂，其有效成分以有效氯表示，含量以 mg/L 或 % 表示，漂白粉，有效氯≥20%，二氯异氰尿酸钠≥55%，84 消毒液常见为 2%~5%。含氯消毒剂可杀灭各种微生物，包括细菌繁殖体、病毒、结核杆菌和抗力最强的细菌芽孢。该类消毒剂分为：①无机氯化合物，包括漂白精、漂白粉（有效成分为次氯酸钙）、84 消毒液（主要有效成分为次氯酸钠）等，性质不稳定，易受光、热、酸和湿度的影响而丧失消毒剂的有效成分。②有机氯化合物，包括优氯净（二氯异氰尿酸钠）、三氯异氰尿酸、氯胺 -T 等，性质相对稳定，但溶于水后不稳定。有刺激性气味，具有一定的氧化性、腐蚀性和致敏性，主要表现为对纺织物有漂白效应，可腐蚀金属制品。含氯消毒剂常用于家居消毒，适用于物体表面、织物等污染物品以及水、果蔬和食饮具等的消毒。次氯酸消毒剂除上述用途外，还可用于室内空气、二次供水设备设施表面、手、皮肤和黏膜的消毒。其中物品表面消毒使用浓度为 500mg/L；疫源地消毒时，物体表面消毒使用浓度为 1 000mg/L，有明显污染物时使用浓度为 10 000mg/L；室内空气和水等其他消毒需依据产品说明进行操作。

清洁剂是由洁厕液和消毒水组成。洁厕液的有效成分是强酸氢离子（H^+），能消解污垢的有机质成分，用于清洗马桶的污垢，去除异味。消毒水（84 消毒液等）的有效成分是次氯酸盐（ClO^-），有强氧化性，常用于漂白、杀菌。将它们混合可产生化学反应，释放出大量的有毒氯气（Cl_2）。

$$2H^++ClO^-=H_2O+Cl^-；2H^++Cl^-+ClO^-=H_2O+Cl_2\uparrow$$

若洁厕液本身是盐酸成分，即 H^+ 和 Cl^- 的组合，反应将会更剧烈。氯气是一种黄绿色、刺激性气体，比空气重，能溶于水。短时间内吸入较大量氯气会引起以呼吸系统损伤为主的全身中毒表现，出现呛咳、呼吸困难、眼和皮肤灼伤刺痛等。如封闭的浴室，空气氯气浓度会相当高，严重时可导致昏迷、死亡。

2. 二氧化氯消毒剂　有效成分为活化后二氧化氯含量≥2 000mg/L（无须活化产品依据产品说明书），对微生物细胞壁有较强的吸附穿透能力，可通过抑制微生物蛋白质的合成来杀灭微生物，属于高效消毒剂，可杀灭各种微生物（包括细菌繁殖体和芽孢、真菌、分枝杆菌、病毒等），但不宜与其他消毒剂、碱或有机物混用。该类消毒剂适用于水（饮用水、医院污水）、物体表面、食饮具、食品加工工具和设备、瓜果蔬菜、医疗器械（含内镜）和空气的消毒处理。常见的使用方法见表 8-1。

表 8-1　二氧化氯消毒剂的使用方法

消毒对象	有效浓度 /mg·L⁻¹	作用时间 /min
物体表面	50~100	10~<15
生活饮用水	1~2	15~<30
医院污水	20~40	30~60

注：室内空气等消毒时，依据产品说明书。

3. 过氧化物类消毒剂 有强氧化能力,微生物对其很敏感,可杀灭微生物(包括病毒、细菌、真菌及其芽孢),消毒后在物品有部分残留。常见有过氧乙酸(有效成分以 $C_2H_4O_3$ 计,质量分数为 15%~21%)、过氧化氢(有效成分以 H_2O_2 计,质量分数为 3%~6%)与臭氧等,以过氧乙酸的杀菌能力最强,使用较广,适用于物体表面、室内空气消毒、皮肤伤口消毒、耐腐蚀医疗器械等消毒。该类消毒剂化学性质不稳定,要现配现用,高浓度可刺激、损伤皮肤黏膜和腐蚀物品。2003 年,过氧乙酸曾被用于消毒"非典"患者房间。过氧乙酸也多用于家居消毒,以浸泡、擦抹、气溶胶喷雾等较常见,过氧乙酸消毒剂在常见家居消毒的处理要求见表 8-2。

表 8-2 过氧乙酸消毒剂在常见家居消毒的处理要求

消毒对象	处理方式	有效浓度	作用时间 /min
物体表面	喷洒或浸泡	0.1%~0.2%	30
室内空气消毒	气溶胶喷雾法	0.2%(10~20ml/m³,即 1g/m³)	60
室内空气消毒	加热熏蒸	15%(7ml/m³)	60~120
皮肤表面	擦拭或浸洗(手)	0.2%	1~2
皮肤黏膜	漱口、滴眼	0.02%	—
服饰	喷洒、浸泡	喷洒:0.1%~0.5% 浸泡:0.04%	喷洒:30~60 浸泡:120
餐具	浸泡	0.5%~1.0%	30~60
水果、蔬菜	浸泡	0.2%	10~30
体温计	浸泡	0.5%	15~30
室内表面	气溶胶喷雾	2%,8ml/m³	30

4. 醇类消毒剂 有 70%~80%(v/v)乙醇和异丙醇等,有凝固蛋白质效应,可杀灭细菌繁殖体以及大部分亲脂性病毒(如乙型肝炎病毒、单纯疱疹病毒、人类免疫缺陷病毒等)。醇类消毒剂主要用于手和皮肤消毒,也可用于较小物体表面的消毒。该类消毒剂属微毒,高浓度醇类消毒剂蒸气对眼、呼吸道黏膜有刺激效应,对中枢神经系统有麻醉效应,出现头痛头晕、流涎、恶心、共济失调等,严重的有肺水肿、脑水肿、肾功能衰竭等,甚至昏迷、致死。

5. 杂环类气体消毒剂 环氧乙烷多见,是高效消毒剂,穿透力强,可杀灭各种微生物,如环氧丙烷、乙型内酯等。其消毒机制是对微生物蛋白分子的烷基化效应,使酶的正常代谢受阻,以致微生物死亡。该类消毒剂中等毒,低剂量有刺激效应,高浓度吸入可抑制中枢神经。

6. 醛类消毒剂 有甲醛、戊二醛和环氧乙烷等,可杀灭各种微生物。该类消毒剂对人体皮肤黏膜有刺激和腐蚀效应,短期内吸入高浓度蒸气暴露可引起呼吸系统损害为主的全身中毒表现,轻度中毒表现为头晕、头痛、乏力等;重度中毒可出现肺水肿、昏迷、致死性休克等;长期暴露有致癌的危险性。因此,该类型消毒剂用于医院医疗器械的消毒和灭菌。

7. 季铵盐类消毒剂 一种阳离子活性物质,可改变细胞渗透性,使蛋白质变性而干扰细菌新陈代谢等,以致微生物死亡。该类型消毒剂表面活性效应较强,较难从菌体表面除去,要与化学中和剂同时使用,但不能与肥皂或其他阴离子洗涤剂同用,也不能与碘或过氧化物(如高锰酸钾、过氧化氢、磺胺粉等)同用。适用于环境与物体表面(包括纤维与织物)、卫生手消毒,与醇复配的消毒剂可用于外科手消毒。常见有苯扎氯铵、新洁尔灭、新洁灵和百毒杀等。

8. 其他　有双胍类消毒剂、含碘消毒剂、和酚类消毒剂等。①双胍类消毒剂,如氯己定是低毒、无刺激性消毒剂,过量口服会引起恶心、呕吐、腹泻等。②含碘消毒剂,如碘酊(有效碘 18~22g/L,乙醇 40%~50%)和碘伏(有效碘 2~10g/L),主要通过卤化微生物蛋白质使其死亡。碘伏常用于外科洗手消毒,皮肤、黏膜和伤口消毒;碘酊适用于手术部位、注射和穿刺部位皮肤及新生儿脐带部位皮肤消毒,不适用于黏膜和敏感部位皮肤消毒。③酚类消毒剂,如滴露消毒药水、甲酚皂(来苏尔),可引起蛋白质变性,干扰物质代谢,以致产生杀菌效应。适用于物体表面和织物等消毒。但苯酚、甲酚对人体有毒性,在对环境和物体表面进行消毒处理时,应做好个人防护,如有高浓度溶液接触皮肤,可用乙醇擦去或大量清水冲洗。

三、消毒剂对健康的影响

1. 引起急性中毒或爆炸伤人等事故　次氯酸钙、过氧乙酸、乙醇等各类消毒剂均是易燃、易爆、易分解的物质,一旦使用不当,就可引起急性中毒、火灾、爆炸等事故,产生危及人体健康和生命安全的毒副作用。如误将 84 消毒剂(主要成分次氯酸钠)与洁厕灵(主要成分盐酸)混合使用,会发生剧烈反应而产生氯气。短时间内吸入较大量氯气会引起以呼吸系统损伤为主的全身性中毒,出现呛咳、呼吸困难、眼和皮肤灼伤刺痛,严重时甚至致死。

2. 对眼、鼻和皮肤的刺激效应　大多数消毒剂对人体眼、呼吸系统和皮肤有刺激性和腐蚀性,还可引起过敏反应。在没有防护情况下配制或使用消毒剂,可引起瘙痒、红肿、疱疹、脱皮或眼鼻炎症反应,刺激性干咳、胸闷等。对长期从事家务活清洁工作,经常接触杀菌肥皂、祛菌洗涤剂、高效洗衣粉等含消毒成分洗涤剂的女性会出现"主妇手"(皮肤干燥、皮纹粗、爆裂)和脸部"蝴蝶形色素沉着"。

3. 损伤免疫系统　消毒剂可引起人体过敏性反应。有些化学物经吸收入人体可损伤淋巴系统,使免疫功能下降。如漂白剂、漂白精增白剂、荧光剂等进入人体,可蓄积在体内,致使免疫力减弱。

4. 损伤神经系统　有些消毒剂含人工合成芳香物质,对神经系统有慢性毒效应,出现头晕、恶心、呕吐、食欲减退等。

5. 损伤生殖系统　消毒剂的氯化物、烃类、烷基磺酸盐等可损伤女性生殖系统,甚至使卵巢功能丧失。经常使用有关消毒剂的孕妇可引起卵细胞变性、死亡,妇女不孕症与长期使用含有这些成分的消毒剂关系密切。

6. 人体正常菌群失调　滥用消毒剂可杀灭人体一些有益细菌,破坏正常菌群构成的生物膜屏障,以致致病菌的侵入、感染。

此外,消毒剂有机氯化物、荧光剂有肝毒性,可诱导细胞变异,是一种潜在的致癌因素。

四、建议与忠告

随着社会经济的快速发展,消毒剂的品种与日俱增,其使用范围也越来越广。消毒剂本身有一定的毒性,可由于使用不当或滥用而导致中毒发生。因此,认真掌握消毒剂的使用显得十分重要。

消毒剂预防措施主要包括:①合理消毒。选择合适的消毒剂,选择安全性好、毒性低的消毒剂,一般家庭选择中效或低效类消毒剂即可。如果家庭中出现传染病患者时,应按专业医生和当地疾病预防控制中心的要求进行消毒。②选购正规厂家生产的消毒剂产品。选购时先要看产品标签,正规厂家生产的消毒剂产品外包装上可清晰看到产品名称、卫生行政部门的批准文号、生产许可证、生产批号、生产日期、有效期和使用说明等信息。③做好防护和通风。在配制和使用消毒剂的过程中,操作人员要做好防护(穿橡胶手套、戴口罩等),并保证室内通风,避免消毒剂与身体的直接接触。如有特殊要求,必须密闭使用消毒剂喷雾时,必须在室内无人的状态下进行,以减少消毒剂对人体的伤害。如不慎溅入眼睛,应立即用水冲洗,严重者应就医。④严格按照产品说明书正确使用。严格按照消毒剂使用范围、使用方法、有效期、使用浓度、量和消毒作用时间进行操作。⑤正确存放消毒剂。消毒剂应避光放置在阴凉、干燥、通风处且儿童不能接触到的地方密封保存或上锁保存,并标示相应的安全警示标志。其中具有金属腐蚀性作用的消毒剂不能采用金属类容器保存。⑥不要使用酒瓶或饮料瓶等盛放消毒剂,以免大人或儿童误食而引起中毒。⑦不要直接将含有易燃、易爆的消毒剂(如酒精、强氧化剂等)往身上喷,或在家中大面积喷洒。使用该类消毒剂时禁止明火,禁止吸烟。⑧不要混用消毒剂。如含氯消毒剂与酸性消毒剂、酒精等混用可产生大量氯气,引起急性中毒,甚至死亡。⑨不要频繁过度使用消毒剂。频繁过度使用消毒剂不仅会扰乱人体的正常菌群平衡,降低自身免疫力,还会污染环境。⑩不要将消毒剂与食物混放在厨房内,以免误用。⑪不得将强氧化剂与还原物质共储共运,以防爆炸。⑫家中有对某些消毒剂过敏者,应慎用消毒剂。

此外,在家中有孕产妇、儿童、老年人等免疫力低下的人群时,不要使用消毒剂。家中可选择其他消毒方法进行消毒,如物理消毒法里的蒸煮、暴晒等。科学使用消毒剂,选择安全的消毒剂,严格按说明书操作可有效地预防消毒剂对人体的危害。若使用消毒剂过程中产生有害气体时,要立即屏住呼吸,用湿毛巾堵口鼻,开窗离开、关门。有害气体消散后,要用大量水冲掉残余的清洁剂。

第七节　其　　他

案例 8-6　2011 年,外国某医院肺纤维化疾病住院患者不断出现死因不明的急性肺病,都是孕产妇。此前,在婴幼儿和产妇也有类似情况,以致在该国引起一定程度的恐慌。相关部门开展流行病学调查,初步判定"加湿器杀菌剂"是造成孕产妇患肺病死亡的原因。据调查,患者近几年平均每年使用加湿器 4 个月,每次加水都添加杀菌剂,平均每月使用 1 瓶杀菌剂。2011 年,相关部门通过动物吸入毒性实验和流行病学调查,确认加湿器杀菌剂的危害性,该国环境部门将其判定为环境污染性疾病。经过两次调查发现,与加湿器杀菌剂毒性有关的受害者有 530 人,其中 239 人死亡。

一、装修其他污染物

随着生活水平的提高,人们对室内环境进行装修,产生了新的环境污染。室内装修污染指在居所、办公场所、公共场所等全封闭或半封闭的室内环境中,因为装修行为而产生的有害人体健康气体,以及其他超过环境自净能力的物质和能量进入室内环境后,对环境和人体健康产生不利影响的现象。甲醛、苯类污染在装修污染中较为普遍,且危害较为突出。

装修材料的人造板材是甲醛的主要污染来源,夏季高温天气甲醛释放量要比平常高出20%~30%。高浓度甲醛可刺激眼睛、呼吸道黏膜,如果长期吸入甲醛,也会造成慢性呼吸道疾病、女性月经紊乱,甚至导致胎儿畸形、癌症。装修材料的涂料包括溶剂型涂料和内墙涂料,前者是涂在木器、金属、水泥表面的,主要会释放苯、甲苯、二甲苯、甲醛等;后者涂在内墙上,甲醛是这种涂料主要释放的污染物。如果人短期吸入高浓度苯,可能造成中枢神经的刺激,甚至麻痹,出现醉酒样表现;如果是长期低水平吸入,可能导致再生障碍性贫血、白血病。甲苯、二甲苯对皮肤、眼及上呼吸道有刺激性,高浓度时对中枢神经系统有麻醉作用。此外,黏胶剂、地毯、窗帘和沙发套等软装材料也有可能释放甲醛和挥发性有机化合物等污染物。

降低装修污染的要求:选择合格的建材,符合国家标准、绿色环保型建材;避免大面积使用化学胶水,尽管选用植物胶水或“零”甲醛胶水等;选用水性油漆,用水代替原本含有的甲苯、二甲苯等大量化学成分的有机溶剂;采用天然植物纤维做成的原纸最好,能在源头上杜绝甲醛污染;装修和购买家具尽量选用无甲醛或含量低的产品;装饰布买回家后先在清水中充分浸泡,减少残留在上面的甲醛;通风是降低装修污染最安全、有效的办法。

二、厨房、家电问题

厨房烟气指油烟和燃料燃烧产物。油烟是成分极为复杂的混合物,是食用油和食物在高温条件下,产生的大量热氧化分解产物。烹调时,油脂受热,当温度达到食用油的发烟点170℃时,出现初期分解的蓝烟雾,随着温度继续升高,分解速度加快;当温度达250℃时,出现大量油烟,并伴有刺鼻的气味。油烟是食用油或食物在高温条件发生一系列变化而来,其中含有污染物质,如杂环胺类和以B(a)P为代表的多环烃类化合物、醛、醇、酮等。燃料燃烧产物主要成分为CO、NO、SO,这些化学物不但会伤害身体,还会污染环境。

厨房油烟的主要危害:可随空气侵入人体呼吸道,进而引起食欲减退、心烦、精神不振、疲乏无力等油烟综合征;油烟的主要成分是丙烯醛,有强烈的辛辣味,对鼻、眼、咽喉黏膜有较强的刺激,可引起鼻炎、咽喉炎、气管炎等。厨房油烟中含有苯并芘的致癌物,它可损伤染色体,长期吸入可诱发肺癌变。降低厨房油烟危害的要求是少放油、用中火,油量要保证不糊锅;烹饪油不要反复使用;保持厨房通风。炒菜时要打开抽油烟机或使用无油烟锅,烹调结束后,至少开窗通风10min;选用高燃烧效能灶具。

家电产生的污染分为空气污染和水污染。“空调综合征”指空调产生的二次污染,往往使人出现头晕、昏迷、免疫力下降等。洗衣机滋生霉菌后容易使衣服受到污染,不但衣服洗不干净,而且还可能会致病。特别是贴身衣物被霉菌污染后,对女性个人健康也可能造成比较恶劣的危害。饮水机“二次污染”,饮用受到污染滋生细菌的水之后,很容易让人染上各种疾病。对常用家电的定期消毒、灭菌和清洗是防止家电产生污染的有效措施。

三、儿童用具、玩具问题

市售塑料玩具含有多种危害儿童健康的有机污染物,尤以塑化剂、双酚A对儿童健康危害较大。塑化剂可干扰人体内分泌,影响生殖系统。塑化剂会造成基因毒性,会伤害人类基因,长期食用对心血管疾病危害风险最大,对肝和泌尿系统也有很大的伤害,而且可透过基因遗传给下一代。邻苯二甲酸酯(DEHP)塑化剂多用于塑料材质,属环境荷尔蒙,可能影响胎儿和婴幼儿体内荷尔蒙分泌,引发激素失调,有可能会危害男性生殖能力,促使女性性早熟。塑化剂暴露产生的基因交互效应会造成心、肝和肾毒性,对人类疾病风险最大的是心血管疾病。长期大量摄取 DEHP 可能损害男性生殖能力,促使女性早熟,可能造成儿童性别错乱,甚至引发肝癌。双酚 A 被广泛用于玩具和儿童产品中,如塑胶玩具、橡皮奶嘴和出牙器等。双酚 A 是一种常见环境雌激素,会对人和动物内分泌系统产生干扰,导致生殖毒性和胚胎毒性,如生殖器异常,雄性特征雌性化等。

为降低儿童用具以及玩具有机污染物危害,建议到正规商店选购有标识、标签,产品外观上乘的产品,一些回收塑料做的塑料玩具,含塑料剂的比例和含量均较高。少接触胶画、烤画颜料;接触塑料玩具后要及时用洗手液洗手,由于塑化剂属于酯类化合物,使用洗手液清洁效果较好。

四、碱性电池

碱性电池里面存有碱液,和电极发生化学反应后,可使化学能转换为电能,产生电流。碱液的有效成分大多是高浓度氢氧化钾(强碱性物质)。碱性电池放久了可能会有碱液泄漏,不小心手上皮肤会接触漏出的碱液。浓碱液会对皮肤产生腐蚀性损伤,浓碱液可溶解皮肤的脂肪、蛋白质。浓碱液刚沾到皮肤会感觉到滑腻,且无痛感。然而,几小时后,皮肤接触部位开始发红、变痛。1~2d,受伤的皮肤会出现淡粉红色、脱皮。

预防措施:①定期处理家居碱性电池。如果电量耗光或电池外壳变软,要及时丢到电池回收箱或有害分类垃圾筒。②有碱液泄漏的电池,要戴上橡胶手套捡起来处理。③如果皮肤不小心沾到,要用水冲洗 5min,不要用肥皂(碱性)洗,必要时去医院处理。④要用湿抹布擦去漏在地板或器具上的碱液。

（肖　芳　郭寅生　胡恭华　李少军）

第九章　家用卫生杀虫剂

案例9-1　2015年1月份以来,刘某租赁某市批发市场房屋存放大量玉米。7月4日下午5时许,为预防发生虫害,刘某在无任何安全防护措施的情况下,将对人畜有剧毒的磷化铝片剂约1kg用纸分包,放入存放玉米的仓库。随后,玉米垛的磷化铝因氧化、受潮等而释放出磷化氢气体,并扩散波及隔壁谢某家。7月6日10时许,谢家四口出现中毒。谢某跑出求救,其妻子、次女当场死亡,长女被送当地医院救治。次日凌晨4时许,谢某长女经抢救无效死亡。据调查,3人都是磷化氢中毒死亡。

第一节　概　　述

家用卫生杀虫产品指日用消费品类的化工产品,是驱(灭)蚊虫、苍蝇、蟑螂、老鼠等害虫的居家生活用品。2014—2015年,我国家用卫生杀虫产品行业调查显示,家用杀虫剂年产量近30亿(瓶、盒、罐),销售额近110亿元,提示人们生活对该类产品有很强的依赖性。

家用卫生杀虫产品按作用方式分为触杀剂(如杀虫气雾剂、喷射剂等),烟熏剂(如蚊香、电热蚊香片、电热蚊香液等),胃毒剂(如杀蟑饵剂),驱避剂(如驱蚊胺、驱蚊水、樟脑丸等)等。目前,常见的主要有蚊香、电热蚊香片、电热蚊香液、卫生香、烟片、驱蚊水、空气清新剂、杀虫气雾剂、防蛀剂(如樟脑丸)等,其中蚊香、杀虫气雾剂、电热蚊香片、电热蚊香液、樟脑丸等销量最大,卫生杀虫剂的杀虫效果是产品存在的前提,表9-1给出了各类家用卫生杀虫剂含有的主要活性成分。

表9-1　家用卫生杀虫剂的种类和活性成分

种类	剂型	主要活性成分
蚊香产品	盘香,电热蚊香片(液),蚊香夹	四氟甲醚菊酯;氯氟醚菊酯;右旋烯丙菊酯;ES-生物烯丙菊酯;炔丙菊酯;氯氟醚菊酯
杀虫产品	气雾剂,贴片等	1. 杀全害虫类:胺菊酯、右旋烯丙菊酯、炔丙菊酯;高效氯氰菊酯,氯氰菊酯,苯醚氰菊酯,溴氰菊酯,氯菊酯,苯醚菊酯 2. 杀飞虫:胺菊酯,右旋烯丙菊酯,氯菊酯 3. 杀爬虫类:炔咪菊酯,右旋苯醚氰菊酯,氯氰菊酯
防蛀剂	片剂,香包等	樟脑,对二氯苯,右旋烯炔菊酯

从表9-1可见,室内使用的灭蚊灭虫药活性成分主要来自农药,统称为卫生用农药,最常见是拟除虫菊酯类农药,其次是模拟天然除虫菊酯合成的一类含有苯氧烷基的环丙烷酯

类化合物。其杀虫机制可能与除虫菊酯引起昆虫重复放电,对昆虫神经系统产生极快的刺激作用有关。例如丙烯菊酯可抑制钠渗透性的增加,抑制作用电流,电学活动的改变引起昆虫神经肌肉的谷氨酸(收缩)及氨基丁酸(舒张)的持久释放,引起兴奋,导致昆虫中毒致死。

按我国《农药管理条例》和《农药管理条例实施办法》的规定,用于预防、消灭或者控制人群生活环境的卫生害虫的制剂都属于农药管理范畴。据毒理学原理,任何化学物的毒性与其剂量大小密切相关,故当农药作为卫生杀虫剂使用时,对其所含杀虫的活性成分有严格的剂量规定。2006年,WHO公布推荐和汇总可用于卫生杀虫剂农药名单、剂型和剂量等。2016年,WHO更新了防治蚊虫和室内喷洒、空间喷洒和控制蚊幼虫等农药产品的推荐名单,包括使用的农药品种、剂型和剂量。我国按WHO有关规定,制定了适合本国国情的强制性国家标准GB 24330—2009《家用卫生杀虫用品安全通用技术条件》,规定家用卫生杀虫用品生产前必须办理《农药登记证》,对产品中的农药配方进行相应的毒理学试验和药效试验,并严格按照《农药登记证》上登记的农药种类和含量进行生产,确保产品的使用安全和杀(驱)虫效果。如果产品农药有效成分含量超出允许波动范围,使用环境的农药浓度过高,在杀(驱)虫的同时会对人体产生一定的危害效应;如果使用环境的农药浓度太低,则达不到杀(驱)虫的效果。消费者购买卫生杀虫产品时,应仔细阅读产品包装说明,规范的产品标识一般包括产品名称、商标、厂名、厂址;有效成分及含量;产品执行标准编号;生产日期、产品批号和有效期;农药登记证号或农药临时登记证号;农药生产批准文件号或生产许可证号;毒性标识;注意事项等。

近年来,随着人们对健康、环保、绿色、天然理念的追求,尤其是大众健康意识不断增强,期待安全、无毒无害、高效的新的家用卫生杀虫产品,如植物精油制成的植物源驱蚊产品。

第二节　蚊香类产品的健康影响和安全使用

案例9-2　2015年8月,某市居民发生一起蚊香中毒事件,家中4人都有头晕、呕吐。2017年7月,某市居民晚上在家接连点燃20盘蚊香,次日早上起床发现身体不适、头晕目眩,妻子和3个孩子都出现不同程度的呼吸困难。2018年5月,某市1岁男孩误喝约10ml蚊香液,出现抽搐、口吐白沫、神志不清等临床表现。提示,蚊香可引起中毒。

夏季是蚊香类产品高频使用的季节。蚊香类产品使用简单、驱蚊效果好,是家家户户夏季驱蚊必不可少的工具。但是,蚊香产品中毒事件的频发,让人们对蚊香使用的安全性产生疑惑,逐渐关注蚊香类产品的安全使用及蚊香类产品中的各类成分物质对身体健康影响。那么,蚊香中毒究竟会给人带来怎样的影响,使用蚊香时应该如何预防蚊香中毒呢?

一、蚊香类产品类型及主要活性成分

目前,市售常用室内药物化学性驱蚊产品包括普通固体蚊香(如盘香、线香等)、片式电蚊香、液体电蚊香等属于拟除虫菊酯类农药。蚊香类产品包装一般会注明无味低毒或无味微毒,但该类产品仍属于农药类,有一定的健康危害。拟除虫菊酯类农药是一类能够防治多种害虫的广谱杀虫剂,其杀虫毒力比老一代杀虫剂(有机氯、有机磷、氨基甲酸酯类)提高10~100倍。拟除虫菊酯类物质对蚊虫有强烈的触杀作用,其作用机制是扰乱蚊虫神经系统生理功能,以致出现兴奋、痉挛、麻痹、死亡。家用蚊香产品剂型、主要活性成分见表9-2。

表 9-2　家用蚊香产品主要剂型和活性成分

剂型	主要活性成分及含量
固体蚊香	1）0.009%~0.03% 四氟甲醚菊酯； 2）0.04%~0.08% 氯氟醚菊酯； 3）0.25%~0.40% 右旋烯丙菊酯
片式电蚊香	1）47mg/ 片 ES- 生物烯丙菊酯·炔丙菊酯电热蚊香片；(35mg/ 片 ES- 生物烯丙菊酯 +12mg/ 片炔丙菊酯复配）。 2）10mg/ 片四氟甲醚菊酯·炔丙菊酯电热蚊香片；(5mg/ 片四氟甲醚菊酯 +5mg/ 片炔丙菊酯复配）。 3）13mg/ 片氯氟醚菊酯·炔丙菊酯电热蚊香片；(7.8mg/ 片氯氟醚菊酯 +5.2mg/ 片炔丙菊酯复配）
液体电蚊香	1）0.81%~1.8% 炔丙菊酯； 2）0.9%~1.5% 四氟苯菊酯； 3）0.31%~0.93% 四氟甲醚菊酯； 4）0.4%~1.2% 氯氟醚菊酯

随着长期重复使用拟除虫菊酯类蚊香，蚊虫已逐渐对其产生抗药性。因此，近年来研发出不少植物源型驱避剂（如植物精油类驱蚊剂），活性物质以植物中提取的植物精油为主，主要成分为单萜、倍半萜和芳香烃衍生物，有毒杀、趋避蚊虫的作用，且对人体及环境相容性更好，具有较好的应用前景。

二、蚊香类产品的健康影响

蚊香类产品的驱蚊活性成分是拟除虫菊酯类，属于低毒性物质，加之蚊香中使用该类成分的含量少、浓度低，因此对哺乳动物的毒性较小，在环境中残留时间较短，对环境的污染程度也较小，但对水生生物尤其是鱼类毒性较大，有蓄积性。拟除虫菊酯类农药可经呼吸道、皮肤、消化道被人体吸收，吸收后在体内迅速分布到各组织器官，在体内代谢转化很快，最终以原形或代谢产物的形式经尿和粪排出体外。

拟除虫菊酯类农药按其化学结构的不同分为：Ⅰ型拟除虫菊酯，不含 α- 氰基，如氯菊酯、氯氟醚菊酯、丙烯菊酯等；Ⅱ型拟除虫菊酯，含有 α- 氰基，如溴氰菊酯、氯氰菊酯等。较高浓度的Ⅰ型拟除虫菊酯可引起细小震颤、少量流涎、抽搐和虚脱等神经中毒表现；而Ⅱ型拟除虫菊酯引起的神经中毒表现为大量流涎、舞蹈样症状、痉挛。日常使用的蚊香类产品活性成分主要为非 α- 氰基的拟除虫菊酯类，蚊香类农药急性中毒后主要的神经毒性表现为震颤、反应迟钝、惊厥、抽搐，神经中毒表现与进入体内拟除虫菊酯农药种类、剂量有关。

固体蚊香除驱蚊活性成分外，主要由木屑、染料、黏合剂组成。如盘式蚊香点燃后产生的烟雾含有苯、1,3- 丁二烯以及多环芳烃等，蚊香灰也可能含有部分重金属。固体蚊香在燃烧使用过程中可能也会引起室内一氧化碳（CO）、二氧化碳（CO_2）、可吸入颗粒物等浓度升高，不仅会影响室内空气质量，且对人类健康也有潜在危害。长时间、高剂量暴露于蚊香烟雾的动物均出现皮毛蓬松、轻度兴奋、躁动、口鼻有少量分泌物等神经毒性表现。染毒结束后，上述中毒表现逐渐缓解。家庭室内使用燃烧的固体蚊香释放烟雾可加重儿童过敏性鼻炎，引发儿童持续哮喘，成年人长期暴露于质量浓度为 0.01~1.98μg/m³ 的蚊香烟雾 0.5~5.0h，会产生头痛、恶心、眩晕等。因此,固体蚊香在使用时,要保证室内定期通风换气,避免人体长时间处于封闭的高浓度有害成分环境。国外动物实验显示,怀孕大鼠暴露于含有烯丙菊酯类蚊香烟雾后,其雄性后代每日精子产量、总精子数和精子顶体反应均受损害,提示该类固体蚊香使用时可能会对人类生殖系统产生潜在毒性。此外,拟除虫菊酯类杀虫剂(包括拟除虫菊酯类蚊香)的使用某种程度上可能增加帕金森病发病的风险。

精油类驱蚊剂较普通拟除虫菊酯类蚊香产品有原材料易获取、对人体健康危害小、环境中易分解等优点,但精油类驱蚊产品释放出的挥发性或半挥发性有机物会在空气中形成超细颗粒物(UFPs,直径 <0.1μm)。超细颗粒物由于其较大的比表面积,易于吸附大量气体污染物并可被人体吸收,拥有潜在毒性,会增大人群尤其是老年群体罹患心肺血管疾病的风险。精油类产品中挥发出的气态有机物在臭氧的作用下,会形成二次有机气溶胶,从而增加超细颗粒物对人体心肺血管的危害性。

三、蚊香类产品的安全使用注意事项

常用的蚊香类产品包括盘式蚊香、电蚊香片、蚊香液以及植物精油类驱蚊产品。首先,购买蚊香类产品时要选择正规厂家,2000 年上海曾发生一起急性蚊香中毒事件,经检测当时使用的广东中山市某厂生产的某批号黑蚊香含有 20 世纪 70 年代禁止生产的有机氯农药 DDT。此外,要有规范的使用方法。

1. 固体蚊香使用时要预防火灾及中毒的发生。蚊香燃烧时要放置到空旷区域,远离易燃易爆物品,避免火灾隐患;人要避免短时间大量暴露,或者长时间蚊香烟雾暴露;室内点燃蚊香时,要经常进行通风换气,降低室内烟雾浓度;不要在睡觉时点燃蚊香,以免发生火灾或中毒。

2. 电热蚊香片、液体蚊香相比固体蚊香有气味淡、刺激性小等优点,其活性成分和盘式蚊香活性成分一样,有潜在的神经或生殖毒性,使用时同样要避免人体暴露于拟除虫菊酯类成分浓度过高的场所。电蚊香片、蚊香液使用时,要注意用电安全,用完断电或拔出电蚊香装置,避免整晚使用电蚊香装置,以免发生危险。

3. 蚊香类产品平时存放要远离儿童,避免儿童误食中毒。

第三节 家用气雾杀虫剂的健康影响和安全使用

气雾杀虫剂是借助抛射剂将含有杀虫有效成分的溶剂从密闭容器内呈气雾状喷出,均匀分散在空气中形成气溶胶的剂型。由于其颗粒直径小,在空气中可悬浮时间长,故其杀虫作用极强,是用于室内防治蚊、蝇和其他害虫的重要剂型。2014 年到 2015 年,我国气雾剂杀虫剂的市场销售量达 7.3 亿罐。

一、气雾杀虫剂的组成成分和健康影响

气雾杀虫剂主要包含有效成分、溶剂和增效剂等。目前,市售家用气雾杀虫剂的有效成分以拟除虫菊酯类化合物为主。拟除虫菊酯类化合物是在从天然除虫植物除虫菊中提取的杀虫组分的基础上,通过结构改造而发展起来的一类合成杀虫剂,约 50 多种,对人畜毒性小,对蚊、蝇、蟑螂等害虫有较好的触杀和熏蒸作用。拟除虫菊是神经毒物,可诱导昆虫神经

系统兴奋,引起昆虫神经传导障碍、痉挛、麻痹,从而导致死亡。

杀虫有效成分是以击倒型杀虫剂与致死型杀虫剂复配的方式使用。常见以胺菊酯、右旋烯丙菊酯、炔丙菊酯为击倒剂,以高效氯氰菊酯、氯氰菊酯、苯醚氰菊酯、溴氰菊酯、氯菊酯、苯醚菊酯为致死剂。复配的杀虫剂既有较快的击倒效应,又有较强的杀灭效果,可很大程度提高杀虫效果。拟除虫菊酯类化合物虽然对人的毒性较小,但人体长时间经皮或经口暴露,会造成拟除虫菊酯类中毒,主要是影响神经轴突传导而导致肌肉痉挛,引起一系列神经中毒表现。

1. 胺菊酯　白色或淡黄色结晶体,不溶于水,易溶于丙酮、苯、氯仿、煤油等有机溶剂。胺菊酯对害虫击倒速度快,被击倒后有一部分又可以复苏,因此需与其他杀虫剂复配。胺菊酯大鼠急性经口 LD_{50} 为 5 200mg/kg,急性经皮 LD_{50}>5 000mg/kg,对皮肤和眼睛无刺激作用,无明显慢性毒性和致癌、致突变作用。WHO 公布的胺菊酯用于气雾杀虫剂的浓度范围为 0.03%~0.6%,属微毒。

2. 氯菊酯　纯品为固体,原药为棕黄色黏稠液体或半固体。原药对大鼠急性经口 LD_{50} 为 1 200~2 000mg/kg,大鼠和兔急性经皮 LD_{50}>2 000mg/kg。对兔皮肤无刺激作用,对眼睛有轻微刺激作用,无明显的慢性毒性和致畸、致癌、致突变效应。氯菊酯是一种高效广谱的杀虫剂,对蚊、蝇、蟑螂等害虫杀死力强,是杀死型菊酯的主要代表。氯菊酯无刺激性,适宜居家空间喷雾。缺点是击倒作用差,故常与击倒型菊酯复配。WHO 公布的胺菊酯用于气雾杀虫剂的浓度范围为 0.05%~1.00%,属中等毒。

3. 右旋胺菊酯　工业品为黄褐色黏稠液体或结晶固体,不溶于水,可溶于己烷、甲醇、二甲苯等有机溶剂。大鼠急性经口 LD_{50}>5 000mg/kg。对蚊、蝇等害虫击倒速度极快,对蟑螂有驱赶效应,常与其他杀死能力强的药剂复配使用,制作气雾剂。WHO 公布的胺菊酯用于气雾杀虫剂的浓度范围为 0.05%~0.30%。

除有效成分外,气雾杀虫剂所用溶剂的毒理学效应也要关注。气雾杀虫剂的溶剂包括油基、醇基(乙醇)和水基。目前,我国气雾剂绝大多数产品为油基,美国、加拿大等国基本是水基。气雾剂杀虫有效成分喷至虫体表面,通过体壁到达神经系统后才能有击倒或杀死效应。昆虫体表面有一层蜡状的体壁,是脂溶性的组织。因此,以煤油作溶剂的杀虫雾滴对虫体表皮的黏着性和渗透性比醇基、水剂基好,杀虫效果好。但是,油基喷洒后气味不佳,还会给物体表面留下油迹。乙醇易挥发,雾化效果好,能快速扩散到空间的每个角落。但是,乙醇成本高、易腐蚀罐体,保质期在两年以内。为减少煤油、乙醇等挥发性有机物的释放对人体和环境可能造成的危害,杀虫气雾剂向水基型发展。水基是以去离子水作溶剂,采用一定的乳化技术制成。水基对人体和环境影响较小,但是容易造成罐体的腐蚀,导致气雾剂泄漏,对罐体材料的要求比较高。

气雾杀虫剂的增效剂常用的有增效醚、增效胺和八氯二丙醚,旨在抑制媒介生物解毒酶,降低有效成分的使用量。

二、气雾杀虫剂的安全使用方法

1. 产品的选购　在选购气雾杀虫剂时,要注意产品的外观包装。正规厂家生产的在罐体上印有产品生产日期、保质期限、制造标准、生产厂址、注册商标、卫生部门批准生产文号、产品配方和主要成分以及防伪标志等。

2. 产品的使用　家庭在使用气雾剂杀灭蚊虫和苍蝇时,要关闭门窗,喷雾时保持喷嘴45°向上,按推荐使用量每 10m² 使用 8~10s。使用气雾剂后,建议关闭门窗至少 20min 后再开窗通风,约 0.5h 后再进入房间。使用家用杀虫剂杀灭蚊虫、苍蝇时,要保证纱门纱窗完好,这样才能维持用药后房间内无蚊蝇的状态。若气雾剂为油基或醇基,喷雾时注意防明火。在施药中或施药后,如有不良反应如头晕、恶心等,要立即离开到通风处,如有不适要及时就医。家中有幼儿、过敏和哮喘者要慎用。

3. 气雾杀虫剂的保管　气雾剂属易燃品,存放要远离易燃物,避免高温和暴晒。

第四节　家用防蛀剂的健康影响和安全使用

棉麻丝毛制品及纸质品在潮湿温热的环境易滋生蛀虫,如黑皮蠹、花斑皮蠹、衣蛾、衣鱼等,所以夏季常将防蛀剂置于家居存储衣物中防蛀。防蛀剂用量与人们生活水平、卫生习惯有关,但伴随着化纤产品的广泛使用,防蛀剂的使用量有所下降。我国应用防蛀剂历史悠久,目前主要有第一代樟脑[合成樟脑 camphor 和天然(右旋)樟脑 d-camphor]、第二代对二氯苯(p-dichlorobenzene,p-DCB)和第三代以右旋烯炔菊酯为代表的菊酯类产品。此外,还有萘防蛀剂,但我国在 1993 年已停止萘丸生产和销售。如今,防蛀剂是人们生活中不可缺少的日用品。

一、防蛀剂活性成分的毒性和健康影响

1. 樟脑　天然樟脑直接从樟树中提取,有效成分以右旋樟脑为主。天然樟脑与合成樟脑的防蛀效果应相近,但实际检测效果发现,天然樟脑防蛀不如合成樟脑。樟脑作为防蛀剂在室内使用主要靠升华的气体熏蒸起到防蛀效应,所以不仅要考虑药效,更需要考虑居住者的健康(主要是吸入暴露量)。樟脑丸的主要成分是萘酚,有较强的挥发性。人群接触樟脑主要经吸入、经口和皮肤暴露,各种途径的中毒表现类似,但也有其特殊性。樟脑主要作用于中枢神经系统,通过呼吸麻痹使呼吸衰竭,以致动物死亡。吸入樟脑后,出现呼吸道刺激、头痛、头晕、焦虑、麻醉效应,以致意识不清。当空气中樟脑蒸气含量 $>3mg/m^3$ 时,会刺激人的神经系统,达到嗅觉阈值,可能会使人不舒服,从而起到警戒效应。液体、高浓度蒸气对眼有刺激性。口服引起胃肠道反应,误服樟脑制剂因剂量不同而毒性表现不一。内服 0.5~1.0g 可引起眩晕、头痛、温热感,乃至兴奋、谵妄等;内服 2.0g 以上在暂时性镇静状态后,引起大脑皮层兴奋,导致癫痫样痉挛,甚至呼吸衰竭而死。如果内服量达到 7~15g 或肌内注射 4g,即可致命。长期吸入樟脑引起肝肾损害。皮肤长期反复接触樟脑,可致皮肤损害。当人们穿上放置过樟脑丸的衣服后,萘酚可经皮肤进入血液,挥发性的萘酚与人体内红细胞中有葡萄糖-6-磷酸脱氢酶(G-6-PD)结合,形成无毒的物质,随小便排出。合成和天然樟脑均可抑制心脏循环系统、刺激呼吸系统,合成樟脑比天然樟脑的作用更强。此外,樟脑有明显的生殖细胞毒性。人体急性中毒治疗方法一般是对症治疗,樟脑在体内解毒快,中毒后痊愈的概率很大。

2. 对二氯苯　是有机合成原料,主要用于染料和农药中间体,65%~70% 用于防蛀防霉剂和空气除臭剂,少量用于润滑剂、腐蚀抑制剂等。国外使用对二氯苯为防蛀剂有近百年历史,主要靠其升华的气体熏蒸起到防蛀效应。目前,美国、日本和法国等几十个国家仍然以对二氯苯为主要的家用防蛀、防霉剂活性成分。20 世纪 60 年代,我国开始生产使用。1983 年,

化工部科技司主持召开对二氯苯防蛀防霉剂开发证会后,经不断研究和改进工艺,其纯度达到 99.9% 以上。目前,对二氯苯原药标准(HG/T 4489—2013)要求合格品为纯度 99.5%。

对二氯苯有特别气味,急性毒性属于低毒。多数人在浓度达到 $1mg/m^3$ 时能嗅到,对眼和上呼吸道有刺激性,对中枢神经有一定抑制效应,急性和慢性暴露可致肝、肾损害。人在高浓度暴露时,可表现虚弱、眩晕、呕吐。严重时会损害肝,出现黄疸,甚至引起肝坏死或肝硬化。长时间暴露对皮肤有轻微刺激性,引起烧灼感。人群对二氯苯暴露途径主要是呼吸道,其次是皮肤。1999 年,IARC 把对二氯苯列入 2B 组致癌因子(对人类有可能致癌性)。2008 年,美国 EPA 和农药规划办公室对二氯苯致癌性再评价认为,对二氯苯对人类不太可能致癌。加拿大环境保护法令规定对二氯苯不属于致癌物,国际海事组织(IMO)将它从毒物名单中降到《混合性损害物质》类。我国农业和卫生部门曾多次召开专家研讨会,全国农药登记评审委员会也进行过专题讨论,专家们认为对二氯苯的人致癌性尚无证据,也未发现其他国家有禁用的先例。2006 年,江苏省疾病预防控制中心进行了室内空气对二氯苯卫生学调查与评价。为准确了解对二氯苯的使用安全性,按对二氯苯药效和产品说明书要求进行模拟使用,即使用时,卫生球由透气纸包装,不剪开透气纸,模拟正常使用状态,让其自然挥发。选择了家用大立柜、衣箱、卫生间、书房、小室等进行模拟试验。结果显示,在正常使用防蛀产品的情况下,室内空气对二氯苯浓度很低,卧室空气平均浓度为 $0.14~0.3mg/m^3$,卫生间门窗关闭 2h 后浓度小于 $0.3mg/m^3$,书房正常使用时检测浓度小于 $0.3mg/m^3$,远低于世界大多数国家规定的职业接触限值 $450mg/m^3$ 的 500 倍安全系数 $0.9mg/m^3$。该调查认为,在正常情况下合理使用对二氯苯防蛀、防霉、除臭、驱虫剂对人体健康和室内空气质量不会产生有害的影响。

我国制定了国家标准《室内空气中对二氯苯卫生标准》(GB 18468—2001),室内空气对二氯苯的日平均 MAC 规定为 $1.0mg/m^3$,此标准是采用国际化学品安全规则(IPCS)和 WHO 的每日耐受量 TDI 值,低于美国部分城市大气环境中对二氯苯浓度 $0.2~5.2mg/m^3$。

3. 菊酯类防蛀剂　右旋烯炔菊酯常用于防治害虫,对昆虫有快速击倒、熏杀和驱避效应,是家用卫生杀虫剂最常用的农药。由于在常温下有较低的蒸气压 14mPa/23.6℃,易挥发,故用于衣物防蛀。右旋烯炔菊酯作为防蛀剂最早是由日本开发,20 世纪 90 年代进入我国,现在作为防蛀剂已有原药和制剂登记产品,主要剂型是片剂及新登记的防虫罩。欧洲、澳大利亚、日本、东南亚、南美等不少国家、地区有登记和使用,并已列入 WHO 名单。新登记的防虫罩是右旋烯炔菊酯和右旋苯醚菊酯的混合产品,其含量是根据药剂的挥发率、持效期和防治效果综合考虑设定的,即产品的最低有效剂量。家用防蛀可能的人体暴露途径有吸入、经皮或经口暴露等,在使用不当的情况下可能对人体产生一定的损害效应。通过风险评估数据分析,菊酯类防蛀剂产品相对比较安全(500mg/ 片的右旋烯炔菊酯防蛀片剂),右旋烯炔菊酯几乎没有气味,属于环保型产品。但是,因为没有气味而放松戒备,易发生中毒,使用菊酯类防蛀剂要注意更换时间。此类产品通常采用外加防护框架(避免皮肤和衣物直接接触)起保护效应。从安全和发展的角度看,右旋烯炔菊酯的市场空间可能会有逐渐上升的趋势,当然也期待有更安全、环保的防蛀剂产生。

二、防蛀剂的安全使用及注意事项

防蛀产品用于室内与人暴露密切,对产品质量及安全性要求较高,既要有一定防蛀效果,又要安全、环保,既能保证空气质量,还要延缓抗性发展。不论何种家用防蛀剂,都含有对人体健康影响的化学活性成分,而且多数产品是直接使用,可能与人体皮肤直接接触,接触时间较长。因此,科学规范地使用防蛀剂,提高自我的保护意识是必须的。防蛀剂在室内使用时,存在局部空气中浓度差异,受衣柜、抽屉的密闭性和空间容积、衣物储存放置饱满度、挥散率等因素的影响,与开柜时间长短、房间本身通风程度等有关。

多年的实践表明,对二氯苯挥散率强,作为防蛀防霉剂的效果较好,但为了降低健康风险和环境影响,需要限定其使用剂量和注意通风,尤其在开柜时更需要交换空气。经过科学的风险评估,认为对二氯苯推荐使用剂量 $40g/m^3$ 为相对安全的剂量。该类产品一般采用透气性低、密闭性强的材料作外包装,并用透气纸作内包装,这样可使对二氯苯缓慢释放,也避免皮肤、衣物直接接触的可能。值得注意的是,由于熔点的差异,对二氯苯不能与樟脑共存,最好分别使用,避免产生流油现象而污染衣物。市场购买时看清产品说明,不要超出防蛀剂的使用量,避免对健康产生影响。在收纳衣物前要保持清洁和干燥,对贵重纯毛衣物最好单独储藏,或加衣罩悬挂在柜中,减少蛀虫的发生和危害,并按其标签说明,以储物容量投放适当剂量,在开启橱柜门时,更需要注意开窗通风,养成良好的生活习惯,加强自我保护,提高人们的健康生活指数。近年来,农业农村部有关管理部门对于家用卫生杀虫剂产品进行最低有效剂量试验,并进行健康风险评估,为保护人群健康提供科学依据,同时对卫生用农药的发展及市场开拓将起到一定的推动和借鉴作用。

第五节 杀蟑剂的健康影响和安全使用

案例9-3 2015 年 9 月 8 日,某奶奶误将"杀蟑饵剂"当成"清热颗粒"感冒药给两岁多的孙女服下,女童口吐白沫,昏迷不醒,送医抢救时出现心肺衰竭。据调查,该杀蟑饵剂的主要成分是吡虫啉,其是一种低毒、低残留农药,幼童误食后中毒表现会比较严重。

蟑螂是室内重要卫生害虫之一,可携带多种病原体,传播霍乱、痢疾、伤寒等,还可引起过敏、哮喘等,严重威胁着人类的生产与生活。为解决蟑螂带来的问题,杀蟑剂应运而生。杀蟑剂又称灭蟑剂,是杀灭蟑螂药物的统称。其种类和品种十分繁多,主要分为化学类、物理类、生物类、天然类杀蟑剂。随着科技的不断发展,灭蟑药剂、剂型也在不断增多,不断研制、开发各类产品。早期蟑螂防治大量采用触杀药剂滞留喷洒,在防治蟑螂同时可能引起室内化学农药污染。目前,对蟑螂的防治仍以化学防治为主,包括毒饵、气雾剂、喷射剂等。颗粒毒饵、胶饵、膏剂、糊剂等胃毒饵剂由于操作方便,价格便宜,成为人们杀灭蟑螂的首选。其中胶饵以其作用持久、使用方便、引诱力强的特点,成为杀蟑剂的发展方向之一。

一、杀蟑剂的活性成分的毒性和健康影响

按杀蟑活性成分的性质分为化学类、物理类、生物类、天然类。化学类杀蟑剂有乙酰甲胺磷、吡虫啉、毒死蜱、氟虫胺、氟虫腈、残杀威、其他菊酯类和有机磷类杀虫剂等。生物类杀蟑剂包括阿维菌素、蟑螂病毒、白僵菌、绿僵菌等。天然类植物蟑螂药包括天然除虫菊素,樟树叶素等。物理类蟑螂药包括蟑螂引诱剂和驱蟑剂。常见杀蟑剂的有效成分和常用含量见表9-3。

表 9-3　常见杀蟑剂的有效成分和常用含量

类型	有效成分	常用含量
有机磷类	乙酰甲胺磷	0.8%
	毒死蜱	0.1%、0.9%、1%
有机氟类	氟虫腈	0.05%
	丁烯氟虫腈	0.2%
	氟蚁腙	0.73%~2%
	氟虫胺	1%
氨基甲酸酯类	残杀威	0.1%~1.0%
噁二嗪类	茚虫威	0.25%、0.5%、1%
新烟碱类	吡虫啉	2.15%
无机类	硼酸	10%~35%
昆虫生长调节剂	氟虫脲	5%
	氰氟虫腙	0.063%
	多氟脲	-
生物类	蟑螂病毒	-
	阿维菌素	1.0%~3.2%
	绿僵菌、白僵菌	50 亿 /g 孢子

按灭蟑原理和给药方式,可分为触杀类、胃杀类、生物类杀蟑剂。

1. 触杀类杀蟑剂　通过药物喷洒或烟雾熏蒸,使药物达到蟑螂体表,依靠药物与蟑螂身体接触来杀灭蟑螂的方式。主要有:①气雾剂。该类产品进入市场最早,被广泛使用或滥用了 20 多年,蟑螂已经对其产生了极强的抗药性,对德国小蠊基本无效。②粉剂。③烟雾弹。通过物理的方法生成烟雾,以烟雾为载体将药物派送到各个角落来达到杀蟑目的。

2. 胃毒类杀蟑剂　将杀蟑剂与食饵、引诱剂、防腐剂等按一定的比例复合在一起,制成有毒饵料来杀灭蟑螂的方式。主要有:①颗粒剂,杀蟑药物和饵料混合,造粒、烘干,主要用于抛洒有蟑螂环境的地面,如乙酰甲胺磷、氟虫腈;②胶饵,湿性膏状毒饵,分注射器装和贴片装两种;③水胶饵,是一种最新灭蟑螂产品,效果显著,灭蟑螂彻底,使用方法简便。

3. 生物灭蟑类　主要有蟑螂病毒、阿维菌素、绿僵菌、白僵菌等。阿维菌素为大环内酯双糖类化合物,具有胃毒和触杀效应。它与作用点 1、2 紧密结合导致氯离子不断流入肌肉,从而使害虫麻痹死亡。大鼠经口 LD_{50} 为 1 470mg/kg,无致畸、致癌、致突变效应。将蟑螂病毒提取出来的信息素为饵剂,使吃了饵剂的蟑螂由于病毒在体内细胞里快速繁殖增生而死亡。生物回感实验证实,黑胸大蠊浓核病毒对蟑螂有较强的毒力,通过对多种实验动物(鸡、兔、豚鼠、大鼠、小鼠、草鱼、鲫鱼、小红鲤、金鱼)安全性测定,从生理生态、组织病理、超微病理 3 种层次进行系统研究,以及对灵长类和哺乳类体外培养细胞 Vero 和 BHL 感染实验研究结果表明,供试动物、鱼类无异常化。该蟑螂病毒对主要实验动物及鱼类无毒性和致病性,对灵长类体外培养细胞 Vero 和 BH-KL 是安全的。病毒在蟑螂体内不断繁殖扩增,应用"人造虫瘟"的杀蟑机制灭蟑。生物防治蟑螂尤其是微生物防治特异性强,对非靶标生物无毒,不污染环境,符合当今社会发展绿色环保产品的潮流。

二、常见的杀蟑剂活性成分及其健康危害

1. 乙酰甲胺磷　又称高灭磷,属低毒杀虫剂。有胃毒、触杀、熏蒸效应,是缓效型杀虫剂。保管、使用不当可引起人畜中毒。大鼠经口 LD_{50} 为 825mg/kg;兔急性经皮 LD_{50}<2 000mg/kg,给予 300mg/kg 剂量喂养大鼠 3 个月未见有害影响。以 100mg/kg 掺入饲料,喂养狗 2 年,未见致癌、致畸、致突变效应。乙酰甲胺磷对大鼠无致畸效应和胚胎毒性,对鸡没有迟发性神经毒性。

2. 茚虫威　是美国公司研发的新型噁二嗪类杀虫剂,经阻断昆虫神经细胞的钠离子通道作用于靶标害虫,有触杀和胃毒效果。按我国农药毒性分级标准,茚虫威属于全垒打属低毒杀虫剂。30% 全垒打水分散粒剂大鼠急性经口 LD_{50} 为 1 867mg/kg(雄)、687mg/kg(雌);大鼠急性经皮 LD_{50} 大于 5 000mg/kg。无致癌、致畸和致突变效应。它可全垒打通过阻断昆虫神经细胞内的钠离子通道,使神经细胞丧失功能。茚虫威对蜜蜂、斑马鱼和家蚕的 LC_{50} 分别为 3.54、0.374、0.449mg/L,属于高毒农药;对雌、雄鹌鹑的 LC_{50} 分别为 894、559mg/L,属于低毒农药;对欧洲玉米螟赤眼蜂 4 个虫期安全系数均大于 5,属低风险农药,对人、畜低毒,无致癌、致畸、致突变效应,对鱼类、天敌昆虫和螨类安全。

3. 吡虫啉　硝基亚甲基类内吸杀虫剂,有触杀、胃毒和内吸多重药效,有广谱、高效、低毒、低残留等特点。在生活中主要用于杀灭农业昆虫类害虫,使用不当会对养蜂业、土壤产生毒副作用。化学性质较稳定,具有很宽的 pH 范围,在 pH 5~7 的缓冲溶液中,它降解很慢;在 pH 为 9 的缓冲溶液中,降解亦很慢,其刺激性和毒性大,对人和环境安全性差。吡虫啉吸收后,主要损伤动物神经细胞,影响机体功能。吡虫啉作为烟碱型杀虫剂,主要是通过昆虫脑乙酰胆碱与烟碱型乙酰胆碱受体 α 型亚基上特异位点结合后,烟碱型乙酰胆碱受体的构象发生改变,离子通道打开,细胞膜内外 Na^+、K^+ 的离子浓度改变。吡虫啉分子以烟碱型乙酰胆碱受体(nAChR)为分子靶目标,属于 nAChR 的拮抗剂,它与烟碱竞争同一受体,这可能与两者具有相类似的化学结构有关,但其竞争结合能力比烟碱要高,吡虫啉与 nAChR 结合后不易被乙酰胆碱酯酶分解,可拮抗干扰神经系统的刺激、传导,阻碍神经通路,导致乙酰胆碱蓄积,出现昏迷、四肢痉挛、呕吐、全身大汗、气道分泌增多、呼吸衰竭等。其毒作用机制是能引起自发性突触后电位增强,并可逆性阻断突触传递。吡虫啉中毒者可发生食管及幽门狭窄,可能是其腐蚀效应所致。小鼠长期暴露吡虫啉可损害细胞免疫功能,使炎症因子 IL-1β 和 TNF-α 水平升高,其损伤机制与直接损伤免疫器官有关。

4. 氯吡硫磷　一种高效、广谱、中等毒性的有机磷类杀虫剂,有触杀、胃毒、熏蒸效应。1965 年上市以来,在农业和公共卫生中大量应用,并得到 WHO 推荐。由于氯吡硫磷性质稳定,药效持久,并可有效克服蟑螂产生的对拟除虫菊酯农药的抗性,适合制成胶饵在各种环境防治德国小蠊。氯吡硫磷作为低毒性有机磷农药,毒作用机制是抑制体内胆碱酯酶的活性。氯吡硫磷主要分布于肝、肾、脾等血流量丰富的器官,脱 3,5,6- 三氧和 2- 吡啶基及葡萄糖苷化是其主要代谢途径,大多数以原形和代谢物经尿排出,少量随粪便排泄。中毒患者若是有基础疾病的患者,更容易出现呼吸衰竭,可能与脏器功能受损影响农药的代谢等有关。毒死蜱经皮肤吸收极少,当经皮给药剂量是经口给药剂量的 10 倍时,血药浓度只有经口吸

收的 1/15。其中毒后会引起胆碱酯酶水平明显降低,推测与氯吡硫磷的主要代谢器官是肝有关,其对肝有毒效应,以致胆碱酯酶合成持续减少。其胆碱酯酶的下降程度在临床表现中与传统有机磷类中毒有很大差异,不能以胆碱酯酶活性水平作为中毒的衡量指标。

5. 残杀威　速效、长残效氨基甲酸酯类杀虫剂,有触杀、胃毒和熏蒸效应。动物染中毒剂量后,很快出现胆碱能中毒表现,如躁动、流涎、肌束颤动、全身震颤、呼吸困难、抽搐,甚至呼吸先于心跳停止而死。残杀威对 ChE 的抑制有可逆性,存活动物的 ChE 复活和中毒表现消失都很快。

6. 硼酸　白色粉末状结晶,有刺激性,内服严重时导致死亡,LD_{50}(大鼠,经口)5.14g/kg。致死最低量 LD_{01}:成人口服 640mg/kg,皮肤 8.6g/kg,静脉内 29mg/kg;婴儿口服 200mg/kg。空气 MAC 10mg/m³。

7. 氟虫腈　苯基吡唑类杀虫剂,以胃毒效应为主,并有触杀、内吸效应。其毒作用机制能与昆虫的 GABA 受体结合,阻断 GABA 控制的氯离子通道,干扰中枢神经系统,以致昆虫神经和肌肉兴奋过度至死亡。小鼠经口 LD_{50} 为 54.98mg/kg,雌性大鼠经口 LD_{50} 为 82.5mg/kg,雄性大鼠为 56.2mg/kg。按照我国农药急性毒性分级标准,氟虫腈属于中等毒性药物。氟虫腈除可经口摄入外,还能经皮吸收。大鼠经皮 LD_{50}>2 000mg/kg。氟虫腈是一种可逆的 GABA 受体阻断剂,能够阻断神经细胞氯离子通道的开放,导致神经过度兴奋,出现四肢抽搐、颤抖、情绪激动等中枢神经兴奋效应。2001—2007 年,美国报告了 103 名氟虫腈中毒病例,其中 50% 出现头痛、头晕、感觉异常等中毒表现。氟虫腈对斑马鱼、大鼠有生殖发育毒性,对大鼠、小鼠有肝毒性,对小鼠、狗、兔有消化系统毒性。氟虫腈中毒患者 27% 出现胃肠道反应,对大鼠有骨骼毒性(骨化作用降低)、肾毒性、内分泌干扰作用。在全球化学品统一分类和标签制度的危险性分类中,氟虫腈被划分为危险品,吞食有害、皮肤暴露有害、吸入可致死,长期暴露会对损伤器官,对水生生物毒性较大。美国 EPA 将氟虫腈判断为人类可疑致癌物。人体若大剂量吸收可致肝、肾和甲状腺功能损伤,WHO 将其列入对人类有中毒毒性的化学品。2017 年,欧洲爆发了"毒鸡蛋"事件,在鸡蛋中检出氟虫腈,含量最高达 1.2mg/kg,是欧盟限值 240 倍。其原因是养殖场用氟虫腈杀灭蛋鸡的跳蚤和虱后,造成鸡蛋高浓度氟虫腈污染,提示氟虫腈进入家禽体内后,家禽可经排卵形式清除毒物。氟虫腈在哺乳动物体内形成砜化物,可蓄积在肝、肾、脂肪中。

三、杀蟑剂的安全使用及注意事项

1. 杀蟑剂的剂型和品种繁多,有气雾剂、喷射剂、颗粒毒饵、胶饵、膏剂、糊剂等胃毒饵剂。选择杀蟑药剂时,尽可能选购易分解、对环境和人畜无毒或低毒的药剂。购买时要选择正规厂家,注意产品的外观包装,包括产品配方、主要成分、生产日期、保质期限、制造标准、生产厂址、注册商标、卫生部门批准生产文号以及防伪标志等。

2. 由于杀灭蟑螂有气雾喷洒、烟雾、颗粒、水剂投放等多种形式,所以针对不同杀蟑方式,在使用时要注意的事项也不一。①气雾喷洒或烟雾熏蒸,要关闭门窗,喷洒必须穿戴防护工具,避免吸入药剂,喷洒或熏蒸 30~60min 后再开窗通风,约 30min 再进入房间。使用后及时洗手、洗脸,清洗暴露在外的皮肤和工作服。②投放颗粒、胶饵、膏剂、水剂杀蟑剂时,要放在隐蔽的地方,注意避开宠物和儿童,投放后要及时洗手。

3. 杀蟑药剂用完后,存放地点要放在阴凉干燥处和儿童不易接触的地方。避免高温,暴晒,雨淋。不能与食品、饮料、种子、粮食、饲料或易燃易爆品等混合贮存。使用时切勿污染食品、饮用水。部分杀蟑药剂对鱼、蚕有毒,蚕室附近禁用。若不慎误食或使用不当,请携带其标签及时就医。

（徐培渝 仇玉兰 周 辉 区仕燕）

第十章　纳米材料

第一节　概　述

案例 10-1　某印刷厂 7 名女工(18~47 岁)暴露于含有主要成分为聚丙烯酸酯的纳米颗粒(<30nm)的作业环境,门窗关闭,通风设施破损,工人偶尔使用纱布口罩。5 个月后出现不适,在当地医院治疗效果不佳。2007 年 1 月至 2008 年 4 月被送往北京某医院治疗。入院时,患者出现呼吸急促,其中 4 名患者有低氧血症。X 线和 CT 显示,患者有胸膜积液、肺间质性炎症和肺纤维化,其中 5 例患者还有心包液,4 例有弥散性毛玻璃样混浊,6 例有肺间质结节,3 例有淋巴结腺瘤。此外,患者脸、手、前臂有皮疹和强烈瘙痒。经治疗,2 位患者仍有快速进行性肺间质纤维化(1 人伴有胸膜钙化),1 位患者肺间质纤维化发展十分缓慢。7 个月后,患者仍然有轻微的气道损伤和限制性通气功能障碍,其中 3 人肺损伤严重,6 人有低蛋白血症(血清蛋白减少)。最后,2 名进行性肺间质纤维化患者在发病后 18~21 个月死于呼吸衰竭,这是全球首例纳米材料致命的临床毒理学病例报告。

纳米材料指三维空间尺度至少有一维处于纳米量级(1~100nm)的材料,其粒径处于原子簇和宏观物体的过渡区域,处于这个区域的材料具有一些独特性质,如小尺寸效应、表面 - 界面效应和量子尺寸效应等。将宏观物体细分成纳米颗粒后,它的光学、热学、电学、磁学、力学以及化学性质和大体积固体相比将会显著不同。纳米材料的小尺寸、化学成分、表面结构、溶解性、外形和聚集情况决定着它们特殊的物理化学性质,这些性质使得纳米材料在各个领域有着广泛的应用前景。

1. 食品工业领域　纳米材料有抗菌杀毒、低透视、低透氧等功效,并能阻隔二氧化碳、吸收紫外线,使纳米材料在果蔬储藏保鲜中应用十分广泛。在食品包装过程中,添加定量的纳米颗粒有助于提高包装材料的性能,更能保证食品的安全性,已广泛应用于饮料、奶制品、蔬菜水果等产品的包装。例如,纳米二氧化钛具有良好的光催化性和化学稳定性,其光催化性可在食品工业中发挥有效的抑菌性,对大肠杆菌、金黄色葡萄球菌等有很强的杀灭能力,应用于食品领域具有显著的优势。纳米氧化锌也因具有良好的抑菌性,以及耐高温高压、稳定性好等优势,已被应用于食品添加剂和食品包装材料中。

2. 生物医学领域　纳米粒子尺寸比细胞小得多,可利用纳米粒子进行细胞分离、染色及制成特殊药物或新型抗体给予局部定向治疗。如纳米技术的新型诊断仪器仅需检测少量血液,即可经蛋白质和 DNA 诊断疾病。纳米传感器可用于疾病的早期诊断、监测和治疗,并定向地将药物注入病区而不伤害正常组织。纳米机器人是一种由纳米机械装置以及生物系统构成的"微型医生",将其注入人体血液中,可定期对身体进行全面的内部检查,及时排出人体难以主动解决的有毒有害废物,甚至可在生物体内自行找到给肿瘤供血的血管,随后释放药物制造血栓阻塞血管,从而"饿死"肿瘤,动物实验已证实该技术有良好的疗效和安全性。

3. 纺织领域 纳米材料有抗静电、远红外、抗菌、防臭和防紫外线等功能,可提供高档、舒适和有保健功能的服装,如 30~40nm 的二氧化钛,对波长 400nm 以下的紫外线有极强的吸收能力;三氧化二铝纳米粉体,对波长 250nm 以下的紫外线有很强的吸收能力;二氧化硅纳米粉体,对波长 400nm 以下的紫外线反射率高达 85%,可用以添加在纤维的表面作为涂层,发挥抗紫外线的作用。另外,碳纳米管具有较好的力学性能,单壁碳纳米管的杨氏模量和剪切模量都与金刚石相当,其强度是钢的 100 倍,密度却是钢的 1/6;不仅如此,碳纳米管还具有良好的可弯曲性和弹性,而且还有耐高温、不燃的特点。碳纳米管具有的这些优良性能,可用于制作多种纺织新材料和织物。

4. 化妆品领域 将化妆品中最有效的成分处理为纳米级,使其顺利地渗入皮肤内层,发挥护肤效果。目前化妆品常见的纳米材料主要有二氧化钛、氧化锌、银、炭黑和二氧化硅等,添加纳米材料较多的化妆品类别主要有防晒霜、眼用彩妆和个人基础护理,包括清洁、头发护理、皮肤护理等。

5. 军事与航空领域 纳米机器人,纳米飞机,蚊子导弹等许多无人化设备在侦查预警、指挥控制和精确打击等方面发挥着越来越重要的作用;纳米隐形技术可以最大限度地隐藏自己,同时千方百计地寻找和发现敌人,起到武器装备隐形的目的,如用作隐形飞机涂料的纳米氧化锌对雷达电磁波具有很强的吸收能力,这样的隐形技术同样可以用于隐形舰船和隐形巡航导弹等。

随着纳米技术的飞速发展和纳米材料应用范围的不断扩大,纳米材料和相关产品在人们工作和生活中的不同领域得到了广泛应用。由于纳米材料的小尺度可能造成其难以回收,在应用的同时,对地球生态环境是否造成污染,进而影响人类健康,目前尚未可知。含纳米材料的产品进入了日常生活,公众直接接触纳米材料的机会也大大增加,纳米材料引起的生物负效应和毒性逐渐受到关注,其安全性及其健康风险也成为备受关注的公共卫生问题。

第二节 常见纳米材料理化特征及毒效应

案例 10-2 某 26 岁女工(不吸烟)在制作金属油墨行业工作 3 年,未发现任何与职业有关的疾病。2010 年,她首次使用镍纳米粉(纯度 99.9% 以上,空气动力学直径 20nm)制作新型油墨,在进行镍纳米粉称量和处理时,仅戴乳胶手套,无呼吸防护措施。1 周后,出现喉咙充血、鼻后滴漏、面部潮红,皮肤对耳环、皮带扣过敏。经检查,患者对镍、霉菌、猫毛发、豚草等过敏反应呈阳性,呼吸功能受损(1s 用力呼气量 FEV_1 降低)。随后,她间接暴露也导致临床表现复发,以致难以回到同一建筑物的其他地方工作。

一、纳米材料的基本特性

1. 表面效应 指固体物质尺寸减少到纳米量级时,其表面原子占整个纳米粒子原子数比例会随着原子半径减小而急剧增加。随着纳米粒子变小,纳米材料的比表面积会明显变大,表面原子占比迅速升高。这些表面原子具有很高的活性,极不稳定,致使颗粒表现出与大块物质不一样的特性,这就是表面效应。由于表面原子周围缺少相邻的原子,造成许多不饱和性悬空键的存在,它们很容易与其他原子相结合(即发生化学反应)而稳定下来,因此表现出很高的化学活性。随着粒径的减小,纳米材料的表面积、表面能及表面结合能都迅速增大。

2. 小尺寸效应　指颗粒尺寸小产生的效应。当粒子直径与德布罗意波长、光波波长或透射深度等相当或更小时,非晶态纳米粒子表面附近的原子密度降低,导致光、电、声、热、力和磁学等特性发生变化。在纳米尺度,金属材料的熔点也与宏观尺度下不同,会随着尺寸的减小而降低。>150nm 的银颗粒,熔点是 962℃。但是,把银颗粒尺寸加工到 5nm 的时候,用沸腾的热水可使其熔化。微米铅熔点为 327℃,20nm 铅颗粒熔点可低至 15℃。<20nm 的四氧化三铁显示的是超顺磁性。

3. 量子限域效应　当颗粒的尺寸与光波波长、德布罗意波长以及超导态的相干长度或透射深度等物理特征尺寸相当或更小时,晶体周期性的边界条件将被破坏,非晶态纳米粒子的颗粒表面层附近的原子密度减少,导致材料在声、光、电、磁、热、力学等物理性质上呈现新的特性。量子限域效应会产生特殊的光学效果,如在紫外线照射下,不同粒径量子点可激发出不同颜色的光。在医疗领域,量子点的该特殊性质被用作生物探针。在量子点上修饰肿瘤细胞抗原后,经尾静脉将量子点打入荷瘤小鼠体内,量子点由于抗原和抗体的相互作用在肿瘤部位富集,通过特定波长的激发,在肿瘤部位可指示肿瘤的存在。

4. 磁效应　20nm 以下的四氧化三铁显示顺磁性,当铁磁体或亚铁磁体的尺寸足够小的时候,由于热运动影响,这些纳米粒子会随机地改变方向。假设没有外磁场,则通常它们不会表现出磁性。但是,假如施加外磁场,则它们会被磁化,就像顺磁性一样,而且磁化率大于顺磁体的磁化率。

5. 宏观量子隧道效应　微观粒子总能量小于势垒高度时,该粒子仍能穿越这一势垒。就好像崂山道士的穿墙术,本来不可能穿越的屏障,可以通过特殊的方式穿越。近年来,人们发现一些宏观物理量,如微颗粒的磁化强度、量子相干器件中的磁通量等也显示出隧穿效应。

二、影响纳米材料毒性的关键因素

1. 尺寸　纳米材料的尺寸决定了其比表面积大小,进而影响其与细胞和机体作用的方式和毒性。一方面,尺寸决定纳米颗粒进入细胞的内吞方式。当尺寸 >5μm 时,主要通过经典的吞噬作用和巨胞饮作用,而亚微的颗粒主要通过受体介导的内吞机制,其依赖的受体类型也与尺寸有关。另一方面,细胞对纳米材料的摄取也存在尺寸选择性。如巨噬细胞和树突状细胞均能摄取小于 1μm 的颗粒,而较大的颗粒只有巨噬细胞能够处理。纳米材料的尺寸同样影响其在体内的毒性作用,研究发现,吸入 25nm 的二氧化钛纳米颗粒,相比于250nm 的颗粒,可诱导更强的肺部炎症反应。对于惰性的金纳米颗粒,静脉注射小于 50nm的金纳米颗粒能够迅速扩散到全身组织,而 100~200nm 的金纳米颗粒则迅速被网状内皮系统捕获。连续 14d 给小鼠口服银纳米颗粒的实验显示,粒径较小的纳米颗粒(22、42、71nm)能够分布于脑、肺、肝、肾,较大的颗粒(323nm)不能被小肠吸收。较小尺寸的纳米银能使血清炎性因子水平升高,引起肝、肾病理损伤。

2. 形状　纳米材料可制备成球状、管状、纤维状、环形、平板状,首先影响其与细胞膜的相互作用,进而影响细胞的摄入和内吞。哺乳动物细胞对纳米材料的摄入主要经内吞主动转运方式,通过细胞质膜内陷形成囊泡,将外界物质包裹,然后从膜上脱落将物质输入细胞。

纳米材料的形状影响内吞过程中细胞膜弯曲,球形纳米颗粒比杆状、纤维状纳米材料更易被细胞内吞。对于有一定长径比的纳米材料,长径比对其生物效应和毒性有明显的影响,如腹腔注射较长的多壁碳纳米管可引起腹腔炎症,较短的多壁碳纳米管被巨噬细胞快速摄取和清除,不会产生腹腔炎症。对于金纳米材料细胞摄取研究显示,乳腺癌细胞 MCF-7 摄入纳米颗粒随着长径比增加而减少。对二氧化钛研究也有类似结果,有较大长径比的纤维状结构比球形结构有更大的细胞毒性。15μm 纳米纤维比 5μm 纳米纤维对肺巨噬细胞表现出更大的细胞毒性,且可导致肺部炎症反应。

3. 表面电荷　纳米材料表面电荷差异影响其对离子和生物分子的吸附,以致影响细胞和生物体对纳米材料的反应。表面电荷也是纳米颗粒胶体行为的主要决定因素,通过纳米颗粒的聚集和团聚行为影响纳米材料的生物效应。阳离子表面比阴离子表面的纳米材料有更大的毒性,进入血液循环后更易引起溶血和血小板沉积,而中性表面纳米材料有较好的生物相容性,其原因是纳米材料阳离子表面更易与细胞膜负电荷磷脂头部结合。纳米材料表面电荷也影响其对体内蛋白质等生物大分子的吸附,进而影响其在体内的组织分布和清除,并且影响其穿透生物屏障的能力。50nm、500nm 的表面正电荷颗粒可渗透进入皮肤,而同样尺寸的表面负电荷颗粒、中性颗粒不能渗透进入皮肤。纳米颗粒表面电荷可对血 - 脑屏障完整性和通透性产生影响,高浓度带电荷纳米颗粒能使血 - 脑屏障完整性受到损害,静脉注射使羧基化量子点产生更严重的肺部脉管栓塞。给予人子宫颈癌 HeLa 细胞和小鼠胚胎成纤维细胞 NIH3T3 染 10μg/mL 氨基或羧基表面修饰的 50nm 尺寸聚苯乙烯纳米颗粒,氨基化聚苯乙烯纳米颗粒比羧基化产生的细胞死亡、细胞膜完整性受损更严重,乳酸脱氢酶(LDH)释放较多,并使细胞周期 G1 期延迟,细胞周期蛋白 cyclin D、E 表达降低。此外,不同表面电荷纳米材料导致的心血管、肺和生殖毒性也有明显差异。

4. 化学组成　与纳米材料尺寸和表面电荷比较,化学组成对其细胞生物效应有更本质的影响。不同金属及其氧化物纳米材料诱导细胞产生活性氧的能力不同,引起的细胞毒性也不同。对纳米颗粒金和银的毒效应研究中,发现它们在浓度 >10ppm 时,都有明显的细胞毒效应,且均可被 J774 A1 巨噬细胞摄取,但是仅纳米金颗粒能使巨噬细胞促炎性因子 IL-1β、IL-6 和 TNF-α 的表达增强。相同化学组成的纳米材料,晶体结构不同,也会影响其生物效应。如二氧化钛纳米颗粒的细胞毒性与其晶体结构相关,锐钛矿型比金红石型二氧化钛纳米颗粒的细胞毒性大 100 倍;同时,晶型也影响其致细胞死亡的方式。锐钛矿型纳米颗粒主要引起细胞坏死,而金红石型通过产生活性氧诱导细胞凋亡。经鼻腔滴注给小鼠染两种晶型的二氧化钛纳米颗粒,发现二氧化钛纳米颗粒可在脑沉积,以海马区含量较高。沉积的纳米颗粒引起脑组织脂质过氧化和蛋白质氧化,使谷胱甘肽和一氧化氮释放升高。锐钛矿型二氧化钛引起更强的毒性效应,纳米颗粒的沉积随着时间延长而增加,并能使 TNF-α 和 IL-1β 的表达上调,导致炎症反应。

5. 表面修饰　通过表面修饰可以调节纳米材料的生物效应,表面修饰的首要作用是使得纳米颗粒的胶体溶液稳定,减少或防止其团聚和聚沉,以利于应用。表面修饰可减少纳米材料组成离子的释放和不良生物效应,合理表面修饰还可减少其与生物大分子的相互作用,减少蛋白冠的形成,减少血清蛋白质对纳米颗粒的调理效应,进而减少网状内皮系统对纳米颗粒的捕获,增加其生物利用度。有关三种不同表面修饰的金纳米棒对免疫系统的作用研究,发现表面修饰对其免疫效应有明显影响。其中,聚二烯丙基二甲基氯化铵(PDDAC)和聚乙烯亚胺（PEI）修饰的金纳米棒明显诱导艾滋病毒膜蛋白编码基因的体液和细胞免疫应答，并能够在体外刺激树突状细胞成熟。十六烷基三甲基溴化铵（CTAB）修饰的金纳米棒可引起明显的细胞毒性，但是不能导致有效的免疫应答。聚乙二醇 PEG 是美国 FDA 批准的生物相容性聚合物，被用于多种纳米材料的表面修饰，以提高纳米颗粒在血液中的循环时间，减少系统清除。使用不同分子量的 PEG 修饰量子点，发现低分子量 PEG（750Da）修饰的量子点在静脉注射 1h 之后迅速从系统清除，但是高分子量（5 000Da）修饰的量子点在 3h 之后仍存在于血液循环中。表面修饰对碳纳米管的生物效应影响也明显，用 PEG 修饰单壁碳纳米管，可明显改善其药物动力学性质，使血液半衰期延长。

6. 金属杂质　在纳米材料的制备过程中，可能用到金属催化剂，会引入一些金属杂质，尤其化学气相沉积方法制备的碳纳米管，可能含有过渡金属催化剂如 Fe、Y、Ni、Mo、Co 等，金属杂质的存在是碳纳米管毒性的一个重要原因。在细胞培养体系和生理介质中，碳纳米管的金属会释放出来，增加碳纳米管的毒性。单壁碳纳米管和多壁碳纳米管（含有 Fe、Co、Mo 和 Ni）可穿过细胞膜，以剂量和时间依赖的方式增加细胞内活性氧水平，并降低线粒体膜电位，而高度纯化的碳纳米管没有上述细胞毒性。不同 Fe 含量的多壁碳纳米管对 PC12 细胞毒性比较，发现高 Fe 含量的材料对细胞毒性较大，可破坏细胞骨架，减少神经突触形成，抑制神经细胞分化。

7. 团聚与分散状态　纳米材料有较大的比表面积和较高的表面能，容易发生聚集和团聚，形成较大的颗粒，以致纳米材料粒径的不均一性。碳纳米管可引起肺部损伤和炎症，其原因是碳纳米管形成较大的聚集体沉积在气道。分散良好的碳纳米管比石棉毒性更小，碳纳米管的绳索状聚集体毒性大于同样浓度的石棉纤维。聚集的碳纳米管有更大的硬度和刚性，单分散的碳纳米管有更好的弹性和柔性。因此，CNTs 的毒性至少部分依赖于其聚集程度。

8. 蛋白吸附　纳米材料可以通过呼吸道、消化道、皮肤渗透以及注射的方式进入血液，进入血液的纳米颗粒会吸附血清蛋白质，形成"蛋白冠"。蛋白冠的形成将会改变纳米颗粒的尺寸和表面组成，进而影响纳米颗粒的吸收、转运以及毒性。体内和体外实验都表明，纳米材料和血浆蛋白的结合与其被细胞摄取的速率呈正相关，吸附具有调理素作用的蛋白后，纳米材料迅速被血液和组织的单核 / 巨噬细胞摄取，分布于网状内皮系统，以致纳米材料被快速从血中清除，并蓄积在肝、脾。吸附血浆蛋白质后，单壁碳纳米管细胞毒性明显降低。通过合成过程调控纳米材料的物理化学特性，可以调控其蛋白质吸附特性，进而降低其毒性，提高生物利用度。

三、纳米材料的毒性

（一）金属纳米材料

1. 金属纳米材料的种类和应用　商品化的纳米材料主要集中在金属及金属氧化物，如银（Ag）、金（Au）、二氧化钛（TiO_2）、氧化铝（Al_2O_3）、氧化铁（Fe_3O_4，Fe_2O_3）、氧化锌（ZnO）、二氧化铈（CeO_2）和二氧化锆（ZrO_2）等。金属纳米材料主要用于存储材料、耐热材料、导电浆料、光学纤维、吸波隐身材料、超塑性材料、生物医药、传感器、体内成像、药物载体、能源、环保、助燃剂、阻燃剂、印刷油墨和化妆品等领域。如用纳米钴制成高性能磁记录材料和磁流体，纳米镍用于导电浆料、高效催化剂和吸波材料；纳米银可添加入急救绷带、剃须刀、空气消毒剂、餐具和纺织品中;防晒霜和涂料中添加纳米二氧化钛和纳米氧化锌;洗发香波、去污剂和止汗剂中添加纳米氧化铝,纳米金和磁性氧化铁可用于基因载体用于生物医疗领域。

2. 金属纳米材料的暴露 人主要经呼吸道、消化道和皮肤暴露于纳米材料。按来源不同,人为生产的金属纳米材料可分为目的性产物和非目的性产物,前者主要指人类生产的金属纳米材料和纳米商品,后者指矿石开采粉碎、金属焊接、工业生产过程中产生的纳米副产物和机动车排放的尾气。随着规模化生产和纳米产品的普及,金属纳米材料的研究者、生产者、纳米废物处理者的职业和环境暴露机会也相应增加,其健康危害不容忽视。

3. 金属纳米材料的毒性研究 金属纳米材料经吸入、摄入暴露后,可引起呼吸、消化、神经系统以及肝肾和凝血功能的改变。纳米镍引起的肺毒效应高于微米镍,大鼠毒性实验结果显示,相同剂量水平的纳米镍比微米镍引起肺部炎症反应更为严重,这可能与纳米尺度下的巨大比表面积引起的超高反应活性有关。纳米二氧化钛可引起小鼠肺气肿和肺部炎症反应,肺泡巨噬细胞吞噬大量的纳米二氧化钛,由于这些颗粒不易被清除,持续炎症反应可能导致肺呼吸功能障碍。纳米二氧化硅/镉复合材料经气管内暴露后可使大鼠肺明显病变,如肺泡塌陷、肺泡隔增厚、支气管上皮细胞脱落,并有炎症和肉芽肿形成。由于金属纳米材料的小尺寸特性使沉积在肺泡内的纳米材料易在体内转运,再加上纳米材料能够引起肺部的氧化应激和炎症反应,引发肺上皮细胞和血管内皮细胞损伤,增加膜通透性,使纳米材料易穿透肺泡-毛细血管屏障进入血管系统,从而激活血液中的炎性细胞。经气管内注入纳米钴后,纳米钴可穿越大鼠肺泡-毛细血管屏障进入血液系统,直接或间接激活外周血中性粒细胞,异常激活的中性粒细胞释放大量的细胞因子(如 TNF-α、MIP-2 等)和 NO,可能会引起血液纤维蛋白原含量增加,以致影响凝血功能。金属纳米材料有胃肠道急性毒性反应。用平均粒径为 1μm 和 58nm 的锌颗粒对小鼠进行单次灌胃,染纳米锌小鼠出现严重的急性呕吐、腹泻,而染微米锌小鼠未出现上述中毒表现,纳米组在灌胃后第 2 天、第 6 天分别有 1 只小鼠死亡。尸检发现,染纳米锌小鼠的死亡是纳米锌在体内蓄积导致的机械性肠梗阻造成的。除了对胃肠道的急性毒性外,肝肾也是经口暴露金属纳米材料的靶器官。小鼠经 17μm 铜颗粒暴露 72h 后,几乎所有剂量组(500~5 000mg/kg)的小鼠都未出现病理学改变,最大剂量组(5 000mg/kg)仅有轻微的肝脂肪变性;而经 23.5nm 铜颗粒暴露后,较低剂量(158mg/kg)的暴露就可引起小鼠肝脂肪变性,且纳米铜诱导的肝损伤有明确的剂量依赖性。金属纳米材料可跨过血-脑屏障或沿嗅神经转运入脑。雄性 Fischer 344 大鼠经呼吸道染 30nm 氧化锰 12d 后,嗅球内 Mn 浓度比对照组增加了 2.5 倍,在纹状体、额叶皮质和小脑也可观察到 Mn 浓度的增高。当堵塞大鼠右侧鼻孔进行暴露实验时,仅在左侧嗅球观察到 Mn 浓度的升高,由此推测吸入的纳米氧化锰可以沿神经转运至中枢神经系统。此外,还发现嗅球氧化应激产物和炎性标志物(如 TNF-α、MIP-2、GFAP、NCAM 等)明显升高,导致脑神经元变性、凋亡,进而损伤神经系统。

(二)碳纳米材料

1. 碳纳米材料的种类和应用 碳纳米材料主要包括富勒烯、石墨烯和碳纳米管。富勒烯单体是一个由多个碳原子构成的石墨球,常见的能构成富勒烯的碳原子数为 60 个,因此富勒烯也称 C_{60}。石墨烯是一种由碳原子以 sp^2 杂化轨道组成六角型呈蜂巢晶格的二维碳纳米材料。碳纳米管主要由呈六边形排列的碳原子构成数层到数十层的石墨烯片层卷曲而成的同轴圆管。层与层之间保持固定的距离,约 0.34nm,直径一般为 2~20nm,按照石墨烯片的层数,单层石墨片卷曲形成的称为单壁碳纳米管,两层或多层石墨片卷曲形成的称为多壁碳纳米管(MWCNT)。人工合成是碳纳米材料的主要来源并可能造成环境和健康危害。人类一些生产生活过程(如烹饪、发电、工业锅炉和柴油机燃烧、焊接等)和陨石撞击、火山爆发、森林大火等地质条件也会产生富勒烯和碳纳米管。

2. 碳纳米材料的暴露途径　碳纳米管暴露发生在生产制造及消费者使用相关产品的过程中。环境碳纳米管主要来源于工厂排污、垃圾焚烧填埋、某些材料的再回收利用过程。从事直接碳纳米管暴露工作的工人是主要受害者。除皮肤、眼睛、消化道暴露外,由于纳米级尺寸、形似纤维,碳纳米管在生产时极易漂浮在空气中而被工人吸入体内。呼吸系统是碳纳米管损伤最多的位置,肺是最主要的靶器官。碳纳米管不溶于液体,能在体内持续对机体造成伤害。此外,碳纳米材料作为药物的载体,很可能会通过药物注射的方式大量进入人体和动物体。

3. 碳纳米材料的毒性　不同类型的碳纳米材料引起的毒性不尽相同。吸入富勒烯纳米颗粒物对肺产生的毒性较小。小鼠经气管滴入和吸入富勒烯后,未引起强烈的中性粒细胞炎症,只在暴露小鼠肺部观察到轻微且瞬态的炎症病理特征。将小鼠暴露于石墨烯环境中,发现长时间暴露于大量石墨烯可引起肺炎症,经呼吸道进入体内的石墨烯,能够轻易穿过支气管沉积在肺,导致肉芽肿或肺部纤维化。MWCNT 经呼吸道暴露后,可见纳米颗粒于肺部细胞膜表面,首先诱发时间和剂量依赖性的急性肺炎症,然后炎症反应经淋巴系统远距离扩散,随着时间延长,出现肉芽肿、肺纤维化等。MWCNT 的生物持久性和高纵横比的物理特征和石棉很相似,因此有可能呈现出与石棉类似的毒性效应,引起胸膜或者腹膜间皮瘤发生,而且这种成瘤性无阈值,在较低浓度时即可发生。MWCNT 呈现的类似石棉毒效应还具有长度依赖性,长而厚的 MWCNT 较短细的 MWCNT 更易引起染毒小鼠 DNA 损伤和炎症反应。而较细的 MWCNT 可以直接损伤间皮细胞,增加其发生间皮瘤的风险。对大鼠一次性阴囊内注入 MWCNT,52 周内绝大部分大鼠均有间皮瘤发生,而青石棉组大鼠均正常。碳纳米管在短时间内以较低剂量即可引起肺组织持续性纤维化发生,相较结构相似的炭黑、石棉和游离二氧化硅作用更大,碳纳米管在动物实验中所显现出的毒理作用更强。NIOSH 对54 组暴露于碳纳米管的动物实验分析发现,碳纳米管的吸入引起动物体肺部炎症、纤维化、肉芽肿等,NIOSH 将这些动物实验结果与职业暴露于可吸入颗粒物的工人肺部损伤比较,认为吸入碳纳米管可能会对暴露人群带来健康风险。对多壁碳纳米管暴露的工人检查显示,痰液和血清促纤维化和炎症介质(IL-1β、IL-4、IL-10、TNF-α)水平明显增高,工人肺部受损(炎症、纤维化),与心血管或与致癌有关的 mRNA 和 ncRNA 表达谱也发生变化。据对肺癌患者的追踪调查观察到,45% 的肺癌来源于肺内瘢痕处。在 57 位肺癌患者 CT 扫描中,47个患者有肺纤维化。WHO-IARC 公布的致癌物清单已将碳纳米管、多壁 MWCNT-7 归为 2B类致癌物。

(三)量子点

1. 量子点简介及其应用　量子点是一种由Ⅱ~Ⅵ族、Ⅳ~Ⅵ族或Ⅲ~Ⅴ族元素组成的三维团簇,由有限数目的原子组成,其 3 个维度的尺寸均在纳米量级。量子点可以解释为粒径小于或接近激子玻尔半径的半导体纳米晶粒,是介于分子和晶体之间的过渡态半导体。由于量子点粒径很小(2~10nm),电子和空穴被量子限域,连续能带变成具有分子特性的分立能级结构,因此有独特的光学性质,有激发光波段范围宽、发射光谱宽度窄、荧光强度高、稳定性好、寿命较长等优点,被广泛应用于生物材料、细胞生物学、分子生物学、临床医学等生物医学领域。

2. 量子点毒性 量子点可经皮肤、呼吸道、口服、注射给药方式进入体内。量子点以吸入方式进入体内后,在肺泡和支气管等沉积或经呼吸道上皮细胞进入肺间充质组织引发炎症,吸入的量子点还可被肺泡巨噬细胞吞噬排出。部分量子点被嗅神经末梢摄取,引发神经系统毒性。此外,量子点可穿透气-血屏障进入血液循环或淋巴系统分布到其他组织器官。尽管职业、环境暴露会通过皮肤吸收和吸入的方式进入体内,但目前量子点毒性的暴露方式主要是注射给药。量子点以胃肠道吸收、静脉注射进入体内,从肺部转移到血液的量子点会被特异性蛋白结合,被巨噬细胞摄取,量子点主要分布蓄积在网状内皮系统(肝、脾、淋巴)和肾中,量子点有在体内半衰期长、粒径大、不同的表面修饰等特点,可长时间存留在体内,影响量子点在组织中的吸收和分布,并引发毒效应。在血液中未被特异性结合的量子点、未被肝和脾吸收的量子点会经胞饮作用进入心、肾、淋巴,引发毒效应。此外,量子点积累在主要的免疫器官超过42d。染量子点小鼠淋巴细胞出现细胞活力降低、亚型比例改变和炎症反应。

(四) 聚合物基纳米复合材料

复合材料广泛应用于塑料、橡胶、纤维、涂料以及胶粘剂等,如塑钢门窗、通水管材和日用塑料等原材料聚氯乙烯、学校运动场使用的聚氨酯塑胶。聚合物基纳米复合材料物理化学特性与其潜在的毒理学效应关系密切。颗粒粒径是最重要的物理参数,它决定了颗粒在人体呼吸系统中的沉积行为。聚合物基纳米复合材料颗粒一旦排入大气,可悬浮较长时间,扩散较远的距离,容易被人体吸入。纳米颗粒物有比粗颗粒更高的比表面积,可保持很高的生物活性,可引起氧化应激、DNA损害。

某些聚合物基复合材料中硫的含量可达30%以上,通常以硫酸、亚硫酸或硫酸盐的形式存在于颗粒表面,具有很强的生物活性。硫酸污染可使眼、黏膜和皮肤产生十分强烈的刺激性反应,并可抑制肺清除颗粒物。吸入亚硫酸可导致哮喘病,对敏感群体如小孩、哮喘病患者的影响尤其严重。聚合物基复合材料的碳黑也是一类重要的纳米颗粒物,其可能引起呼吸系统疾病和肿瘤。

第三节 纳米材料的暴露风险评估

一、纳米材料的暴露风险评估

风险评估(或称危险评定)指特定靶机体、系统或(亚)人群暴露于某一危害(化学物质),考虑到有关因素固有特征和特定靶系统的特征,计算或估计预期危险的过程,包括确定伴随的不确定性。风险评估是目前评价环境有害因子影响健康的国际公认研究方法。它可以得到人群暴露某化学物质的实际安全剂量,即参考剂量(RfD)或浓度(RfC),并确定实际一定剂量化学物质暴露的危险水平(损害效应的发生概率)。目前,尚未观察到人长期生活环境暴露纳米材料产生的不良健康影响,但已有职业人群急性暴露引起的健康受损报道。2009年、2014年,国内外曾报道聚丙烯酸酯纳米颗粒(直径30nm)、纳米镍职业暴露性肺损伤、过敏反应和死亡的临床案例。

1. 职业性暴露　与一般人群比较，职业人群在工作期间与纳米材料暴露的机会更多，暴露水平更高，更易受到健康威胁。一些纳米材料生产加工企业的部分场所的富勒烯（C_{60}）和碳纳米管（CNTs）的风险评估发现，不论是作业场所（包装车间）还是大气环境，C_{60}的风险熵（HQ）均远小于1，综合危害风险均极低。CNTs作业场所如研发和生产（包括收集、称重、喷涂、合成、回收、包装、后处理等工序）HQ大多在1及以下，风险较小，但研发场所尤其是研磨搅拌时如不采取有效控制措施，HQ高达1.9，作业场所CNTs存在危害风险，可能造成不良后果。

2. 生活性暴露　纳米材料用作添加剂，含量较低或释放量较小，纳米材料几乎不溶于水，且难以降解，纳米粒子不能透过完整的表皮进入人体。血管和肠上皮似乎是阻止大分子或纳米颗粒进入血液的有效屏障，经灌胃给予动物纳米颗粒，98%被排出体外，因此胃肠道对纳米颗粒的吸收意义较小。碳基纳米材料（碳纳米管、富勒烯等）主要用作复合材料，可能有较低的暴露。在使用消费品的过程中，排放和暴露的可能性较小。

纳米银可从纺织品、纳米涂层产品等消费品中释放出来，使用液体如杀菌消毒和清洁产品时，纳米银能够与生物体相互作用，并作为银离子的局部来源。据我国对4种网络采购的含纳米银抗菌消费品风险评估，除抗菌消费品私处洗液皮肤接触HQ上限值接近1（0.86），有潜在的非致癌风险外，其余产品皮肤HQ值均远小于1，风险可忽略。对于经口摄入的含纳米银口服液，慢性风险HQ上限值为0.6×10^{-2}，也可忽略。

纳米ZnO来自一些消费产品如婴儿乳液和防晒霜，或从涂层表面释放出来。但是，尚无证据显示纳米ZnO颗粒能穿透角质层抵达活性表皮，即使是紫外线轻微伤害的皮肤，部分纳米ZnO颗粒溶于水，释放出Zn^{2+}，可穿透角质层达到活性表皮，并进入体循环。但是，作为一种必需微量元素，这些Zn^{2+}可成为内源性锌的补充，因此其风险不大。

纳米TiO_2主要来自于化妆品、服装、涂料、颜料、抗菌包装、食品添加剂等消费产品。主要经口摄入、皮肤暴露，该纳米材料不能降解，完整的表皮或皮肤轻微受损可阻止纳米颗粒渗透和吸收。在防晒霜使用的不溶性TiO_2或ZnO纳米颗粒，对人体健康没有或可忽略风险，且提供了巨大的健康益处，可保护人类皮肤免受紫外线诱发皮肤老化和癌症的影响。针对6种不同国际知名品牌的商业口香糖研究发现，含有纳米级TiO_2（<200nm）含量比已知的要大得多（1.46~3.85mg/g），93%的TiO_2颗粒小于200nm，18%~44%小于100nm，这些纳米TiO_2颗粒对于胃肠道是相对安全的，即使浓度高达200μg/ml。

3. 环境污染暴露　纳米材料在大气的浓度低于最大无作用水平（INELs）的2倍以上，基于已有的数据，目前的预期是没有风险的。在水体、土壤中，按已有数据计算预期风险纳米材料排序：纳米ZnO>纳米Ag>纳米TiO_2>多壁碳纳米管＝富勒烯C_{60}。水体风险来自纳米Ag和纳米ZnO，主要是对藻类和无脊椎动物的潜在影响。

二、建议和忠告

1. 职业性暴露　当作业任务涉及纳米材料时，使用工程控制措施，如带有高效过滤膜的通风密封设备（如工艺箱）；若不能隔离作业，要使用带有高效过滤膜的局部排风设备（如捕获罩和密封罩），在纳米材料产生或释放时将其捕获。为工作人员配置符合国家标准的呼吸防护用品，如供气式呼吸器、呼吸面罩或防尘口罩，选择适当的如涤纶或棉织物材质防护服。在纳米材料皮肤暴露时，穿戴如氯丁二烯、丁腈橡胶、乳胶等材质一次性手套。佩戴防护眼镜避免眼部暴露,并制定纳米材料泄漏或污染的应对程序。加工、修理固态产品时,做好自身防护(口罩、手套、眼镜等),避免纳米颗粒暴露,最好采用湿式作业,减少扬尘。

2. 生活性暴露　消费者要购买符合有关标准的正规消费品,并了解所用消费品成分是否含有纳米材料。纳米颗粒可经皮肤破损部位进入真皮,被淋巴吸收,也可能被巨噬细胞摄取,产生不良反应。如皮肤有破损,应尽量避免使用或暴露含有纳米材料的化妆品、消毒清洁剂等。

（余沛霖　冯　昶　周　雪　郑金平　常旭红　黄瑞雪）

第十一章　辐射

案例11-1　2009年7月17日,某县大批居民离家出走。究其原因是一个月前流传的消息,"当地放射性钴材料泄漏,可能产生致命的辐射污染,方圆五十公里内无人能存活"。该消息被环保部和当地政府判定为假消息,多数外迁的人返家,警方拘捕了5名涉嫌散布假消息的网民。实际上是2009年6月7日,该县某辐照厂在利用钴-60伽马射线对辣椒面辐照时,突发"卡源",钴-60放射源无法恢复至原来的安全储存位置,长时间照射引起辣椒面起火。消防队快速灭火,没有发生辐射源损坏和人员超剂量照射事故,也没有辐射泄漏。

第一节　概　　述

提起辐射,人们有些不寒而栗,会联想到原子弹、氢弹爆炸、切尔诺贝利和福岛核事故。1945年8月6日、9日,美军向日本广岛、长崎各投了一颗原子弹,两座城市变成废墟,数十万人死亡。1986年4月26日,苏联切尔诺贝利核电站4号机组反应堆爆炸,6万多平方公里土地直接受到污染,超过33万居民被迫撤离,60万人暴露在高强度辐射下。2011年3月,地震导致福岛电站一座反应堆发生爆炸,放射性物质泄漏,引起人们的恐慌和关注。

核爆炸和核事故使人们对辐射有一种本能的恐惧,辐射的不可感知性又使辐射具有了神秘的色彩。γ射线和X射线等放射线无色、无形状、无味道,看不见、摸不着、闻不到。辐射似乎恐怖又神秘,但是日常生活中辐射普遍存在,按辐射来源可分为天然辐射和人工辐射。天然辐射指自然界本身存在的辐射,如太阳辐射、宇宙射线等;人工辐射指人类活动增加的辐射,如移动基站辐射、核设施产生的辐射等。

然而,什么是辐射,大多数人并没有清晰地了解。辐射指以粒子或者电磁波的形式传递的能量。如高温物体向周围发射热量称为热辐射;受激原子退激时发射的紫外线或X射线叫作原子辐射;不稳定的原子核衰变时发射的粒子或γ射线叫作原子核辐射;太阳以辐射的方式照射地球,太阳辐射时向宇宙空间发射电磁波和粒子流。

电磁辐射分为电离辐射与非电离辐射。电离辐射的特点是波长短、频率高、量子能量高,如带电荷的α粒子、β粒子、质子,不带电荷的中子、X射线和γ射线。非电离辐射的特点是波频率和量子能量比电离辐射低,不足以引起生物体电离,如无线电波、红外线、可见光、微波、紫外线等。辐射是一把双刃剑,核与辐射技术可以造福人类,但在防护不当、照射剂量大时会对人体健康造成损伤。

第二节　电离辐射健康危害与防护

电离辐射（ionizing radiation）指携带足以使物质原子或分子的电子成为自由态，以致这些原子或分子发生电离现象的辐射。电离辐射由高速运动的粒子和电磁波谱高能端的电磁波组成。电离辐射的能量转移到生物体，导致生物分子的结构和功能发生改变，引起基因突变和细胞死亡等生物学效应，人体的辐射损伤也是严重的电离辐射生物效应，健康损伤程度与辐射剂量有关。

一、电离辐射的量和单位

辐射无声、无色、无嗅、无味，人体无法感觉辐射的存在，只能用专业仪器检测。人们根据射线与物质相互作用，把能量消耗在物质的原理，利用仪器测量出某种射线在该过程被物质吸收的能量，就可知辐射场的强弱。单位质量物质吸收体吸收的辐射能量称为吸收剂量，单位是戈瑞（Gy），定义为每千克物质吸收 1 焦耳的能量（J/kg）。在接受相同吸收剂量的情况下，如果电离辐射的种类、能量或照射条件不同，产生的生物学效应在概率和严重程度上也有差异。在研究中，为了统一描述不同种类和不同情况下的电离辐射对生物体的危害程度，在辐射防护领域提出了当量剂量的概念，它等同于吸收剂量和描述不同射线生物学效应的辐射权重因子的乘积，单位是希沃特（Sv）。有效剂量等于当量剂量和描述不同组织辐射敏感性的组织权重因子的乘积，单位也是希沃特（Sv）。

二、电离辐射的来源

生活中放射性无处不在，人们吃的食物、喝的水、住的房屋、用的物品、周围的天空大地、山川草木乃至人体本身都含有一定的放射性（天然本底辐射）。人类受到的天然辐射剂量中，约 40% 是由放射性氡气产生的。氡是与地球共生的天然放射性气体，是铀、镭、钍衰变的产物。花岗石、泥土、砖瓦、混凝土等建筑材料或多或少会释放放射性氡气，由于室内处于较密闭状态，室内氡放射性水平高于室外。氡及其子体通过呼吸系统进入人体后，衰变产生的 α 粒子能够损伤肺和骨髓，甚至诱发肺癌和白血病。通风可以有效降低室内氡浓度，降低氡及其放射性子体的辐射危害。饮用水含有天然放射性核素钾、铀、钍、镭及其子体。香蕉含有丰富的钾元素，其中有少量是放射性钾 -40，释放 β 粒子，不过辐射剂量低，不足以引起健康危害。烟草含有微量的放射性核素钋 -210，释放 α 粒子。烟草钋 -210 主要来自：①大气层天然氡 -222 衰变后产生的钋 -210 等放射性子体落在烟草叶上；②化肥和土壤钋 -210 等放射性元素被烟草植物根部吸收，进而富集在烟草中。在吸烟过程中，钋 -210 在高温作用下变成气体，进入卷烟燃烧产生的烟雾里，最终聚集在吸烟者气管、支气管和肺部。

除了天然放射性外，人工辐射也与日常生活密切相关。在医学方面，电离辐射用于医学诊断、治疗和消毒灭菌。在农业方面，电离辐射用于辐照育种和农产品的保鲜灭菌。工业方面，电离辐射可用于石油、煤炭等资源勘探、矿石成分分析、工业辐射探伤、无损检测、材料改性和料位、密度、厚度测量等。如夜光钟表表盘上涂有少量放射性镭或者放射性核素 ^{147}Pm 和 ^{3}H 等，利用这些核素发射的辐射激发闪烁体发光。烟雾报警器含有放射性核素 ^{241}Am。医学上透视、摄片和 CT 检查用到 X 射线，用钴疗机和伽马刀治疗肿瘤是放射性核素 ^{60}Co 产

生的 γ 射线。

　　最大的人工辐射来源是医疗照射。医疗照射指在医学检查和治疗过程中受检者、患者、陪护人员、医学实验志愿者受到电离辐射的内、外照射。施行这种诊断或治疗的医生应加强对受检者或患者的辐射防护。医疗照射要有正当理由,从医疗照射获得的利益必须大于为此付出的代价,不仅要达到诊断或治疗目的,又要把照射剂量限制在合理达到的最低水平,避免一切不必要的照射,如孕妇和儿童要尽可能避免辐射诊断检查和核医学治疗,治疗时要对患者敏感器官(如性腺、甲状腺、乳腺)给予防护,放射检查中尽可能地减小照射野,常见的医学照射剂量见表 11-1。

表 11-1　不同类型一次 X 射线医学检查的平均剂量估算

检查类型	平均剂量 /mSv	相对大小
胸片摄影	0.12	1
胸部透视	1.1	10
CT 扫描	10	100
介入手术	20	200

　　人们受到的辐射约 82% 来自天然环境,约 17% 来自医疗照射,其他活动来源的辐射占1%,我国居民日常生活中受到辐射情况见表 11-2。

表 11-2　我国居民日常生活中受到辐射情况

辐射来源	照射剂量
陆地天然本底	0.55mSv/a
某些高本低地区	3.7mSv/a
宇宙射线(地面)	0.26mSv/a
砖房	0.4mSv/a
食物	0.2mSv/a
土壤、空气	0.5mSv/a
乘飞机	0.01mSv/h
胸部透视	0.02mSv/ 次
血管造影	12mSv/ 次
核电站周围	0.01mSv/a
吸烟(20 支 /d)	1mSv/a

三、电离辐射的健康危害

　　电离辐射有一定的能量,可破坏生物分子结构和功能,引起基因突变和细胞死亡,对人体健康造成伤害。当发生辐射事故、人体受辐射剂量大时,细胞死亡数量多,超出了器官和组织的修复能力,就会损伤组织和器官的功能,该效应称为确定性效应或组织反应。确定性效应的发生有阈值,其严重程度与剂量相关,常见的确定性效应及阈值见表11-3。

表 11-3 常见的确定性效应及阈值

组织	效应	单次短时间照射阈值/Sv
睾丸	暂时不育	0.15
	永久不育	3.5~6.0
卵巢	不孕	2.5~6.0
晶状体	晶状体浑浊	0.5~2.0
	白内障	5.0
骨髓	造血功能低下	0.5

辐射引起体细胞突变可能诱发癌症;引起生殖细胞突变,可能在受照者后代身上出现遗传效应。低剂量长期照射诱导的辐射致癌和遗传效应风险称为随机效应,其发生没有阈值,其发生的概率与照射剂量有关,电离辐射的随机效应风险见表11-4。

表 11-4 电离辐射的随机效应风险

人体器官或组织	随机效应类型	危险度/Sv^{-1}
性腺	遗传效应	4×10^{-3}
乳腺	乳腺癌	2.5×10^{-3}
红骨髓	白血病	2×10^{-3}
肺	肺癌	2×10^{-3}
甲状腺	甲状腺癌	5×10^{-4}
骨表面	骨癌	5×10^{-4}
其余组织	癌	5×10^{-3}
合计		1.65×10^{-2}

四、电离辐射防护

电离辐射有害健康,通过正确的防护,可以有效降低照射剂量,达到防止确定性效应发生、降低随机效应发生概率的目的。辐射对人体照射分为外照射和内照射。

1. 外照射 指存在于人体外部的辐射源对人体的照射。其防护方法有:①时间防护。人们暴露于辐射源的时间越长,受到的辐射剂量就越大,反之则少,因此在完成工作任务的前提下,应尽量减少在辐射场所停留的时间,以减少人体受到的辐射剂量。如提高操作熟练程度,采用自动化操作,多个人员分担剂量等。②距离防护。对于点状源来说,剂量率和离源的距离的平方成反比,因此尽可能地远离辐射源,可以有效降低辐射剂量。如使用长柄工具、机械手等操作辐射源。③屏蔽防护。按电离辐射通过物质时被减弱的原理,在人与辐射源间设置一种或几种能减弱射线强度的物体,从而使穿透物体到达人体的射线量减少,以降低辐射剂量。铅是 γ 和 X 射线最理想的防护材料,此外有不锈钢、贫铀、钢筋混凝土等;β 射线用铝和有机玻璃来防护;α 粒子射程短、穿透力弱,外照射不需要防护。

2. 内照射　指吸入被放射性物质污染的空气、饮用被放射性物质污染的水、食用被放射性物质污染的食物或事故发生时放射性物质经伤口进入人体产生的辐射。其特点是停止放射性物质暴露,进入体内的放射性核素仍然继续照射,直到放射性核素完全排出体外或者完全衰变。其防护基本原则是采取各种措施,尽可能防止放射性物质进入人体,如在开放性放射性工作场所工作时,要穿戴防护工作衣、帽、鞋,佩戴高效率的防护口罩。一旦放射性物质进入人体,可通过增加饮水或者使用促排剂等方法促进放射性物质排出体外。

3. 辐射防护的基本原则

(1) 辐射实践的正当性:涉及辐射的实践,对受照个人或社会能产生的利益要足以抵偿它所引起的辐射危害。

(2) 辐射防护的最优化:对一项实践,个人剂量的大小、受照射人数以及潜在照射的可能性与大小,在考虑了经济和社会因素后,要全部保持在可合理做到的尽量低的程度。

(3) 个人剂量限值:个人受到有关辐射实践产生的照射,要遵守剂量限值,或在潜在照射情况下遵守对危险的某些控制。

按我国《电离辐射防护和辐射源安全基本标准》(GB 18871—2002)规定,放射性工作人员职业照射的个人剂量限值为连续 5 年的年平均有效剂量(但不可作任何追溯性平均)不超过 20mSv;任何一年中的有效剂量不超过 50mSv;眼晶体的年当量剂量不超过 150mSv;四肢(手和足)或皮肤的年当量剂量不超过 500mSv。公众照射的个人剂量限值为:年有效剂量不超过 1mSv;特殊情况下,如果 5 个连续年的年平均剂量不超过 1mSv,则某单一年份的有效剂量可提高到 5mSv;眼晶体的年当量剂量不超过 15mSv;皮肤的年当量剂量不超过 50mSv。

第三节　非电离辐射的健康危害

案例 11-2　2007 年 1 月至 2009 年 6 月,某医院接收由紫外线消毒引起的电光性眼炎患者 32 例,其中男性患者 21 例,女性患者 11 例。年龄 18~68 岁,平均 34 岁。照射持续时间小于 3min 的 13 例,3~30min 的 15 例,30~60min 的 3 例,60min 以上的 1 例。发病地点为医院 17 例,卫生所 8 例,药房 2 例,餐馆食品加工站 5 例。发病原因:①患者、医务人员误闯入正在消毒的房间,双眼受损;②医务人员、餐厅工作人员在室内有人的情况下,进行紫外线消毒,造成他人双眼电光性眼炎;③误开紫外线灯;④缺乏防护意识,70% 患者对紫外线照射的副作用不了解,30% 是由于工作疏忽,忙于操作;⑤紫外线灯管安装不当,室内紫外线灯管与普通照明灯并排安装,且开关并列安装,无明显警示标识,不小心或开错灯引起的病例有 50%。

一、非电离辐射的定义和分类

非电离辐射指不能引起物质发生电离的辐射。一般情况下能量比较低,如紫外线、红外线、可见光、激光、微波、无线电波等,其能量和波长分布见表 11-5。

表 11-5　非电离辐射波谱

分类	波长 /m	频率 /Hz	能量 /eV	应用
无线电波	$1\sim10^4$	$3\times10^4\sim3\times10^8$	$1.24\times10^{-10}\sim1.24\times10^{-6}$	电视、无线电广播、手机
微波	$10^{-3}\sim1$	$3\times10^8\sim3\times10^{11}$	$1.24\times10^{-6}\sim1.24\times10^{-3}$	雷达、其他通讯系统
红外线	$7.8\times10^{-7}\sim10^{-3}$	$3\times10^{11}\sim3.8\times10^{14}$	$1.24\times10^{-3}\sim1.59$	热效应——治疗仪
可见光	$3.8\times10^{-7}\sim7.8\times10^{-7}$	$3.8\times10^{14}\sim7.9\times10^{14}$	$1.59\sim3.26$	
紫外线	$10^{-8}\sim3.8\times10^{-7}$	$7.9\times10^{14}\sim3\times10^{16}$	$3.26\sim12.4$	显著的化学效应和荧光效应

二、非电离辐射的量和单位

非电离辐射强度的评价指标如下。

（1）功率：辐射功率越大，电、磁辐射强度就越高，反之则小。功率的单位是瓦（W）。

（2）电场强度：指用来表示电场强弱和方向的物理量。电场中某一点的电场强度的方向可用点电荷在该点所受电场力的方向来确定，电场强弱可由电荷所受的力与试探点电荷带电量的比值确定。离带电体近的地方电场强，远的地方电场弱。电场强度的单位为伏特 / 米（V/m）。

（3）磁场强度：磁场强度是描述磁场性质的物理量，用 H 表示，单位是安培 / 米（A/m）。

（4）磁感应强度：磁感应强度是描述磁场强弱和方向的物理量，是矢量，常用符号 B 表示，国际通用单位为特斯拉（T）。磁感应强度也被称为磁通量密度或磁通密度。

（5）功率密度：功率密度指的是单位面积所接收到的辐射功率，单位是瓦 / 米^2（W/m^2）。

（6）比吸收率（specific absorption rate，SAR）：指给定密度的体积微元内质量微元所吸收的能量微元对时间的微分值，其实是单位时间和单位生物体质量吸收的电磁能量，单位是 W/kg。美国辐射保护与测量委员会（NCRP）和美国电气电子工程师协会（IEEE）所制定的移动电话防护标准为 SAR≤1.6W/kg，国际非电离辐射防护委员会（ICNIRP）的标准为 SAR≤2.0W/kg，我国《移动电话电磁辐射局部暴露限值》（GB 21288—2007）规定我国遵从 WHO 推荐的 ICNIRP 标准 SAR≤2.0W/kg。

三、非电离辐射的来源

非电离辐射源分为天然非电离辐射和人工非电离辐射。天然非电离辐射源主要有雷电非电离脉冲、静电放电、太阳黑子活动、宇宙间的恒星爆发等。人工非电离辐射源主要有：①广播和电视设备；②通信、雷达及导航设备；③工业、科研和医疗设备；④交通设备；⑤高压电力设备；⑥常见家用电器。非电离辐射的主要来源见表 11-6。

表 11-6　非电离辐射的主要来源

来源	特点	举例
天然辐射	天然存在、最常见、可对电气设备、飞机、建筑物、短波通信等造成严重干扰和或危害	雷电、可见光、紫外线辐射等

续表

来源	特点	举例
广播、电视设备	功率较大、辐射水平高、影响的范围广,危害人体健康	中波广播、短波广播,调频广播、分米波与米波电视的发射塔等
通信、雷达与导航设备	普遍存在、功率较小、常规情况下对人体健康危害较小	无线基站、手机、WiFi 网络
工业、科研和医疗设备	功率较大,需做相应防护	高频炉、塑料热合机、高频介质加热机、超声波装置、非电离灶、高频理疗机、核磁共振(MRI)等
交通设备	频谱较宽、在安全区内对人体健康影响较小	电气化铁路、轻轨及地下铁道、有轨道电车、无轨道电车等
高压电力设备	辐射较大,但均有相关的安全防护措施	变电站和输电线路等
常见家用电器	辐射较小,正确常规使用不会产生额外健康危害	电视机、微波炉、电吹风、电热毯、灯泡、电脑、冰箱等

生活中常见的非电离辐射来源有如下几种

1. 通信基站　指在一定的无线电覆盖区中,通过移动通信交换中心,与移动电话终端之间进行信息传递的无线电收发信电台,完成移动通信网和移动通信用户之间的通信和管理功能。很多基站在建设过程中受到了附近居民的强烈抵制。实际上,移动通信基站建设的密度越高,相应的每个基站需要管理的空间范围就越少,发射的通信信号强度也就越低,非电离辐射强度也越低。同样地,当手机与移动通信基站的距离越近,手机在使用过程中两者发出的非电离辐射强度越小,也就越安全。

2. WiFi 网络　WiFi 是一种短程无线传输技术,通过无线电波的方式发送高频无线电信号,供近距离的用户将个人电脑、手持设备等终端以无线方式接入互联网。WiFi 信号属于微波,在距离 1m 的范围内远低于国家辐射标准限值,其辐射强度随着距离的增加而成指数倍衰减,基本不会对人体造成额外的健康危害。

3. 手机　手机信号的接收与发射均以电磁波的形式进行,属于微波辐射。手机辐射可影响神经系统、心血管系统、生殖系统等器官系统的功能。2011 年 5 月 31 日,IARC 发布的一份评估性报告称"手机辐射可能致癌"。在使用中,为尽可能减少手机辐射对健康的潜在危害,建议:①尽量减少通话时间;②手机尽量不要放在口袋、腰间和床头;③接通手机最初几秒避免贴近耳朵;④使用耳机;⑤儿童、孕妇、哺乳期妇女少用手机;⑥手机信号弱时尽量不要使用手机。

4. 家用电器　从冰箱、电视机、洗衣机、电脑、空调等大家电,到电吹风、电饭锅、电风扇等小家电,都有着可以产生电磁辐射的部件,其产生的辐射均属于非电离辐射。为了减少家用电器的非电离辐射危害,尽可能避免家用电器过于集中的摆放,同时应尽量避免多种家用电器同时启用,避免长时间使用电器设备。

四、非电离辐射的生物效应和健康危害

非电离辐射的能量相对较小,一般情况下对我们的身体不会产生明显的有害作用。然

而,当暴露水平较高或持续时间较长时,非电离辐射也会对人体造成一定的伤害。非电离辐射对机体的健康危害主要通过热效应、非热效应或热效应和非热效应共存而产生。热效应指电磁波将能量传递给机体的原子或分子,使其加速运动,引起机体升温,从而导致生理和病理改变。由于人体有一定的体温调节系统和散热的方式,一般认为功率密度大于 $0.1W/m^2$ 时才会出现热效应。非热效应指机体受到电磁波干扰后,虽然温度没有明显的升高,但机体的生物大分子(如 DNA)和细胞膜系统等受到一定程度的损害,从而导致生理和病理改变。虽然非电离辐射的生物学效应确实存在,但其对人体的危害尚无定论。一般认为符合国家标准的辐射对环境和人体是安全的。长期或高强度非电离辐射暴露可能会产生健康危害。

1. 神经系统　头痛、头晕、乏力、失眠、记忆力减退、食欲低下、反应迟钝、脱发等神经衰弱综合征。

2. 心血管系统　心悸、心前区疼痛、胸闷;心电图(ECG)检查出现 QRS 间期延长、ST 段下降、T 波低平、血压波动较大,心动过缓、心脏传导阻滞;局部组织血液循环增快等。

3. 血液系统　白细胞减少、造血障碍、嗜酸性粒细胞增多。

4. 免疫系统　免疫抑制、抵抗力下降,IgG、IgM 下降。

5. 生殖系统　抑制精子发生、性功能减退、阳痿、月经紊乱,胚胎发育迟缓、流产、胎儿畸形等。

6. 视觉系统　眼疲劳酸痛、干燥、不适、角膜结膜炎、视力下降、眼内晶状体老化、白内障,重者失明。如电光性眼炎(紫外线眼伤)指波长为 250~320nm 的紫外线被角膜、结膜上皮大量吸收引起的急性角膜结膜炎,常见于焊接和辅助作业人员。雪盲症指由于受到过量反射紫外线照射引起的急性角膜结膜炎,多见于在冰川雪地行走或作业的人员。临床表现特点是眼睑红肿,结膜充血水肿,有剧烈的异物感、疼痛、怕光、流泪和睁不开眼,发病时有视物模糊。

7. 皮肤系统　皮肤红斑、水疱、光敏作用、老化、皮肤癌。

8. 其他　影响肝肾功能、药物代谢、内分泌等。

9. 致癌　IARC 将输变电相关的工频电磁场和移动通信相关的射频辐射判断为 2B 类致癌因子。

五、非电离辐射防护

1. 缩短非电离辐射的暴露时间　工作人员尽可能地缩短暴露时间,减少手机通话时间,尽可能地少在辐射强度大的地域逗留。

2. 增大与非电离辐射源的距离　距离辐射源越远,受到的照射就越少,受到的损伤概率就越低。

3. 屏蔽防护　在辐射源周围增加屏蔽材料或对保护对象实施屏蔽防护。如选用适宜的能吸收非电离辐射的材料以使电磁波衰减;将感应生成的射频电流导入地下,避免产生二次辐射;采用防护服、头盔、防护眼镜进行个人防护等。

4. 源头控制　合理规划大型辐射设施布局,减少大型设施辐射高场强区域叠加;规划控制区,在"控制区"内严禁公众进入,外围的"限制发展区"内的土地,不得修建居民住房或其他敏感建筑。

5. 科学管理　按相关法律法规要求,规范完善各种辐射设备设施流转程序,配备相应辐射防护用品和监测仪器,落实辐射环境安全监督管理措施;加强辐射环境安全培训,提高辐射工作单位和辐射工作人员的辐射安全意识,防患于未然。

6. 紫外线防护 在观赏雪景或在雪地行走时,最好戴上黑色太阳镜或防护眼镜,这样可避免雪地反射的紫外线损害眼睛。

正确认识辐射,既不过度恐惧,也不对辐射健康危害麻痹大意,认真做好防护,就能够在保护环境、保护人类健康的同时,应用辐射为人类谋取福利。

（曹　毅　黄　波　聂继华　欧超燕）

第十二章　生活中常见的药物毒物中毒

第一节　解热镇痛药中毒

案例 12-1　某女,46 岁,某日在看守所内被同屋犯人发现其口吐白沫,送医院抢救后死亡。在其化妆包发现 1 粒药片,在其血、肝、胃内容物和化妆包药片检出 4-(甲氨基)安替比林、氨基比林和咖啡因。4-(甲氨基)安替比林是氨基比林 N- 脱甲基的代谢产物,安替比林是氨基比林脱氮反应的产物。氨基比林与安替比林属吡唑酮类非甾体抗炎药,其单方制剂已列入 1982 年卫生部颁布的淘汰药品名录,临床仅保留其复方制剂,主要用于解热镇痛。氨基比林、安替比林的主要不良反应除白细胞减少症外,主要表现是过敏反应,严重者可致死。氨基比林血中治疗浓度范围为 10~20μg/ml,尚未见中毒量资料。安替比林治疗量为 5~25μg/ml,中毒量为 50~100μg/ml;咖啡因中毒量为 20~30μg/ml。死者尸检排除机械性损伤、机械性窒息、致死性疾病等致死原因,而在毒物分析中检出氨基比林、安替比林和咖啡因,故认为是过量服用含有氨基比林、安替比林和咖啡因的复方制剂致死。

解热镇痛药(antipyretic-analgesic drugs)指一类有解热、镇痛、抗炎、抗风湿的药物,又称为非甾体抗炎药(non-steroidal anti-inflammatory drugs,NSAIDs)。按 NSAIDs 化学结构不同,可分为水杨酸类、苯胺类、吲哚类、芳基乙酸类、芳基丙酸类、烯醇酸类、吡唑酮类、烷酮类、异丁芬酸类等,在临床上应用广泛,有多种非处方药,日常生活中容易获得,且多种感冒药含有解热镇痛药物,如不正确使用可导致严重不良反应,甚至死亡。

一、扑热息痛中毒

扑热息痛(paracetamol)又称对乙酰氨基酚(acetaminophen),是非那西丁的体内代谢产物,化学结构为苯胺类。该药解热、镇痛强,主要用于退热和镇痛。目前,全球有超过 100 种非处方(OTC)药品和处方药品中含有对乙酰氨基酚,其中很多是儿童用制剂(水剂、栓剂、颗粒、片剂和胶囊)、感冒药物。有些患者误解用药指导或没有发现所服药物含有对乙酰氨基酚,以致摄入过量。如早期发现过量,死亡率非常低。然而,一旦发生急性肝衰竭,死亡率则极大提高,且可能需要肝移植。近年来,欧美国家每年有数百人因服用对乙酰氨基酚或含对乙酰氨基酚的药物死亡,服用对乙酰氨基酚或含对乙酰氨基酚的药物也是导致急性肝衰竭(ALF)的最常见原因。目前,我国的有关中毒病例多见于个案报道。

1. 中毒机制　对乙酰氨基酚治疗剂量为儿童 10~15mg·kg^{-1}/次,成人 325~1 000mg/ 次,4~6h/1 次,每日最大推荐剂量儿童是 80mg/kg,成人为 4g。个体间中毒剂量可能不一,单次剂量儿童小于 150mg/kg 或成人小于 7.5~10g 时,不太可能中毒。单次摄入大于 250mg/kg 或 24h 内摄入大于 12g 时,可发生中毒。摄入总剂量大于 350mg/kg 的患者,如不给予适当治疗,会发生严重肝损害。

口服易吸收,0.5~1h 达到最大血药浓度。在治疗剂量下,绝大部分药物在肝与葡萄糖醛酸或硫酸结合为无活性代谢物,经尿排出,半衰期为 2~4h。药物过量时,上述催化结合反应的代谢酶饱和,药物被代谢为对乙酰苯醌亚胺(NAPQI)。NAPQI 是有毒的代谢中间体,可与谷胱甘肽结合解毒。扑热息痛药物过量时,会耗尽谷胱甘肽,NAPQI 无法代谢而蓄积在肝,造成肝坏死,并可能累及肾、胰腺等。

2. 危险因素和高危人群　危险因素主要是药物摄入量、基础疾病、同时服用其他药物、年龄、饮酒、营养状态等。急性饮酒有保护效应,长期饮酒可能加重中毒的风险。高危人群主要是高龄、慢性肝病、禁食或营养不良、服用抗结核药物和抗癫痫药等患者。

3. 临床表现　早期临床表现轻微,无特异性,不能预测其随后的肝损伤情况。

（1）第一阶段:服药后 0.5~24h,患者可出现恶心、呕吐、面色苍白、出汗、嗜睡、烦躁不安等。

（2）第二阶段:服药后 24~72h,患者临床表现似乎有所改善,但转氨酶出现亚临床性升高。接着患者可能出现右上腹疼痛、肝大和压痛,转氨酶明显升高。

（3）第三阶段:服药后 72~96h,第一阶段的临床表现会再次出现,伴有黄疸、意识改变,肝功能异常达到峰值,部分患者急性肾衰竭。该阶段死亡最常见,一般死于多器官功能衰竭。

（4）第四阶段:服药后 4~14d,患者进入恢复期,完全恢复可能需要 7d。重症患者恢复更慢,临床表现和实验室检查可能持续数周才恢复正常。肝组织学恢复比临床恢复晚,可能需要 3 个月,肝功能可完全恢复正常。

4. 诊断　根据患者用药史和临床表现诊断不难。但是,要注意患者涉及的药物、严重性评估和中毒预测。所有怀疑对乙酰氨基酚中毒者,都要详细询问病史,包括使用药物情况、用药目的(是否自杀)及上述高危因素。

血清对乙酰氨基酚药物浓度可预测急性摄入后出现肝毒性的可能性和严重性。有明确或怀疑对乙酰氨基酚过量史的患者都应接受对乙酰氨基酚血清浓度检测。在知道摄入时间的情况下,可用 Rumack-Matthew 列线图来评估肝毒性出现的可能性。如果不知道摄入时间,应马上检测血清对乙酰氨基酚浓度,并在 4h 后重复测定。速释制剂单次急性过量后,应在患者摄入后 4h 测定血清扑热息痛浓度。对于就诊时已摄入超过 4h 的患者,应马上测定血清对乙酰氨基酚浓度,可按修订版 Rumack-Matthew 列线图评估血清浓度,以确定是否需要进行乙酰半胱氨酸治疗。如果浓度≤150μg/ml,无中毒表现,提示不太可能有肝毒性。血药浓度较高提示可能存在肝毒性。4h 以前测定的血清浓度可能并不是峰浓度,不应使用。

5. 治疗　治疗原则包括稳定生命体征、清除药物、使用特异解毒药和对症支持治疗。特异解毒药物乙酰半胱氨酸治疗的持续时间,取决于摄入的类型、转氨酶是否升高。

二、水杨酸中毒

水杨酸类代表性药物为阿司匹林,有解热、镇痛、抗炎作用。该药口服后迅速被吸收,1~2h 达到血药浓度峰值。阿司匹林血药浓度低,血浆半衰期约为 15min。大部分水杨酸在肝内氧化代谢,其代谢产物与甘氨酸或葡萄糖醛酸结合后,经尿排出。尿 pH 对水杨酸盐排泄量影响很大,在碱性尿时排出85%,酸性尿时仅5%。口服小剂量阿司匹林(1g以下)时,水解产生的水杨酸量较少,水杨酸血浆半衰期为2~3h。当阿司匹林剂量大于1g时,水杨酸生成量增多,其血浆半衰期延长至15~30h。如再增加剂量,血中游离水杨酸浓度将急剧升高,以致中毒。

阿司匹林剂量过大(5g/d)时,可出现头痛、眩晕、恶心、呕吐、耳鸣、视听力减退等水杨酸反应,是使用水杨酸类药物中毒的表现,严重者可出现过度呼吸、高热、脱水、酸碱平衡失调,甚至精神错乱。严重中毒者要马上停药、补液和对症支持治疗,静脉滴注碳酸氢钠溶液以碱化尿液,加快水杨酸盐经尿排出,并给予维生素K等。

第二节 阿片类药物中毒

阿片类药物是全球最古老的药物。据史料记载,阿片(又称鸦片)使用可追溯至5 000年前的苏美尔文明时期。在古代,在使用阿片后,会产生一种无法解释的、超越的欣快感,并使疼痛得到缓解。唐朝时期,波斯商人将阿片作为珍贵的药品(叫阿芙蓉)传入我国。元朝时,蒙古族人在征服印欧的同时,把阿片作为战利品,从西域带回中国,开始作为毒品吸食。到了清朝,吸食阿片泛滥成灾,为了禁止阿片,我国和英国爆发了两次阿片(鸦片)战争。

阿片类药物在医学上主要用于止痛和麻醉,其副作用有瘙痒、镇静、恶心、呼吸抑制、便秘和欣快感等。长期使用会成瘾,突然停止吸食或给药会出现戒断综合征,使用过量或同时联合给予其他抑制性药物会引起呼吸抑制而致死。

一、吗啡

吗啡由罂粟果液汁烘干而得,是阿片中最主要的生物碱(含量为10%~15%)。1806年,吗啡由德国Frederick Serturner首次从阿片中分离出来,将分离出的白色粉末进行狗实验,结果使狗吃后很快昏睡,使用很强的刺激也无法使它苏醒。他本人也食用这些粉末,也出现昏睡。目前,吗啡仍主要从阿片提取,然后合成其他阿片类药物。

美国南北战争期间,受伤和手术后的士兵都迫切需要最大程度地止痛,而军医也给截肢患者使用了大量吗啡,以致吗啡需求量剧增。战争结束后,很多士兵对吗啡成瘾,患了"士兵职业病"。由于处方药品的滥用和注射器的无效管理,阿片制剂出现在上层阶级的客厅,也有时髦的女性把注射器当作饰品别在衣服上。19世纪80年代前,据美国公共卫生部门的记载,密歇根州、艾奥瓦州约有75%的吗啡滥用来自妇女,她们主要用于缓解神经性或月经疼痛、妊娠呕吐等。随着吗啡成瘾人数增多,治疗吗啡成瘾依赖症状的各种专利药物应运而生。托马斯·爱迪生(Thomas Edison)也发明了一种"复方药"上市销售,其主要成分是吗啡、氯仿、乙醚、水合氯醛、酒精和香料等。

现在,临床上吗啡主要用于其他镇痛药无效的急性疼痛和晚期癌痛。然而,医生一般都比较谨慎使用,因为在我国及不少其他国家,对麻醉镇痛药物(包括吗啡)都有着严格的法律管控,必须要把握适应证。在美国,为了约束医师,医生开具吗啡之类的麻醉管制药物,必须要向联邦药品管理机构登记备案,以便追查处方。

1. 理化性质 吗啡是一种生物碱,呈白色粉末状,苦涩味。2013年,估计生产吗啡52.3万千克,其中约4.5万千克的吗啡被直接用于缓解疼痛。每年大约有70%的吗啡被用于制作成其他类阿片药物,如可卡因、氢可酮、氧可酮、海洛因以及美沙酮等。吗啡的分子结构中有很多环状结构,其中包括一个苯环,使得它很容易与脑组织阿片受体结合,模拟内啡肽和脑啡肽的作用,从而改变人体对疼痛的感觉。

2. 吸食方式 临床医学上,吗啡给药途径有口服、肛门塞剂、皮下/静脉/脊髓周围注射。在缓解疼痛方面,直肠内给药作用时间长,可减少胃肠道不适反应(恶心)。对于药物滥用者/吸毒者,也可以经抽烟吸入吗啡。

3. 临床应用 主要用于缓解急、慢性疼痛,如癌症、手术后、创伤、烧伤、分娩、慢性头痛等。目前,它仍是剧烈疼痛止痛的最常用药物。一般肌注给药,每4h 5~20mg,口服给药为8~20mg。应急情况下,经静脉注入4~10mg马上止痛。

在美国等一些国家,有医师会给予吗啡以缓解分娩性疼痛。产妇在分娩早期和中期使用阿片类药物(包括吗啡等)后,在宫缩期能有较好的休息。但是,如果使用时机较晚,就有可能造成分娩过程中胎儿昏睡,严重者有可能造成呼吸抑制,而阿片受体拮抗剂纳洛酮可阻断该情况的发生。吗啡也是术后"止痛泵"的常用药。

4. 毒副作用 吗啡过量会造成"针尖样瞳孔"(主要见于虹膜),出现视力模糊,暗视力减弱等。吗啡作用于脑干和呼吸中枢,会减慢呼吸、抑制咳嗽反射。减慢(抑制)呼吸是阿片类药物最危险的副作用(尤其是对那些已经有呼吸系统疾病的人),严重者可致死亡。

恶心、呕吐是吗啡治疗剂量内最常见的副作用。吗啡还可以减慢胃肠道蠕动,导致便秘和食欲减退。静脉使用吗啡可出现皮肤瘙痒或针刺感。吗啡还可使性欲下降,干扰妇女月经周期。

吗啡有高度致瘾性,突然停用会出现"戒断症状",典型的表现有焦虑、不安、打呵欠、流感样症状(包括肌肉和骨骼疼痛)、腹泻、失眠、呕吐、寒战、鸡皮疙瘩和腿的无意识运动等。

5. 治疗和康复 纳洛酮是阿片类受体拮抗剂,可很快逆转过量给予吗啡引起的昏迷。对于吸食过量者,可每隔3~5min给予纳洛酮0.4~0.8mg(极量是10mg)来催醒。

戒除吗啡的最常用药物是美沙酮,其是一种人工合成的高仿阿片结构药物,在体内作用时间大于吗啡和海洛因。美沙酮是口服给药,所以比较容易替代滥用的药物。它能够帮助减弱对毒品的依赖,延迟戒断症状的出现。

可乐定也是一种用于治疗阿片类药物成瘾性药,其可缓解焦虑、流涕、流涎、出汗、腹部绞痛、肌肉疼痛等戒断症状。起始剂量是每天0.8~1.2mg,维持几天后要逐渐减量。吸毒者在恢复期可口服纳曲酮(长效阿片拮抗剂,口服剂量是25~50mg,晨服),它可以消除快感,避免再次吸毒。

戒掉吗啡的第一步是消除戒断症状,去掉心理依赖也十分重要。戒毒成功后,彻底远离毒品的重要手段是让患者远离原来的吸毒群体。

6. 社会后果和相关法律 医师临床合理使用吗啡不会引起社会药品滥用。但是,临床上使用吗啡仍需谨慎,因为即使合理使用吗啡不会导致成瘾,但有间接导致吗啡在社会上流通(提供给吸毒者)、滥用的可能性。美国药物滥用与健康调查报告(2009年2月)指出,2007年约有520万人滥用止痛药。因此,医师尤其是急诊室的医师应该要有判断哪些患者是来寻求吗啡满足毒瘾发作的能力,以避免滥用药物。

吸毒者一般专注于如何获得毒品,而忽视自身的卫生和营养,所以容易感染和生病。使用不洁的针头易造成皮肤感染,共用针头可能感染病毒(如HIV等)。吸毒母亲生出的孩子,由于身体各器官发育不全,容易出现戒断症状。吸毒(包括使用一些非法药物)还要面临法律的风险,甚至因为非法交易等而丧命。

依据药品管理的相关法律和法规,吗啡是管制类药品。医生必须取得麻醉药品和第一类精神药品的处方资格,才能按病情开处方。医疗机构要对麻醉药品和精神药品处方进行专册登记,加强管理。麻醉药品处方至少保存 3 年,精神药品处方至少保存 2 年。不按照规定使用的,由县级以上人民政府卫生行政部门给予警告或者责令暂停六个月以上一年以下执业活动;情节严重的,吊销其医师执业证书;构成犯罪的,依法追究刑事责任。美国药品执法局能够管理和追查医师所开处方,可追溯到 20 年前。吗啡非法交易最高可判 20 年监禁,罚款最高 100 万美元。我国对严重的吗啡交易判 15 年有期徒刑、无期徒刑或者死刑,并处没收财产。

二、可卡因

可卡因是从古柯植物叶子中提取的天然化合物,它是兴奋药物,也是麻醉药物。1855 年,德国化学家 Friedrich 首次在古柯叶中提取出麻药。1859 年,奥地利化学家 Albert Neiman 精制出更高纯度的物质,称为可卡因,从此全球最强的天然兴奋剂诞生了。19 世纪 60 年代 ~ 20 世纪初,可卡因被当作"万灵药",可卡因在欧洲和美国被广泛滥用,不需要处方可随意购买,可卡因还被制成饮料广泛应用。

19 世纪末,与可卡因有关的鼻部损害、成瘾以及死亡报道越来越多,人们开始关注可卡因的毒性和成瘾性问题。1914 年,美国政府立法禁止可卡因,使可卡因使用量明显减少。20 世纪 80 年代,新的可卡因品种"快克可卡因(也叫霹雳可卡因,crack cocaine)"出现后,可卡因使用量又开始急剧增高。据美国药物滥用预警网络报告(2011 年),可卡因是急诊室最常见的中毒药物。

1. 理化性质　常见的可卡因类型及制剂有:①古柯叶。古柯灌木叶子是提炼可卡因的原料,也是南美地区含微量可卡因饮品食品来源。②可卡膏。一种灰白、奶白或米色的粉状物,颗粒较粗,为潮湿的团块状,有特殊气味,有一定的成瘾性。③可卡因。纯白到灰白色粉末,极少潮湿,有特殊气味。④快克(crack,克赖克)。可卡因游离碱的一种形式,由可卡因粉末、水和碳酸氢钠混合而成。⑤可卡因饮料。能量饮料的主要成分是微量的盐酸可卡因。

2. 吸食方式

(1) 咀嚼:把古柯叶和石灰或者植物灰混合来咀嚼,能够释放少量的可卡因。这种吸食方式没有成瘾性,是合法的。经咀嚼后,少部分可卡因进入口腔黏膜,产生麻木效应,减轻饥饿感,同时有轻度的兴奋效应。

(2) 鼻腔吸入:一次通过鼻子吸入可卡因粉末 20~30mg 叫作"行",一行可卡因粉末,大约相当于吸管的宽度,能一次从鼻孔吸入鼻腔内。经吸入后,可卡因可通过鼻腔内的血管网络进入血液,1min 内到达脑部。这是所有摄取方式中能以较小的剂量快速到达兴奋快感状态的方式。但该方式会引起鼻腔内血管收缩,造成的兴奋快感仅是中等程度,有成瘾性。

(3) 静脉注射:经水溶解可卡因粉末可直接注入静脉。因为使用注射器针头,所以这是最危险的一种方式。经注射后,可卡因能在几秒钟内到达脑部产生快感。该法易产生成瘾性,因为快感产生非常快而持续时间仅几分钟,为维持快感,约 15min 又要再注射。

(4) 吸烟方式:吸毒者把可卡因粉末制成膏状或者快克状,然后经吸烟方式抽吸。把可卡因深吸入肺部后,可卡因烟雾会在3s内进入血液,并马上产生兴奋快感,速度比注射还快,这是一种容易上瘾的吸食方式。

3. 临床用途 咀嚼古柯叶是南美洲印第安人日常生活中的一部分,它可以给人增加能量,缓解恶心不适等。可卡因是第一个局部应用的麻醉药。1884年,Carl Koller医师首先在眼科手术使用可卡因作为局麻药,此后牙科和兽医也开始使用。现代外科之父William S.Halsted观察到,皮内注射可卡因比皮肤表面涂抹的局部麻醉效果更好,不仅可迅速发挥麻醉效应,还可减少出血。一般用作外科麻醉时,可卡因溶剂的浓度为1%~4%,该浓度不会产生心理依赖性,也不会对大脑产生不良反应。现在,利多卡因已经取代可卡因作为外科局麻药,可卡因仅用于耳、鼻、喉等手术。

4. 毒副作用 小剂量可卡因可让使用者感到自信、无拘无束、健谈、聪明和自制。吸毒可承担和完成任何任务,使能量水平增加、胃口下降。吸食过量常常会难以用语言来表达自己,可能会使记忆下降,极度困惑,并出现攻击性、反社会行为和偏执等。吸入可卡因的方式可维持20~30min的愉悦感,经抽烟吸入或静脉注射,能维持5~10min。吸毒者快感结束后,有疲倦、低迷和低落等。

大量使用可卡因会导致慢性脑损伤。因为可卡因可使脑部血液减少,以致累及其注意力、记忆力和解决问题的能力。可卡因致大脑受损与多巴胺有关。可卡因使多巴胺在神经元突触间过量蓄积,以致产生负面影响,多巴胺受体受到过度刺激,导致大脑丧失自己产生快感的能力。可卡因诱导的快感能持续15~30min,但快感过后的情绪低落可持续1~2d。科学家怀疑持续使用可卡因实际上减少了大脑中多巴胺及其受体的数量,所以,一旦可卡因诱发的快感结束,吸毒者会陷入严重、持久的抑郁期。

可卡因可以让血管收缩、血压和体温升高、心率增快,出现心衰、呼吸衰竭、癫痫发作和脑卒中等,甚至猝死。可卡因有成瘾性,突然停用有戒断症状,如对药物的强烈和不可抗拒的渴望、抑郁、烦躁、疲惫、极度饥饿,甚至偏执。

副作用还与吸食方式有关。抽吸可卡因粉末可损伤鼻中隔,使鼻黏膜溃烂,容易流鼻血。抽烟方式吸入快克可卡因会引起肺部损伤和出血。静脉注射可卡因可导致炎症和感染,共用针头可能造成交叉感染艾滋病或肝炎病毒。可卡因可使吸食者意志力、注意力下降,易出现交通事故。

大量吸食可卡因者可能会有偏执狂、情绪失调和幻觉等,有的吸毒者会觉得皮肤有爬行的"虫子"或"蛇",然后经常用镊子或小刀刮自己的皮肤。

5. 治疗和康复 治疗可卡因成瘾性的机制主要有:①使用可卡因的替代品,通过产生相似的多巴胺效应发挥作用;②使用可卡因的拮抗剂,阻碍可卡因与多巴胺转运体的结合;③通过作用于其他的可卡因结合位点来调节可卡因效应。可卡因吸毒者治疗和康复面临的最大挑战是心理依赖。对可卡因成瘾的治疗可给予双重治疗方法,包括行为疗法、药物治疗、康复治疗和参与社会服务等。据波士顿大学医学与公共卫生学院研究发现,同伴咨询在帮助减少滥用可卡因和海洛因上是确切有效的,主要做法是"与一名滥用毒品的拓展工作者的激励性访谈(事实上他也是一名正在康复的瘾君子)。"

6. 社会后果和相关法律 一旦吸食可卡因有依赖性,吸毒者生活将会受到严重影响。寻找毒品往往是吸毒者的首要任务,且发现自己被困在一个充满欺骗和犯罪行为的网络中。为了获得毒资,以致发生抢劫或者卖淫,卖淫和共用注射器针头也增加传播艾滋病病毒/艾滋病的概率。

1970 年,《美国管制物品法案》把可卡因归类为第二类管制的药物,以致其用途受到严格限制,唯一合法用途是用于局麻药。美国联邦法律规定,对藏有 5g 快克或 500g 粉末的人,处五年以下有期徒刑。尽管该惩罚很重,但是"85% 的被监禁吸毒者在离开监狱后,仍继续使用可卡因或其他药物"。英国《滥用药物法案》(1971 年)将可卡因和快克判定为甲类药物。藏有这些毒品可被处以罚款和 7 年有期徒刑;供应或销售任何形式的可卡因者可终身被监禁。我国将可卡因归属麻醉药品管理范畴,是管制毒品之一,对走私、贩卖、运输、制造毒品者最高可判处死刑,并处没收财产。非法持有者,最高可判处无期徒刑,并处罚金。

第三节　毒　物　中　毒

一、急性百草枯中毒

百草枯又叫作克无踪、对草快,常用于农田除草。由于人们的操作失误等原因,可能导致误食,口服用量达到 20mg/kg 或者更少便可让人中毒,当口服用量为 30~40mg/kg 时可能会致死,迄今尚无特殊解毒药。2012 年 1 月 ~2017 年 3 月,某职业病防治院(简称"职防院")中毒科收治 50 例急性百草枯中毒患者,其中男性 23 例,女性 27 例,年龄 11~64 岁,均为口服市售百草枯 20% 含量溶液中毒,剂量为 2~100ml。患者服毒后 1~24h 送院治疗,就诊时有口咽部黏膜红肿、恶心、咽痛、胃部灼烧感、呼吸困难等,CT 检查显示不同程度肺纤维化改变。经洗胃(1% 肥皂水或泥浆水加活性炭 50~100g)、催吐,至患者胃内洗出液澄清无味,然后用奥美拉唑抑制胃酸分泌。接着,导泻、灌肠、利尿、联合使用血液灌流及血液透析,并清洁皮肤,给予口腔治疗、对症处理和心理干预治疗。中毒患者存活率 76%,死亡率 24%。

百草枯是一种对环境污染小、除草效果好的快速灭生性除草剂。在正常情况下,百草枯对于人和动物不会造成任何伤害。近年来,我国中毒事件不乏发生。百草枯进入人体,会对组织器官产生严重损伤,尤其是高浓度百草枯溶液蓄积在肺或肾,产生氧化还原反应,以致肺部损伤、肾小管坏死。

二、杀鼠剂中毒

1. 急性毒鼠强中毒　毒鼠强又称三步倒、四二四,化学名四甲基二砜四胺,白色粉末,无味,微溶于水。四甲基二砜四胺是一种神经毒剂,对人致死剂量为 5~12mg(0.1~0.2mg/kg),对中枢神经系统(尤其是脑干)具有强烈的兴奋性,可出现阵发性惊厥。主要通过阻断 γ-氨基丁酸受体,使神经系统出现强烈的痫性放电,引起惊厥、抽搐,造成脑缺血、点灶状出血。四甲基二砜四胺主要经消化道、呼吸黏膜吸收入血,并快速均匀分布在组织器官中,对脑、心、肝、肾、肌肉等产生损害。毒鼠强中毒居中毒死亡的首位,死亡率达 20%。2012-2017 年,某院收治的 16 例急性毒鼠强中毒患者,年龄 5~43 岁,其中男性 4 例,女性 12 例。均经消化道吸收中毒,中毒原因为自杀 2 例,投毒 12 例,误服 2 例。16 例患者都有不同程度的抽搐。其中入院前浅昏迷 12 例(为他人投毒所致)、深昏迷 1 例(为自服毒鼠强 1 包)、其余 3 例患者无昏迷。重者出现阵发性全身强直性抽搐、意识障碍、昏迷、呼吸衰竭等。

诊断依据:①有明确的中毒病史;②典型的临床表现,发病快,有抽搐、意识障碍或昏迷等;③毒理学证据,所有患者血清均经市级公安部门检测确定为毒鼠强中毒。排除既往有心、肺、肝、肾功能不全及抽搐症状或癫痫病史者。

就诊后马上给予洗胃、导泻、利尿,输液维持酸碱、水电解质平衡,抽搐持续者予安定或氯丙嗪、异丙嗪等镇静、解痉,并给予对症处理和高压氧治疗。16 例患者均康复出院。

2. 急性氟乙酰胺中毒　氟乙酰胺(fluoroacetamide)是一种强毒性有机氟杀鼠剂,可致惊厥,口服致死量为 0.1~0.5g。由于其毒性强烈,现已被国家禁止生产使用。但因其灭鼠效果明显,仍有不法分子违法生产并出售。因此,由误食、蓄意投毒等导致的氟乙酰胺中毒事件时有发生。氟乙酰胺主要经呼吸道、消化道、皮肤吸收,通过代谢转化为氟乙酸,以致神经、消化和心血管系统损害,甚至死亡。

(1)毒理:氟乙酰胺进入人体后,立即脱胺形成氟乙酸,并与细胞内线粒体的辅酶 A 结合,形成氟乙酰辅酶 A,活化乙酰基。在缩合酶作用下,与草酰乙酸缩合成氟柠檬酸,抑制乌头酸酶,阻断三羧酸循环中柠檬酸氧化,以致体内大量蓄积,作用于中枢神经,引起抽搐、昏迷等。同时能使葡萄糖代谢加快,导致低血糖,造成心血管、消化系统损害。乙酰胺可作为特效解毒剂,其解毒机制是该有机物化学结构和氟乙酰胺相似,乙酰胺进入体内水解成乙酸后能与氟乙酸竞争乙酰胺酶,使氟乙酰胺不产生氟乙酸,解除后者对三羧循环的毒效应。

(2)临床表现:某院近期收治学生急性氟乙酰胺中毒 55 例,其中男 30 例,女 25 例,年龄 6~14 岁,其中 10 岁以下 29 例。①轻度中毒 42 例,出现头痛、头晕、视物模糊、疲乏无力、四肢麻木、恶心呕吐、上腹部烧灼感等。②中度中毒 9 例,除轻度中毒表现外,出现分泌物增多、呼吸困难、烦躁不安、肢体间歇性痉挛、血压下降、心电图显示心肌损害等。③重度中毒 4 例,除中度中毒表现外,还有昏迷、惊厥、心律失常、心衰、呼衰、肠麻痹、瞳孔缩小,心电图显示严重心肌损害等。

(3)实验室检查:患者尿液、胃内灌洗液都检出氟乙酰胺,20 例心肌酶谱水平出现不同程度增高,其中肌酸激酶(CK)、同工酶 MB(CK-MB)较为敏感。

(4)治疗方法:①催吐洗胃。对神志清醒者催吐洗胃,除用清水外,加用 1% 醋酸 10ml 和 2% 氯化钙 20ml 混合液体洗胃。洗胃液中醋酸可直接与氟乙酰胺作用而起解毒作用;而氯化钙中的钙离子可将氟乙酰胺中的氟离子沉淀为氟化钙,以减少毒物吸收。②导泻。从胃管注入 20% 甘露醇 125~250ml。③给予特殊解毒药物乙酰胺(解氟灵)解毒。④对症处理。55 例患者治愈 53 例,死亡 2 例(均为重度中毒患者)。

三、重金属中毒

1. 急性铊中毒　铊是强烈的神经毒物,急性中毒主要损害消化、神经系统,脱发是铊中毒的特征性表现。1995 年 5 月、1997 年 5 月,某大学先后发生两起学生铊盐中毒案件。除涉嫌人为作案外,铊盐未按剧毒品管理是重要原因。其中清华某女生终身致残,该案至今未破。2007 年 6 月,某矿业大学又发生 3 名学生铊中毒。某院近年收治 6 例急性铊中毒患者,其中男性 4 人,女性 2 人,年龄为 10~62 岁,发病时间为数小时。

(1)暴露机会:均为经消化道食入含硫酸铊鸭肉所致。

(2)临床表现:恶心、呕吐、腹痛、肌肉疼痛、脱发或体毛脱落、痛觉过敏,或有视力模糊、呼吸困难、胸闷、心悸、嗜睡、昏迷、躁动、谵妄、精神异常、尿潴留。此外,还有心率或血压异常、定向障碍、指甲米氏纹、肝大、肌力减退等。

（3）实验室检查：尿铊 500~5 200pg/L，均大于中毒值（200pg/L Cr）200pg/L。2 例脑脊液蛋白轻度增高、铊水平增高。

（4）治疗经过：①补液、利尿及支持治疗；②排铊。口服二巯基丁二酸、普鲁士蓝，其中 2 例重症患者给予血液透析。1 例 10 岁患者死亡，其他 5 例患者存活。5 例患者经 1~6 个疗程排铊治疗后，腹痛、双下肢痛觉过敏消失，双下肢麻木症状减轻，准予出院。

2. 慢性铅中毒　某院近年来收治 4 例慢性铅中毒患者，其中男性 1 人，女性 3 人，年龄 30~58 岁。3 例为使用锡铅合金的锡壶 2 个月导致，1 例为服用中药半年致体内铅含量超标。

（1）临床表现：3 例患者出现脐周隐痛、轻度贫血貌，1 例出现乏力，1 例出现腹胀、便秘。

（2）实验室检查：血铅（658~1 073μg/L）均大于中毒水平（600μg/L），2 例患者谷丙转氨酶和 3 例患者血红蛋白升高。

（3）治疗：给予依地酸钙钠静滴驱铅，"用三天停四天"，1~2 个疗程。

（4）转归：4 例患者经驱铅治疗后，腹痛、便秘症状好转。24h 尿铅为 0.263~2.19mg/L；出院前血铅降至 257~393μg/L，血锌原卟啉 1.23~5.2mg/L。其中 2 例患者出院 1 月后门诊复查血铅再次升高至 676~824μg/L，再次住院给予一个疗程驱铅治疗。

4 例患者均为经消化道摄入含铅食物或药物所致，以消化道症状为首发表现，为腹绞痛，多在脐周。其中 3 名患者来自同一家庭，发病与使用锡壶盛装料酒有关。引起铅中毒的最小口服剂量为 5mg/kg，实验室检测该锡壶存放液体一周后铅浓度高达 436mg/L，食用 2 个月后足以引起铅中毒。生活性铅中毒，起病隐匿，因共同的饮食习惯而常呈家族式发病。出院一月后门诊随诊时发现，2 例患者血铅再次升高，1 例患者考虑为骨骼内沉积的不溶性磷酸铅转化为溶解度增加 100 倍的磷酸氢铅转移至血液内所致。故铅中毒患者应根据病情确定驱铅治疗的疗程，可分次进行驱铅治疗。另 1 服用中药所致铅中毒的病例，同时服用胎盘素治疗失眠。经检测，胎盘素铅含量明显超标。推测患者失眠可能与其铅中毒有关，服用胎盘素后加重疾病进展。嘱患者停用胎盘素，并再次给予驱铅治疗，患者血铅水平未有反复。

3. 慢性汞中毒　某院收治 1 例生活性汞中毒，患者男性，31 岁，因服用含朱砂成分的中成药治疗前列腺炎两月余致汞中毒入院。慢性无机汞中毒多因长期接触较大量的汞蒸气引起，其典型的临床特征有易兴奋症、震颤、口腔 - 牙龈炎以及肾脏损伤等；慢性有机汞中毒临床表现一般较轻，常于接触数月或数年后发病，出现类似金属汞中毒的临床表现，严重时可出现精神异常、中毒性脑病及肝、肾损伤表现。该患者突出的临床表现是全身乏力、四肢酸痛、失眠和焦虑。

（1）暴露机会：口服含汞中成药。

（2）临床表现：头晕、全身乏力、双上肢麻木、四肢酸痛、睡眠差、精神欠佳、情绪激动、焦虑、尿频。左侧周围性面瘫、左眼球活动障碍；左侧上肢近端肌力Ⅱ级、远端肌力Ⅲ级，左下肢和右上肢近端肌力Ⅲ级、远端肌力Ⅳ级，右下肢近端肌力Ⅱ级、远端肌力Ⅳ级；四肢针刺觉对称、无异常；跟腱反射减弱；口腔牙龈无异常；三颤（-）闭目难立征（-）、轮替实验、指鼻试验完成好。

（3）实验室检查：尿常规蛋白 ++++，尿蛋白定量 3.58g/24h，尿微量蛋白 582mg/L，尿视黄醇结合蛋白 6.20mg/L，血视黄醇结合蛋白 54mg/L，尿汞 313.70μmol/g Cr（外院）。驱汞期间尿汞最高值 1 471.8μg/g Cr，两个疗程后尿汞最低值 29.0μg/g Cr，神经电生理示四肢周围神经损害、上肢近端为甚，肌电图静息状态下可见纤颤电位，血常规、肝肾功能正常。

（4）治疗：入院后给予二巯丙磺酸钠 0.25g,肌注每日一次,连续 3d,停 4d 为一个疗程,共两个疗程。此外,对症处理,如给予枣仁安神胶囊、地洛新片、百乐眠片、黛力新口服,甲钴胺、血塞通、维生素 C、能量合剂等静滴,同时补充微量元素。驱汞治疗两个疗程后,尿汞下降迅速,尿蛋白减少至 ++,临床表现好转出院。

（冯基花　张剑锋　李仕来　梁　梅　陈　鸿　匡兴亚）

第十三章　中草药

第一节　概　　述

案例 13-1　1993 年、1998 年,比利时学者 Vanherweghen 等分别报道了 11 例、10 例妇女服用含中草药防己、厚朴成分减肥药,引起广泛肾间质纤维化。1999 年 8 月,《柳叶刀》报道英国 2 名妇女服用中草药后出现肾功能衰竭。1999—2001 年,我国某医院收治约 70 名因服用含马兜铃酸引起的急慢性肾功能衰竭患者。马兜铃酸是一类有肾毒性的硝基菲羧酸,其有机化合物天然存在于马兜铃属、细辛属等马兜铃科植物中。2001 年 6 月 20 日,美国FDA 宣布终止使用含马兜铃酸的 13 种中药产品,提示马兜铃酸引起的肾损害不容忽视。

一、有毒中草药的概念

有毒中草药指药性较猛,对机体有毒性或副作用,使用不当或药量过大可对机体产生损害的中草药。现代社会中草药中毒案例时有发生,如比利时减肥中药(含马兜铃酸)中毒事件、日本小柴胡汤中毒事件、新加坡黄连毒性事件等,让一些人对中草药的应用产生了困惑或质疑。实际上,生活中常见中草药的毒性在东汉时期就有记载,"毒即药、毒即药的偏性或毒副作用""神农尝百草,日遇七十二毒,得荼而解之",传说神农氏(大约公元前 2695 年)最后因中断肠草(学名钩吻)之毒,不幸身亡。后来,古代医药学家学会了用银针验砒霜之毒,这主要是含硫化学物与银产生化学反应而呈现硫化银(黑色)所致,当然,这也是因为古代的提炼技术不发达,使砒霜含有硫或硫化物。采用动物实验来辨别中草药的毒性也是古代常用手段,如"以含乌头的肉喂狗,以验其毒"。随着现代医学的快速发展,科学家已建立起有效的实验方法来观察中草药的毒性或副作用,帮助人们了解中草药不为人知的另一面。

2015 年版《中国药典》(一部)收载有毒中药材、饮片 83 种:①大毒 10 种,如误服或滥用川乌、草乌、巴豆、马钱子、斑蝥等中药可出现中毒甚至死亡;②有毒 42 种,如过量服用附子、天南星、半夏、蜈蚣、全蝎、硫黄、罂粟壳等可引起中毒,中毒表现较为严重;③小毒 31 种,如长期过量服用艾叶、吴茱萸、苦杏仁、大皂角、小叶莲等中药可引起中毒。

二、中草药中毒的原因

中草药在疾病预防、治疗、康复等方面越来越凸显其不可替代的地位,尤其在一些西药束手无策的重症疾病上。诺贝尔奖得主屠呦呦药学家从青蒿中提取青蒿素,为全球疟疾患者带来了福音,此外,该药对红斑狼疮也有独特疗效。砒霜(三氧化二砷)在攻克白血病难关上发挥着巨大潜力,但是如果使用不当,也会引起中毒。人们对中草药毒性的认识,距今已有几千年的历史。如为了提高外出打猎的效率,人们在狩猎的箭头上抹上筒箭毒碱,其有松弛肌肉效应。

在人类与疾病的长期斗争实践中,人们通过反复的实践,逐渐认识到食物、药物与毒物的关系。人们对中草药毒性的认识不仅源于疾病治疗,更与药食同源有关。药食同源指不少食物也是药物,无绝对分界线,食物和药物一样都有防治疾病的功效。神农时期,人们对药与食是不分的,以食为药。随着经验的积累,药与食才慢慢分化,建立起食疗与药疗理论。时至今日,药食同源理论再一次冲击着人们的视线,药膳食疗学将是结合药物与食物来治疗疾病的重要发展方向。我国地域广阔、美食众多,每个民族、城市都有其独特的饮食文化,在餐桌上随处可见橘子、粳米、赤小豆、龙眼肉、山楂、乌梅、核桃、杏仁、饴糖、花椒、小茴香、桂皮、砂仁、南瓜子、蜂蜜等,这些在食客眼里,不仅能提供人体必需的营养元素,而且能够防病治病、滋补养颜、强身健体、延年益寿。然而,即使药食同源,也不能滥用误用,否则也会引发机体中毒。

中草药中毒的原因是多方面的,首先是误食误服,尤其是对中草药应用缺乏正确的认识,大剂量摄入或错误应用,可导致人体出现中毒或死亡。疾病治愈的迫切愿望,让那些无正确医学观念的人们误信庸医偏方或中西药错误合用造成中毒的例子屡见不鲜,也不乏长期服用造成慢性蓄积性中毒的案例。其次,意外中毒也是中草药中毒的常见原因之一。在农村或山区比较多见,这主要是人们与有毒植物或动物的亲密暴露有关,使植物或动物的毒素进入人体,出现生活性中毒。

严格来讲,中草药中毒的原因不在于药物本身,而在于文化上的差异。生活中大多数中草药中毒的发生归根究底还是源于人们的错误认识,认为中草药比较平和、安全,长期或大量服用无毒副作用,不遵医嘱服药。因此,对待中草药,人们应该建立起"有毒观念,无毒用药"的正确理念,首先要充分重视中草药毒性的普遍性,摒弃中草药无毒的认识,提高中草药使用的安全性。其次,不能对有毒中草药产生畏惧心理,忽视疗效,一刀切,全盘否定,造成不敢用或不去用的局面。

三、中草药中毒的防治

为避免中草药中毒,古代医药大家对中草药的用法其实有严格的规定,如《神农本草经》中就提出"从小剂量开始,逐步加量"的原则。时至今日,为杜绝中草药严重毒副作用,在中医药理论指导下,更是建立起中草药减毒增效的用药体系,包括依法用药,遵循相关条例办法的管理和规定;辩证用药,针对不同个体不同病证用药不同;合理炮制与配伍,选择两味或多味药配合应用;用法恰当,掌握适宜剂量与用药方法。这些预防手段对于通过治疗疾病而接触中草药的人们,无疑是预防中毒、增加疗效的最佳保障。

对于诸如误食误服、动物接触、遭人毒害或自杀等途径暴露于中草药以致中毒的人们,学会中毒的紧急救治是挽救生命的最佳手段。中草药中毒救治仍然遵循一般毒物中毒救治的原则,包括排出毒物、实施解毒、对症处理。若发现有人中毒,首先应立即停止用药或毒物的继续暴露,转移至安全地带;若有施救条件可给予催吐、洗胃、灌肠等急救措施;无施救条件时,要争取急救时间,切勿延误治疗时机,减少死亡。根据中毒者临床表现、有毒中草药的成分和作用靶器官,选择不同解毒剂和解毒方法。在生活中,有些中草药解毒剂非常常见,如绿豆、甘草、生姜、蜂蜜等。对于中毒较深者,建议马上送往医院。此外,还可通过吸氧、补液、处理休克等方法来减轻中毒表现,缓解患者痛苦,为挽救生命赢得时间。

第二节 植物类有毒中草药

植物类中草药,简称植物药,是中草药中的最大类别,在人类历史文明的舞台上发挥了重要作用。为什么一些中草药在治疗疾病的同时具有明显的毒性呢? 有些专家认为植物在历经千百年,甚至千万年的生存斗争中,形成了自己的一套防御机制,即在与昆虫或啃食者的斗争中产生某些化学物质,当人们使用或接触这种化学物质时,便可引发机体某些器官系统的损伤性效应。

一、附子

案例 13-2 2012 年 8 月某日晚餐前,某位患者喝了含生附子(超过 15 克)的汤药,餐后逐渐感到头昏脸麻。其家人给他喝浓蜂蜜水解毒,数分钟后,中毒表现急剧加重,并出现心悸、恶心、呕吐等,家人马上打电话联系执业中医师求助处理。

附子为毛茛科多年生草本植物乌头子根的加工品,主产地是四川、湖北、湖南等,尤以四川江油、彰明所产的药材较好。附子因产地、采收季节、加工过程等因素不同而导致质量、药效和毒性差异很大,以致临床中毒案例时有报道。附子毒性成分为乌头碱,能溶于水、乙醇,毒性极大,口服 0.2mg 可出现中毒,其结晶 2~4mg 可致死。民间中毒常发生于使用附子、草乌、川乌等植物来泡制的药酒。

1. 中毒表现

(1)急性中毒:多见于服药后 10~30min,中毒特点为麻、颤、乱、竭。麻指麻木,附子中毒首先出现口、舌、唇麻,继而面部麻,最后是全身肢体都麻,痛觉减轻;颤指颤抖,出现唇、舌、肢体颤动,引起语言断续,含糊不清,肢体无力,不能持物、行走,重者不能起床;乱指意识障碍,患者心乱胸闷,烦躁不安。检查时显示患者心律失常,时快时慢,或有间歇;竭指衰竭,患者出现严重的心律失常,引起心源性休克、心房纤颤、呼吸衰竭等,甚至死亡,其死因主要为严重心律失常与呼吸麻痹(呼吸衰竭)。

(2)慢性中毒:久服附子引起下肢麻痹、小便不利、视力不清等,还可引起皮肤红、肿、丘疹、水疱或大疱等接触性皮炎表现,同时伴有瘙痒、灼热感。

2. 中毒治疗 轻者做一般处理,如洗胃、保暖,必要时给氧或给予人工呼吸;重者需肌注或静脉给予阿托品维持血容量。轻度中毒者用绿豆 60g、黄连 6g、甘草 15g、生姜 15g,红糖适量水煎鼻饲或口服;或取蜂蜜 20~120g,用开水冲服;或配生姜 100g、甘草 15g,水煎服或用绿豆 30~100g 煎服。心律失常者,可用苦参 30g,煎水温服。严重中毒者,在用阿托品解救的同时,给予银花、甘草、绿豆、生姜、黑豆等同用,疗效更好。

二、半夏

半夏为天南星科多年生草本植物半夏的块茎,是一种全株有毒植物,块茎毒性较大,生食 0.1~1.8g 可引起中毒。口服半夏可出现过敏性药疹,一般在腰部、背部,而后蔓延至全身,瘙痒难忍,还可引起局部皮肤过敏性坏死,中毒后出现口舌麻木、咽喉疼痛干燥、上腹部不适等,接着喉舌肿胀、灼痛充血、流涎、声音嘶哑、语言不清、吞咽困难、剧烈呕吐、腹痛、腹泻、头痛发热、出汗、心悸、面色苍白、脉弱无力、呼吸不规则,严重者抽搐、喉部痉挛,甚至呼吸麻痹而死。

中毒治疗　洗胃、导泻,口服蛋清、牛奶或稀粥,并给予对症及支持疗法。呼吸麻痹者给予吸氧及尼可刹米等中枢兴奋剂,必要时可行人工呼吸。

三、马钱子

案例 13-3　患者,男,37 岁,因后背下部疼痛,腰部活动受限,左下肢麻木 3d,听信偏方(含炙马钱子 80g),并于当天 19 时 30 分服下。约 10min 后,患者自觉头昏、头晕、浑身不适、下肢麻木、活动受限,继而四肢、躯干抽搐,且逐渐加重。入院检查:神志不清,苦笑面容,颜面发绀,躁动不安,双瞳略大,对光反应迟钝,脉搏 56 次 /min,呼吸加快,颜面及四肢抽搐,牙关紧闭,双手紧握,角弓反张,初步诊断为中药中毒,经抢救无效死亡,家属认为死亡与用药有关。经有关部门调查,患者一次服用马钱子量达 5.45g 以上,超过日最高剂量 8 倍,判断为马钱子中毒。

马钱子,又名苦实、番木鳖、马前子,为马钱科植物马钱的种子,中毒量为 2~5g,中毒潜伏期 30~180min。马钱子的番木鳖碱和马钱子碱有大毒,主要表现为神经系统毒性。番木鳖碱中毒能使大脑皮层发生超限抑制,引起脊髓反射性兴奋明显亢进和强直性痉挛,常因呼吸肌强直性收缩而窒息死亡。马钱子碱极大剂量可阻断神经肌肉传导,出现箭毒样效应。

1. 中毒表现　早期有头昏、头晕、胸闷、恶心、呕吐、全身瘙痒、疼痛、灼热、腹痛、烦躁不安、心搏缓慢、血压上升、呼吸增强、咀嚼肌及颈部肌肉抽筋感、咽下困难、呼吸加快、瞳孔缩小、全身发紧等,并出现伸肌与屈肌同时作极度收缩(与破伤风鉴别),继而产生典型的中毒表现,从阵挛性到强直性角弓反张姿势。在服药后十多分钟到数小时内,可发生惊厥,持续几秒到数分钟,任何刺激都可再次惊厥发作、肌肉松弛。严重中毒者有延髓麻痹,甚至因呼吸麻痹、心力衰竭或心室扑动和心室颤动致死。

2. 中毒治疗　①排毒解毒。用 1∶2 000 高锰酸钾溶液洗胃后,灌服 20% 药用炭混悬液 30ml 解毒,补液促进毒物排出。②对症处理。将患者置于安静的暗室中,避免声光刺激。给予水合氯醛、安定等镇静、抗惊厥,惊厥严重时可静脉缓推 2% 硫酸镁解痉。

四、大黄

案例 13-4　男新生儿,因阵哭、腹泻 4h 入院。出生体重 3.6kg,一般情况良好,出生后 10h 排胎便 1 次,14h 后未遵医嘱私自喂大黄煎液(约大黄 10g)导泻,24h 开始有阵发性剧烈哭闹,每次持续 1~2min,于 28h 后死亡。

大黄为蓼科植物掌叶大黄、唐古特大黄或药用大黄的干燥根和根茎。中药大黄有攻积滞、清湿热、泻火、凉血、祛瘀、解毒等功效。入汤剂内服,成人用量为 3~12g,大剂量或长期服用易发生中毒。蒽醌衍生物是大黄主要成分,包括大黄酚、芦荟泻素、大黄酸、大黄泻素等。大黄中毒反应潜伏期较长,过敏反应出现较早。

1. 中毒表现　恶心、呕吐、腹痛、腹泻、发热。长期服用可引起电解质紊乱,引起肝细胞变性、肝硬化等。过敏反应多在服用后不久出现,如皮肤瘙痒、红色丘疹、水疱等。

2. 中毒治疗　①对症治疗。给予 5% 葡萄糖盐液 1 500ml、维生素 C 1g 静脉滴注。腹痛时,给予颠茄合剂 10ml 口服或洛哌丁胺(易蒙停,氯苯哌酰胺)4mg/ 次,成人最大剂量每日不超过 16mg。②护肝。给予二异丙胺（肝乐）、肌苷、复合维生素口服。③抗过敏。给予 10% 葡萄糖液 500ml、地塞米松 20mg 静脉滴注，或口服赛庚啶 4mg、泼尼松 10mg、维生素 C 0.2g，每日 3 次。

五、雷公藤

卫矛科雷公藤属植物雷公藤，以根、叶、花及果入药。根秋季采；叶夏季采；花、果夏秋采。生于背阴多湿稍肥的山坡、山谷、溪边灌木林和次生杂木林中，分布于我国浙江、江西、安徽、湖南、广东、福建、台湾等地。雷公藤的毒性：①对胃肠道局部刺激效应；②中枢神经系统毒损伤，包括视丘、中脑、延髓、小脑及脊髓损伤；③引起肝、心等出血与坏死。雷公藤可损害动物心脏，对其他平滑肌、横纹肌也有毒性，是中毒引起死亡的主要原因。

中毒治疗：催吐、洗胃、灌肠、导泻等，促进毒物排出及支持疗法。

六、仙茅

案例 13-5 患者，女，50 岁。2009 年 6 月 8 日，因突发性腹泻、呕吐 2d、进行性四肢麻木、乏力 3d 入院。患者自诉 5d 前私自服用中药（含仙茅）方剂，约 2h 后突然出现腹泻、恶心、呕吐，呕吐物为胃内容物，由家属送至当地卫生院住院治疗。初步诊断为"急性胃肠炎"，给予氨苄西林、能量组补液支持治疗后，腹泻、呕吐基本消失。但是，自觉四肢麻木、乏力，由远端向近端发展。治疗 2d 后临床表现未见好转，麻木感由手指尖波及至肘关节上方，双下肢由足尖波及至膝关节上方，且不能自行站立及行走，遂转入市级医院治疗，给予营养神经、抗感染、补液等治疗后，病情未见好转。判断为服用仙茅制剂中毒。

仙茅为石蒜科植物仙茅的根茎。2~4 月发芽前或 7~9 月苗枯萎时挖取根茎，洗净，除去须根和根头，晒干；或蒸后晒干。野生于平原荒草地阳面，或混生在山坡茅草中，见于我国江苏、浙江、福建、台湾、广东、广西、湖南、湖北、四川、贵州、云南等地，主产于四川、云南、贵州。内服煎汤或入丸、散。外用捣敷。仙茅含有毒成分石蒜碱，石蒜碱可使患者出现严重的胃肠反应，如呕吐、腹泻等。此外，还会引起心悸、心肌受损、心律失常等，严重者有全身冷汗、四肢厥逆、烦躁、昏迷等。仙茅石蒜碱含量比较少，但是过量服用会引起严重的胃肠反应，仙茅辛热有毒，不适宜长期服用。

中毒治疗 ①洗胃、导泻；②用大黄、玄明粉水或三黄汤水煎服，大黄不能用多，还可用六一散或绿豆汁、甘草汁解救；③对症治疗。

七、苍耳子

案例 13-6 女患儿，6 岁，因间断抽搐发作 10h 入院。入院前因"荨麻疹"服用苍耳子（家属自摘），每次 40~60 粒水煎服，3 次 /d，连用 3d。入院查体：体温 38.1℃，血压 80/40mmHg，深昏迷，全身皮肤青灰，面色灰白，双侧球结膜水肿，双侧瞳孔等大等圆约 0.5cm，对光反应弱，呼吸困难，呼吸 36 次 /min，双肺呼吸音粗糙，可闻较多痰鸣音，未闻中、小水泡音；心率 190 次 /min，心音低钝，未闻杂音；腹软，肝于右肋下未触及；克尼格氏征（−），布鲁津斯基征（−），双侧巴彬斯基征（−），双侧膝腱反射未引出，提示苍耳子中毒。

苍耳子为菊科植物苍耳带总苞的果实。8~9 月间果实成熟时摘下晒干；或割取全株，打下果实，除净杂质，晒干，多见于黑龙江、辽宁、内蒙古、河北等地。我国北方某些地区，偶有误食苍耳子或苍耳子芽引起中毒。对于苍耳子,有生吃的,有炒熟或煮热后吃的,也有水煮后喝汤的。

1. 中毒表现　儿童口服 5~6 粒可引起中毒,中毒反应因用药多少而轻重不一。通常有头晕、头痛、懒动、食欲减退、恶心、呕吐、腹痛、腹泻,或发热、颜面潮红、结膜充血、荨麻疹等。严重者可出现烦躁不安或终日昏沉嗜睡,继而出现昏迷、抽搐等表现,也有心动过缓、血压升高、黄疸、肝大、肝功能损害、出血,尿常规改变或少尿,眼睑浮肿等表现。中毒表现以中枢神经、心血管系统和肝、肾损伤为主。

2. 中毒治疗　轻度中毒者要暂停饮食数小时至 24h,大量喝糖水。严重者早期可洗胃,用 2% 生理盐水高位灌肠导泻,并注射 25% 葡萄糖液,加维生素 C 500ml。注射维生素 K、芦丁预防出血,必要时输血浆,给予护肝、对症支持治疗。此外,可给予枸橼酸胆碱、甲硫氨基酸等辅助排毒,低脂饮食,也可用甘草绿豆汤解毒。

八、其他

生活中还有其他常见的有毒中草药,如川乌、草乌等含有乌头碱,山慈菇、光慈菇等含有秋水仙碱,天仙子、闹羊花等含有莨菪碱,苦杏仁、白果等含氰苷类,巴豆、蓖麻子、相思豆等含有毒蛋白,葫蔓藤含多种生物碱,夹竹桃、洋地黄叶、罗布麻等含有强心苷类。

第三节　动物类有毒中草药

动物类中草药,简称动物药,指动物全身或某一部分、动物的生理或病理产物、动物的加工品等可供药用的一类中药。战国时期《山海经》的《五藏山经》中就有关于动物药麝、鹿、犀、熊、牛的记载。中医经典著作《黄帝内经》和《伤寒论》记载了使用乌蜥骨、水蛭、牡蛎等动物药治病。动物药有"血肉有情之品""行走通窜之物"之说。与植物药、矿物药比较,动物药有活性成分效应强、使用剂量小、疗效明显等特点。清代医家叶天士喜用含蜈蚣、全蝎、露蜂房、水蛭、壁虎等有毒动物药制剂,治疗久痛、疟母、积聚、癥瘕、腹胀、痛、痉、厥等。其曰:久则邪正混处其间,草木不能见效,当以虫蚁疏逐,以搜剔络中混处之邪。并认为动物药的某些功效非一般植物药所能比拟。从功效看,动物药有破血逐瘀、攻坚破积、祛风止痒、搜风通络、壮阳益肾、消癥散结等效应。我国药典收载动物类有毒中药材 8 种,其中大毒有斑蝥,中毒有蕲蛇、全蝎、蜈蚣、蟾酥、金钱白花蛇,小毒有土鳖虫和水蛭。

一、斑蝥

案例 13-7　患者,男,50 岁,患银屑病 10 余年,用白酒泡斑蝥数月后,取浸出液涂擦头部、躯干、四肢等,擦后有轻微烧灼感,次日出现头晕、恶心、神志恍惚,急诊入院。经吸氧、输液、抗休克、抗生素等治疗无效,因循环、呼吸衰竭死亡,这是一起因患者大量外用斑蝥素浸液引起的中毒。

动物药斑蝥为芫青科昆虫南方大斑蝥或黄黑小斑蝥的干燥体,多见于河南、安徽、江苏、湖南、贵州、广西等地。有毒成分为斑蝥素,斑蝥素有毛细血管毒性,可直接损伤毛细血管内皮细胞,引起细胞间隙扩张,血管通透性增强,血管内容物渗出,以致胃肠、肾、肺、脑、心、肝、脾等受损。斑蝥素还可直接引起神经组织变性和髓鞘脱失,产生自身免疫反应,表现为多数周围神经及脊髓损害。动物实验显示斑蝥有致癌效应。

斑蝥成人一日剂量为 0.03~0.06g。口服要经过炮制,多入丸散用;外用适量,研末或浸酒醋,或制油膏涂敷患处,不宜大面积使用。正常人口服斑蝥的中毒剂量为 0.6~1.0g,致死量为 1.5~3.0g,主要中毒表现为强烈的局部刺激反应,并累及消化系统、泌尿系统、神经系统、循环系统、生殖系统,出现口腔、咽喉烧灼感,黏膜溃疡,舌肿胀起疱,吞咽困难,恶心、呕吐,腹部绞痛、腹泻、大便水样或带血液等;尿急、尿频、尿痛、尿道烧灼感、血尿、蛋白尿,排尿困难;头痛、头晕,皮肤痛觉、触觉减退,眼球不能转动、复视、高热、惊厥、休克;血压增高、心律失常、周围循环衰竭;流产、阴道出血,阴茎勃起疼痛等;面部潮红、灼痛、起疱、溃疡、结合膜充血、皮下瘀血和黏膜充血等,甚至急性肾衰竭或全身衰竭而致死。大面积外用或加工炮制防护不当,可经皮肤、黏膜吸入引起局部红斑、水疱或黏膜充血、灼痛等,少数中毒者可因急性肾功能不全、全身循环衰竭而死亡。

中毒治疗 ①减少毒物吸收。口服中毒者,因胃黏膜受刺激可起水疱,先给予黏浆性饮料(如牛奶、蛋清),再用活性炭;或洗胃后,服用蛋清、稀粥或 10% 白芨胶浆 30~50ml。斑蝥素是脂溶性物质,治疗过程中,忌用油类食物。皮肤接触者要用 3% 碳酸氢钠溶液彻底洗涤后,外涂 1% 甲紫溶液,暴露受伤皮肤。②加快毒物排泄。口服硫酸镁或硫酸钠导泻;大量输液,选用利尿剂(如呋塞米)、脱水剂(如甘露醇)以增加尿量。严重中毒者要尽快血液透析。③补液。静滴 5% 葡萄糖生理盐水,维持水、电解质平衡和及时纠正酸中毒,如有休克、肾损害要及时处理。④对症治疗。如口腔糜烂者涂冰硼散,眼受损要马上用生理盐水或清水冲洗,再用 1%~2% 碳酸氢钠液洗涤,给予 0.25% 氯霉素液点眼,并于结膜囊内给予足量的金霉素眼膏,疼痛时滴入 0.5% 丁卡因眼液等。

二、蕲蛇

案例 13-8 男患儿,5 岁,因蕲蛇咬伤 12h 入院。入院前一天下午,该儿童在山间玩耍时被蕲蛇咬伤示指,2h 后嗜睡与烦躁交替出现,视物不清,被家人背回家中。当时,患儿面如土色,示指局部发青,疼痛剧烈,有少许渗血,右手、前臂散在瘀血斑点,口唇发绀、口干、烦渴,饮水约 200ml 即刻吐出,吐出物有血块,便血 1 次。右上肢肿胀,皮肤黏膜出血进行性加重,约 3h 后在当地诊所扩创排毒,结扎前臂,同时内服解除蛇毒药片 20 片。在送医院途中,出血不断向头颈、前胸、左上肢等处蔓延,同时便血、尿血、呕血数次,鼻腔出血不止,最后医院诊断为蛇毒中毒。

蕲蛇(又称白花蛇)是蝰科动物五步蛇的干燥体,多见于浙江、江西、广东、广西等地。蕲蛇有心脏毒、凝血毒和出血毒,蛇毒为乳白色黏稠的半透明液体,主含凝血酶样物质、酶酯和三种抗凝成分。蕲蛇毒液以血液毒为主,被蕲蛇咬伤后,会出现局部剧痛、肿胀、瘀斑、溃烂,可出现大量溶血、出血、咯血,水电解质紊乱,出现血压骤降,导致呼吸抑制、广泛出血,甚至因内脏出血、循环衰竭而致死。

中毒治疗 治疗蛇伤后,需马上局部缚扎,并尽快送医院处理,给予抗蛇毒血清、清创排毒、抗休克、呼吸衰竭、心力衰竭、肾衰竭和支持疗法救治。

三、全蝎

案例 13-9 患者,女,34 岁,养蝎个体专业户,因腕部红肿、灼痛 2h,胸闷、呼吸困难、全身不自主肌肉收缩、流涎 30min 入院。主诉为 2h 前因喂蝎时被其蜇伤腕部,当时未采取任何防护措施,蜇伤后局部皮肤红肿、灼痛较剧烈。30min 前,患者有胸闷、呼吸困难,诊断为全蝎中毒。

动物药全蝎为钳蝎科动物东亚钳蝎干燥体,多见于山东、河南、河北、安徽、湖北、辽宁等地。其毒性成分为蝎毒,是一种类似蛇毒神经毒的蛋白质,剧毒。全蝎成人一日常用剂量为煎服 3~6g,研末吞服或入丸服 0.6~1.0g。外用适量,研末掺入、熬膏或油浸涂敷。全蝎中毒多为用量过多或被蝎子蜇伤。用量过多中毒表现为头痛、头昏、血压升高、心慌、心悸、烦躁不安;严重者血压突然下降、呼吸困难、发绀、昏迷,甚至因呼吸麻痹致死。服小剂量可引起超敏反应,奇痒难忍,搔后皮肤起红色团块,出现全身剥脱性皮炎、大疱性表皮坏死松解症、剧烈腹痛。蝎毒可使胎儿骨化中心延迟或消失,造成胎儿骨骼异常,有致畸效应。蜇伤可引起局部红肿、灼痛、麻木、感觉过敏、水疱、瘀斑,全身中毒表现与口服过量中毒一样。

中毒治疗　①蜇伤后马上用手挤出毒液,用 3% 氨水洗涤或碳酸氢钠涂抹伤口,再用拔火罐吸出毒液,尽快拔出毒刺。②早期用 1∶5 000 高锰酸钾溶液洗胃,接着内服活性炭。③静脉补液促进毒素排泄,纠正水和电解质紊乱。④有恶心、呕吐、脉缓等迷走神经兴奋患者要给予阿托品皮下或肌内注射,呼吸衰竭者要注射呼吸中枢兴奋剂,超敏反应者可给予肾上腺糖皮质激素或抗组胺药物治疗。

四、蜈蚣

案例 13-10　患者,女,45 岁,因劳动时被蜈蚣咬伤右手背 1h 后就诊。患者自诉右肢肿痛、麻木,伴畏寒、发热、头晕,无恶心、呕吐,诊断为蜈蚣咬伤。

中药蜈蚣是蜈蚣科动物少棘巨蜈蚣的干燥体,少棘巨蜈蚣多见于江苏、浙江、湖北、陕西、河南等地。其主要毒性成分是蜈蚣毒(组胺样物质、溶血性蛋白质)。组胺样物质能使平滑肌痉挛、毛细血管扩张和通透性增加,有超敏反应。溶血蛋白质的溶血效应可直接引起急性肾皮质坏死、急性肾小管受损。大剂量可导致过敏性休克、心肌麻痹,甚至抑制呼吸中枢。

对于中药蜈蚣成人一日常用剂量是煎服 3~5g,研末冲服 0.6~1.0g 或入丸散;外用适量,研末撒,油浸或研末调敷。用蜈蚣制剂常量治疗时,有些患者出现灼热感、头胀、头昏、面孔潮红。剂量过大时可引起中毒,出现恶心、呕吐、腹痛、腹泻、心跳缓慢、呼吸困难、体温下降、血压下降等。有溶血反应时,尿呈酱油色、排黑便,并有溶血性贫血。可引起肝功能损害、急性肾功能衰竭。过敏体质者有过敏性瘙痒、皮疹、消化系统疾病等,重者有过敏性休克。蜈蚣可使小鼠怀孕率下降,致畸率升高。被蜈蚣蜇伤后,伤口周围红肿、刺痛,严重者有水疱、瘀斑、组织坏死、淋巴管炎、局部淋巴结肿痛等。全身中毒表现为畏寒、发热、头晕、头痛、恶心、呕吐等,甚至有谵语、抽搐、昏迷等。

中毒治疗　①被蜈蚣蜇后伤口要马上用碱性溶液(如肥皂水、石灰水或 5%~10% 小苏打溶液)冲洗,然后涂上较浓碱水或 3% 氨水,也可用新鲜草药(如鲜扁豆叶、半边莲、野菊花、鱼腥草、蒲公英、马齿苋等)捣烂外敷。②口服中毒者用 2%~3% 碳酸氢钠溶液洗胃,服活性炭吸附毒素,静滴 5% 葡萄糖生理盐水,并加入维生素 C。如出现过敏性休克,可将氢化可的松加入输液中静滴,或用地塞米松等;酌情应用异丙嗪等抗组胺药物。心脏、呼吸受抑制时,给予对症处理。有急性溶血、血红蛋白尿时,给予右旋糖酐、肾上腺糖皮质激素来减轻红细胞受损,并服用碳酸氢钠碱化尿液,以防止急性肾衰竭。

五、蟾酥

案例 13-11 患者,男,65 岁,3 个月前在吞咽食物后,感觉胸骨后停滞或有异物感。1个月前,出现进行性吞咽困难,并有胸骨后灼痛、钝痛,食物过热或酸甜、辛辣食物较为明显,伴有食管反流。经 X 线吞钡检查,诊断为食管癌。听信"以毒攻毒"说法,冲服约 3g 蟾酥30min 后,出现顽固性恶心、呕吐,数小时后呕吐物是黑绿色(血、胃酸及胆汁混合物),有腹痛、腹泻、柏油样粪便,无尿,伴有头晕、视物模糊、两眼上翻、口唇青紫、出冷汗、胸闷、心悸、体力不支、四肢麻木、双拳紧握、痉挛、抽搐等症,约数秒钟自行缓解,每 5~6min 发作 1 次,诊断为蟾酥中毒。

蟾酥是蟾蜍科动物中华大蟾蜍或黑眶蟾蜍耳后腺、皮肤腺分泌的白色浆液,经加工干燥而成,多见于河北、浙江、山东、江苏等。毒性成分是蟾酥毒素类、蟾毒配基类,也是有效成分,主要作用于心迷走神经中枢或末梢,引起心率缓慢、心律不齐等,使房室传导阻滞,甚至心搏停止。

成人一日常用剂量为口服 0.015~0.030g,多入丸散用;外用适量,研末调敷或掺膏药内贴患处。服用过量蟾酥制剂可引起中毒,多见于服用过量六神丸(含蟾酥制剂),出现恶心、呕吐、腹痛、腹泻、水样便等,有心悸、心慌、心动过缓、心律失常、面色苍白、口唇发绀、四肢厥冷、手足心、额头出汗、血压下降、口唇、四肢发麻、视物不清、头晕嗜睡等。蟾酥有较强的致敏性,过敏性体质者可引起免疫反应,诱发血小板破坏和过敏性皮炎等。外敷鲜蟾蜍时,不仅引起全身中毒,还出现荨麻疹样皮疹、剥脱性皮炎。

中毒治疗 ①早期催吐,用 1∶4 000 高锰酸钾液洗胃,硫酸镁或硫酸钠导泻。②静脉滴注 5% 葡萄糖生理盐水,补充大量维生素 B_1、维生素 B_6 和维生素 C,有尿后给予适量氯化钾缓慢静脉滴注。③用硫酸阿托品抑制蟾酥引起的迷走神经兴奋性房室传导阻滞、心律失常,成人 0.5~1.0mg/ 次,静脉或肌内注射,3~4 次 /d,至显效为止。如效果不明显或有发生急性心源性脑缺血综合征的征象时,可加用异丙肾上腺素;有室性心动过速时可加用利多卡因,以防止发生心室颤动;有惊厥时,给予地西泮类、巴比妥类药物。④出现呼吸、循环衰竭时,要马上抢救。

六、土鳖虫

动物药土鳖虫为鳖蠊科昆虫地鳖(见于我国大部分地区)或冀地鳖(见于河北、河南、甘肃、青海、陕西、湖南等地)的雌虫干燥体。土鳖虫毒性成分仅见总生物碱。成人一日常用剂量为煎汤,3~9g,或浸酒饮;研末,1.0~1.5g。外用适量,煎汤含漱、研末撒或鲜品捣敷。土鳖虫中毒病例报道较少,服用土鳖虫制剂可出现过敏反应,停药后消失。

中毒治疗 有过敏反应时要停药,或给予氯苯那敏、维生素 C 抗过敏以及对症处理。

七、水蛭

案例 13-12 男患者,28 岁,患慢性肾炎 4 年,经中西药治疗,效果不佳,遂来医院就诊。检查发现,患者肢体浮肿、身重困倦、小便量少、舌苔白腻、脉缓。治宜益气健脾、祛湿利水,故用防己黄芪汤加水蛭 3g(研末,分 3 次吞服)治疗,病情缓解。后病复发,服上方仍有效。1985 年秋,患者病情再次复发,就诊于非正规医疗机构,购水蛭 200g,嘱其研末面粉少许煎饼食用。患者回家后照上法煎成"水蛭饼",一次吃后约 2h,肘膝关节僵硬、全身青紫、僵直、不能言语,急诊入院后死亡,诊断为水蛭中毒性死亡。

水蛭为水蛭科动物蚂蟥、水蛭或柳叶蚂蟥的干燥全体,产于我国大部分地区,毒蛋白类为有毒成分。成人一日常用剂量为 3~9g 煎汤;或炒黄研末服或入丸散,3g/次。外用时,将活水蛭置病处吮吸,或取浸液滴患处。水蛭中毒常见于用药不当、过敏体质、消化系统重症患者等。中毒表现为恶心、呕吐、子宫出血等,严重时还可出现胃肠出血、血尿、剧烈腹痛、血尿、昏迷等。用量过大时,可导致血小板减少、凝血时间延长、红细胞和色素减少等。水蛭水煎剂有终止妊娠效应。咬伤局部导致中毒则表现为长时间出血,并出现周身青紫、僵直、不能言语,甚至发生神志昏迷、呼吸衰竭、心脏抑制或死亡。

中毒治疗 ①内服过量时,用 1∶5 000 高锰酸钾溶液洗胃、导泻,并服用活性炭末。②有剧烈腹痛、出血倾向时,口服云南白药 1~3g/次,3 次/d,或肌内注射、口服维生素 K 和卡巴克络等,出血严重者要输血。③被活水蛭吸住时,可用鞋底等拍打水蛭,用盐水、醋冲或烟油涂于水蛭,或撒盐,使水蛭身体缩小,放松吸盘面脱落,再对症处理。

第四节 矿物类有毒中草药

矿物类中草药,简称矿物药,主要由天然矿物、生物类化石、矿物加工品、矿物化学制品组成,其主要有砷、汞、铅、铝、镁、铜、铁、钙、硅酸硫、盐酸盐等成分。矿物药中重金属或有害成分含量过高,易引发中毒。生活中常见不合理服用或长期滥用,以致产生毒副作用,威胁生命健康。

一、朱砂

案例 13-13 某天下午,6 月龄的男婴儿因发热、咳嗽、腹胀、大便发绿、夜间烦躁送至非法行医的陆某救治,诊断为"盘肠惊"(小儿消化不良)。用生姜、艾条灸其肚脐,再用中成药柏子养心丸加朱砂贴肚脐。次日上午 10 时左右,患儿病情加重,陆某诊为"攀惊风",配治"攀惊风"中药 1 剂(未煎服)。当日下午 1 时许,患儿死亡,判断为朱砂中毒。

朱砂又名辰砂、丹砂,是由贵辰砂矿石经炮制而得。化学成分主要为硫化汞(HgS),还含铅、钡、镁、铁、锌、锰等 25 种微量元素,多见于贵州铜仁、湖南辰溪、沅陵和麻阳。

成人一日常用量为 0.1~0.5g,入丸散服;外用适量,用于惊风、癫痫、疮疡肿毒、咽喉肿痛、口舌生疮等治疗。含朱砂的复方制剂有安宫牛黄丸(散)、紫雪丹、牛黄清心丸、六神丸、朱砂安神丸、天王补心丹、冰硼散、小儿金丹片等。

过量或长期服用朱砂可引起中毒。急性中毒主要有急性胃肠炎和肾受损表现,出现恶心、呕吐、腹痛、腹泻,严重时有脓血便、少尿、无尿,甚至昏迷抽搐、血压下降、肾功能衰竭而致死。慢性中毒主要表现为口腔黏膜损伤(口腔金属味、口腔黏膜溃疡、牙龈炎)、胃肠炎(腹痛、腹泻、呕吐)、神经损害(视物模糊、神经功能紊乱)、肾功能损害(少尿、无尿、肾衰竭)等。朱砂有一定的中枢神经系统抑制作用,如与溴化物、碘化物同时服用,会在肠道内生成刺激性的溴化汞、碘化汞,出现赤痢样大便,并导致严重的医源性肠炎。

出现朱砂中毒时,以"清除汞化合物、阻断或减少消化道吸收"为治疗原则,促进与机体酶系统结合的 Hg^{2+} 排出,使酶系统恢复正常功能。可用二巯基丙磺酸钠肌内注射驱汞,并按患者临床表现控制驱汞药物用量和治疗疗程,尽量减少不良反应,避免发生过络合综合征。

二、雄黄

案例 13-14 2004 年 6 月 20 日,某男(35 岁)患者因患牛皮癣连续 4d 用某无证行医者配制的含雄黄药膏涂抹患处。第 1 次涂药的次日,出现皮肤疼痛、呕吐、腹泻等。22 日,腹泻加重,黄色稀水样便,皮肤破溃、红肿。23 日上午,继续用药后呕吐、腹泻加重,下午送至医院救治。27 日死亡,判断为雄黄中毒。

雄黄主要成分为二硫化二砷(As_2S_2),并含有少量的三氧化二砷(As_2O_3)及一些微量元素,毒性成分砷含量在 90% 以上,多见于贵州、湖南、湖北、广西、甘肃、云南、四川、安徽、陕西。

成人一日常用剂量为 0.05~0.10g,入丸散用,内服宜慎,不可久服。多用于治疗皮肤病、小儿腮腺炎、乳痈、尖锐湿疣等。含雄黄复方制剂有牛黄解毒片(丸)、小儿化毒散、小儿至宝丸、牛黄静脑片、六应丸、珠黄吹喉散等。大量长期应用可引起急、慢性中毒。急性中毒表现为口干咽燥,流涎,剧烈呕吐,头晕,头痛,腹泻;重者多部位出血、惊厥、意识丧失、发绀、呼吸困难,甚至出血、肝肾功能衰竭和呼吸中枢麻痹而致死。慢性中毒表现为皮疹、脱甲、麻木、疼痛,有口腔炎、鼻炎、结膜炎、结肠炎,重者出现肌肉萎缩、剧烈疼痛、膈神经麻痹性呼吸暂停。此外,雄黄有致癌、致畸和致突变效应。

中毒治疗 ①中毒后马上用氢氧化铁溶液催吐,用 1% 硫代硫酸钠洗胃,硫酸镁导泻,并口服蛋清、牛奶、豆浆、药用炭等,吸附毒物,保护黏膜。②肌内注射二巯丙醇解毒,直至中毒表现消失,静脉滴注葡萄糖或葡萄糖盐水注射液,也可静脉滴注碳酸氢钠注射液,以碱化尿液,减少血红蛋白在肾小管内沉积。

三、炉甘石

炉甘石为碳酸盐类矿物方解石族菱锌矿,主含碳酸锌($ZnCO_3$),煅炉甘石主要成分为氧化锌。有些炉甘石含铅、镉。多见于湖南、广西、四川、云南等地。外用适量、研末撒布或调敷,水飞(利用粗细粉末在水中悬浮性不同,将不溶于水的矿物、贝壳类等药物与水共研,经反复研磨制备成极细腻粉末的方法)点眼、吹喉,一般不内服。多用于治疗复发型单纯疱疹、皮炎湿疹、皮肤过敏、新生儿脓疱病、褥疮、肛门瘙痒症、腋臭等。口服后,在胃内可生成氯化锌,可刺激腐蚀胃肠道。

中毒治疗 炉甘石中毒多是混有铅、镉、砷、汞等杂质所致,可按重金属中毒救治原则,洗胃、导泻等对症治疗。

四、胆矾

案例 13-15 某日上午 10~12 时,某男患者(39 岁)分 3 次口服胆矾方剂(含胆矾 12g)后,出现呕吐、烦躁不安、四肢无力、神志不清,末次服药 3h 后死亡,判断为胆矾中毒。

胆矾是天然硫酸盐类矿物胆矾晶体,或人工制成含水硫酸铜($CuSO_4 \cdot 5H_2O$),多见于云南。成人一日常用量为 0.3~0.6g,入丸散内服;外用适量,研末撒或调敷,若用于洗目,要稀释千倍水溶液使用。用于治疗皮肤肿瘤、白喉、咽部脓肿、瘰疬、淋巴结核瘘管、皮下肿物和口疮。胆矾不宜大量或长期服用,中毒主要表现为口腔金属涩味、咽干、恶心呕吐、腹痛腹泻、吐出物或排泄物呈蓝绿色,并有头晕头痛、眼花、乏力、面色苍黄、黄疸、血压下降、心动过速、呼吸困难、少尿或无尿,甚至肾功能衰竭而致死。中毒时间较长时,有肝肾损伤、黄疸、血尿,偶见溶血性贫血。严重者体温升高、心动过速、血压下降、昏迷、痉挛、血管麻痹、谵妄、抽搐等,甚至中毒后5~7d死于循环衰竭。

中毒治疗　①马上用清水或1%亚铁氰化钾600ml洗胃,使胆矾变成低毒、不溶的亚铁氰化钾而沉淀。②给予蛋清、牛奶、米汤等保护胃黏膜。③静滴10%葡萄糖液体或5%葡萄糖生理盐水,有尿后适当加钾。④出现溶血时,可用氢化可的松、碳酸氢钠,必要时补充新鲜血液。

(潘校琦　刘　智　张志刚　张　楠)

第十四章 生活中的毒物与肿瘤

案例 14-1 在全球很多国家,尤其是非洲撒哈拉以南地区,80% 的肝癌病例受到黄曲霉毒素的影响,一般可在这些地区的玉米、花生和其他作物中找到黄曲霉。2017 年 3 月 28 日,美国麻省理工学院研究人员在《美国国家科学院院刊》发文,介绍他们采用肝细胞 DNA 测序探讨黄曲霉毒素对肝细胞基因突变的影响。在实验第 10 周,染黄曲霉毒素小鼠肝细胞基因出现突变,使 DNA 碱基鸟嘌呤转化成胸腺嘧啶,以致引起肝癌。然后,他们将来自全球 300 名肝癌患者突变基因序列与染黄曲霉毒素小鼠突变基因序列进行比对,观察到撒哈拉以南地区 13 名患者突变基因序列与小鼠的匹配。这些突变的发现有助于研究人员识别人患肝癌的风险,并在肿瘤生成的前几年提前预测,以便尽快手术切除。该研究也用于研发新的防癌药物,如奥替普拉或用食疗改变与黄曲霉毒素有关的食谱。我国科学家正在探讨绿花椰菜芽是否可以干预黄曲霉毒素引起肝癌,如西兰花化合物可以阻止黄曲霉毒素引起的突变。

第一节 概　　述

肿瘤指在多种内在和外来致肿瘤因素作用下由组织细胞异常增生形成的新生物。按肿瘤生长特性和危害程度分为:①良性肿瘤。对机体的影响常限于局部,肿瘤细胞不转移、不浸润,肿瘤切除后一般不复发,也不会导致宿主死亡。②恶性肿瘤(又称癌症)。肿瘤细胞有浸润、转移能力,肿瘤恶性膨胀生长,易复发,其危害局部与全身,可造成宿主死亡。

癌症是严重威胁人类健康和生命安全的一个重大疾病。据 WHO 国际癌症研究所报告,2018 年全球新发癌症患者 1 810 万例,死亡 960 万例,其中我国癌症新发患者为 380.4 万例,死亡 229.6 万例。我国卫生部国家肿瘤登记中心《2012 中国肿瘤登记年报》显示,2012 年新发癌症患者为 312 万例,平均每天新增癌症患者 8 550 例,平均每分钟有 6 人被确诊为癌症,5 人死于癌症。其中 50 岁以上人群占患者总数 80% 以上,60 岁以上人群的发病率大于 1%。全球每年新增肺癌病例 1/3、新增肝癌和食管癌病例 1/2 发生在我国。

总体上癌症发病率在上升,死亡率在下降。但是,不同癌症有增有减,男女有差异,发达国家与发展中国家有差异,不同地区之间也有差异。全球男性癌症发病前 10 位依序是肺癌、前列腺癌、结直肠癌、胃癌、肝癌、膀胱癌、食管癌、淋巴癌、肾癌、白血病;女性癌症发病前 10 位依序是乳腺癌、结直肠癌、肺癌、宫颈癌、胃癌、子宫内膜癌、卵巢癌、甲状腺癌、肝癌、淋巴癌。我国最常见的癌症是肺癌、胃癌、肝癌和食管癌,约占总发病数的 66%。

一、肿瘤的发病因素

肿瘤的发生是多因素综合作用的结果,不仅有机体内部因素的效应,也受外部环境因素的影响。内因是变化的关键,外因是变化的条件,宿主遗传易感性是肿瘤发生的基础,环境因素起主导作用。

(一)内因

1. 遗传因素　有某些遗传缺陷或某种基因多态性变异型的个体更容易发生某些肿瘤。一些肿瘤发生有遗传倾向或遗传易感性。

2. 机体 DNA 损伤修复能力　遗传物质的氧化损伤以及 DNA 损伤后的修复能力是细胞遗传物质突变的重要机制,是肿瘤发生的重要基础。

3. 机体免疫功能　机体免疫是机体主动清除体内异常物质的重要手段。免疫功能降低,会导致机体对异常细胞的清除能力下降。

4. 内分泌平衡　雌激素、催乳素与乳腺癌、肾癌,雄激素与前列腺癌,生长激素与癌细胞生长等均有关系。

5. 精神心理因素　精神心理因素能影响机体的内稳态,并影响肿瘤的发生和进展。

(二)环境因素

1. 化学因素　一些环境化学物质(包括遗传毒物和非遗传毒物)可导致人体癌基因活化、抑癌基因抑制,从而促进细胞恶性转化,使细胞产生癌变。如黄曲霉毒素与肝癌、苯与白血病、多环芳烃与肺癌和皮肤癌等。人类暴露化学物质以百万种计,但是人类对绝大部分化学物质的致癌活性、潜在影响仍不清楚。

2. 物理因素　电离辐射、紫外线、石棉、滑石粉、慢性溃疡刺激等与一些肿瘤发病有关。

3. 生物因素　①病毒,DNA 病毒如 EB 病毒与鼻咽癌、伯基特淋巴瘤有关,人类乳头状病毒感染与宫颈癌有关,乙型肝炎病毒与肝癌有关。RNA 病毒如 T 细胞白血病/淋巴瘤病毒与 T 细胞白血病/淋巴瘤有关。②细菌,如幽门螺杆菌与胃癌发生有关。③寄生虫,如肝吸虫与肝癌、弓形虫与畸变有关。

二、遗传毒物与肿瘤

肿瘤细胞存在多种突变基因。大多数环境致癌物都是通过影响遗传物质而导致癌症发生,体细胞突变学说是目前癌症发生分子机制的主流学说。多数致癌物在致突变试验中有阳性结果,而非致癌物没有遗传损伤效应。因此,体细胞突变学说认为,肿瘤是在个体遗传易感性的基础上,由致癌因素导致遗传物质损伤或功能异常的结果。

1. 原癌基因的突变激活　癌基因(oncogene)编码产物与细胞肿瘤性转化(过度增殖、低分化、浸润、转移)等生物学特性有关。原癌基因(proto-oncogene)是细胞的正常基因,对细胞的正常生理功能非常重要。在环境因素的作用下,原癌基因可发生突变而激活为癌基因,进而表达异常的基因产物,促进细胞的肿瘤性转化,导致肿瘤的发生。

2. 抑癌基因突变失活　抑癌基因(tumor suppressor)编码产物能抑制细胞的不受约束生长增殖,具有维持正常细胞的膜结构和稳定性,调节细胞周期、调节细胞信号传导,抑制细胞增殖,促进异常细胞凋亡等功能。抑癌基因发生突变后,其基因产物发生改变,调控抑制细胞增殖与凋亡的功能作用丧失,机体产生的异常细胞出现不受约束的增殖。

三、非遗传毒物与肿瘤

一些对细胞遗传物质没有直接损伤的物质,也参与肿瘤的形成和发展,如巴豆油、石棉、体内正常激素、免疫抑制剂等。非遗传毒物质不对 DNA 产生直接损伤,而是作用于 DNA 以外的其他生物大分子,它们主要涉及小分子 RNA 改变、DNA 甲基化、组蛋白修饰、染色质重塑等,进而影响基因表达水平,通过影响机体免疫系统、细胞增殖与分化、细胞凋亡、细胞代谢等参与肿瘤的发生。因此,对这类非遗传毒性致癌物,不能采用遗传毒性试验进行致癌性预测。

四、肿瘤发生的三阶段

1. 启动阶段　细胞遗传物质在各种内外因素的作用下,发生不可逆的损伤,以致基因突变,使突变细胞产生恶性行为的突变产生癌症。大部分致癌化学物都有致突变效应,而非致癌物没有致突变效应。黄曲霉毒素、苯并(a)芘、亚硝胺、卷烟焦油、染发剂、细胞毒抗癌药物(如紫杉醇、顺铂、环磷酰胺)等有强致突变效应。

2. 促长阶段　第一阶段产生的突变细胞,在一些内外因素的作用下,出现不同于正常细胞的异常克隆增生,形成显微镜下可见的异常细胞群或肉眼可见的良性肿瘤,如口腔黏膜白斑、结肠异常隐窝灶或息肉、腺瘤等良性肿瘤改变。

3. 进展阶段　第二阶段形成的异常细胞群或良性肿瘤,在某些因素的进一步作用下,细胞出现恶性细胞特性(如侵袭、转移、恶性生长等)变化,产生恶性肿瘤。

五、化学致癌的影响因素

(一)化学致癌物本身因素

化学物质致癌活性与其化学结构、亲电子性等本身特性有密切关系,如黄曲霉毒素在呋喃环末端有双键时致癌活性最强。

(二)宿主因素

1. 物种、品系、器官特异性　结肠特异基因毒致癌物 AOM 能诱发 C57BL/6J 小鼠结直肠癌,但不能诱发昆明种小鼠结肠癌症。2-萘胺可以诱发人、犬、猴和仓鼠膀胱癌,对小鼠诱发肝癌和肺癌,对大鼠和兔的器官不能诱发肿瘤。

2. 年龄　癌症发生率随年龄变大而增高。0~39 岁段处于较低水平,40 岁以后快速上升。全国恶性肿瘤发病率在 35~39 岁年龄段为 87.07/10 万,40~44 岁年龄段几乎加倍,达到 154.53/10 万;50 岁以上人群发病占全部发病的 80% 以上,60 岁以上癌症发病率超过 1%,80 岁达到高峰。癌症发病率随着年龄变大而上升,与年龄增加伴随的细胞突变积累增加、机体修复和清除能力减弱等有关。年龄也影响机体对致癌物的易感性差异,婴幼儿对多环芳烃、亚硝胺、黄曲霉毒素、空气污染等更敏感。如黄曲霉毒素 B1 可诱发新生小鼠肝肿瘤,但对断奶后小鼠不能诱发肝肿瘤。

3. 性别和内分泌　一些肿瘤发病有明显的性别差异,且可能与性激素、激素受体、性染色体、生理结构、工作环境、致癌因素暴露、代谢酶多态性等差异有关。男性癌症发病率比女性高,女性甲状腺癌、乳腺癌、胆囊癌、膀胱癌发病率较高,男性肺癌、肝癌、食管癌、胃癌、结直肠癌高发。

4. 饮食与营养因素　肿瘤发生与不良饮食习惯(如长期食用高脂、油炸、烟熏、酗酒、低膳食纤维等)、营养不平衡有关,一些营养素(如维生素 A、维生素 C、维生素 E、硒、多酚类物质)、食物微量活性成分可能有一定的防癌或抗癌效应。

5. 免疫与代谢　免疫缺陷或代谢异常与癌症的发生有关。器官移植患者长期使用免疫抑制药物可导致白血病、淋巴瘤发病增加，艾滋病患者晚期常发生淋巴瘤。

（三）遗传易感性

指有某些遗传缺陷或某种基因多态性变异型的个体更容易发生肿瘤的特性。遗传因素能影响化学致癌物代谢、遗传物质稳定性、遗传物质损伤修复、免疫等功能。一些遗传缺陷有遗传性，少数肿瘤的发生有明显的遗传倾向。

（四）联合作用

联合化学物质或环境因素可能出现拮抗、相加、协同致癌效应，如二乙基亚硝胺与偶氮染料联合暴露可促进肝癌的发生。

第二节　饮食与肿瘤

案例 14-2　某县丘陵遍布，山高坡陡，土薄石厚，水源奇缺，十年九旱。当地某村、某家族常聚集出现食管癌患者，甚至祖孙三代皆发病。如李某 55 岁患食管癌，其父亲 78 岁患食管癌，其祖父也是患食管癌去世。据流行病学调查，食管癌高发和当地人饮食习惯有很大的关系。①由于水源奇缺，交通不便，很少吃到新鲜蔬菜，所以家家户户都有食用腌咸菜的习惯，居民胃液和尿中都检出较高水平的亚硝胺类化合物。②盛行饮酒，居民用薯干、玉米和其他粮食酿酒，而粮食保存不当易发生霉变，霉变粮食含有黄曲霉毒素。③人们经常吃烫的食物，如一碗刚出锅的热面条很快就吃完。所以，该县是食管癌高发区。

1981 年，英国肿瘤流行病学家 Richard Doll 和 Richard Peto 在《癌症的原因》中首先提出，"膳食因素在各种癌症死亡中所占的比例为 10%~70%，通过改变不合理膳食，可使美国因癌症致死减少约 35%"。目前，饮食与肿瘤的关系是人们颇为关注的公共卫生问题，与饮食关系最密切的肿瘤有胃癌、食管癌、直肠癌、肝癌、乳腺癌等。与饮食有关的常见致癌物包括黄曲霉毒素、亚硝胺、多环芳烃类化合物、丙烯酰胺等。此外，不合理的饮食方式如高能量、高脂、高糖饮食也会增加肿瘤的发病风险。

一、常见的与饮食相关的致癌物

1. 黄曲霉毒素（AFT）

（1）AFT：霉变食物中的主要致癌物，WHO 认定的 1 类致癌物（明确的人类致癌物），是毒性和致癌性最强的天然污染物，毒性是砒霜的 69 倍，可诱发所有动物发生肝癌，如人类、啮齿类、鸟类、鱼类等动物。

（2）暴露途径：产生 AFT 的主要真菌是黄曲霉菌和寄生曲霉菌。从田间、采收、处理、运输或储存的环节都可产生或污染 AFT。目前，AFT 污染遍布全球，尤以热带和亚热带地区最严重。易被 AFT 污染的农作物有玉米、花生、棉花种子、大米等，一些干果和奶制品也检出AFT。其有较稳定的化学性质，280℃以上高温下才能被破坏。

（3）致癌性和流行病学研究：AFT 可通过污染的植物产品或喂饲了受污染饲料的动物肉、乳制品进入人体，约50% 在十二指肠被吸收，主要损害肝，严重时可导致肝癌，甚至死亡。肝癌多发于温暖、潮湿、易滋生黄曲霉菌的地区，尤其是食用玉米、花生多的地区。如菲律宾玉米和自制花生酱 AFT 污染严重，一个以玉米为主食的地区和另一个经常食用自制花生酱的地区,肝癌发病率是其他地区的 8 倍以上。我国沿海地区,长三角及珠三角等地肝癌发病率最高,与沿海地区气候潮湿,豆类、花生、米等粮食易被 AFT 污染有关。

(4)限量标准:我国 GB 2761—2011 标准规定:玉米、花生、花生油中 AFT 限量为 20μg/kg,玉米、花生制品中 AFT 不得超过 20μg/kg,稻谷、糙米、大米、植物油脂为 10μg/kg,其他粮食、豆类、发酵制品不得超过 5μg/kg;婴儿代乳品不得检出。

(5)预防措施:①防霉,采取适当的作物管理、合适的贮藏(控制温湿度、减少氧气)措施,减少 AFT 污染。②脱毒,常用技术有物理吸附、挤压膨化、辐射、微波降解、臭氧降解、生物吸附和生物降解等。例如益生菌可吸附 AFT,通过食用益生菌可减少 AFT 在肠道的吸收。③不要食用发霉发苦的食物。

2. 亚硝胺及其前体化合物

(1)简介:亚硝胺有 100 多种化合物,是腌制食品的主要致癌物,也是环境中最常见的化学致癌物,WHO 列为 1 类致癌物,硝酸盐和亚硝酸盐是其前体化合物。亚硝胺可诱发所有受试种属动物发生肿瘤,不同的亚硝胺可引起不同的肿瘤,最常见是消化道肿瘤。

(2)暴露途径

1)腌制食品:指禽、畜、鱼肉、豆制品、蔬菜瓜果等腌制发酵食品,常见有咸菜、泡菜、咸鱼、咸蛋、虾酱、腊肠等。腌制食品是亚硝酸盐含量较高的食物制品之一。

2)油炸、煎制、烟熏食品:油炸、煎制、烟熏等可使食物中胺类化合物发生亚硝化反应,生成亚硝胺,如油炸和煎制使香肠亚硝胺含量增加 30%,烟熏鱼肉二甲基亚硝胺含量高达 100μg/kg。

3)硝酸盐和亚硝酸盐:为了延长保存期,并使食品有较好的色泽,硝酸盐和亚硝酸盐作为食品添加剂用于肉类食品的制作和保藏。

4)蔬菜:蔬菜吸收氮肥后,一般以硝酸盐的形式暂存,例如莴苣与生菜中硝酸盐含量可高达 5 800mg/kg,菠菜可高达 7 000mg/kg,甜菜可高达 6 500mg/kg。如果蔬菜存放太久不新鲜了,硝酸盐会被植物酶还原成亚硝酸盐。隔夜菜(存放超过 8h)滋生细菌霉菌,也能把硝酸盐还原成亚硝酸盐,亚硝酸盐在人体内可能会转化成亚硝胺。

(3)致癌性和流行病学研究:人体摄入的绝大部分硝酸盐和亚硝酸盐随尿排出,所以膳食中少量摄入硝酸盐、亚硝酸盐不会对人体健康造成危害。但是,摄入量超出人体排泄能力时,硝酸盐和亚硝酸盐(前致癌物或间接致癌物)经代谢活化生成亚硝胺,亚硝胺经一系列反应最终呈现较高的致癌活性。据流行病学调查,全球不同地区人群的食管癌和胃癌发病风险与亚硝胺及前体化合物的膳食摄入量密切相关。我国东南沿海、河南林县等食管癌发病率较高,可能与当地人群亚硝胺暴露水平较高有关。2015 年,上海某人群队列研究显示,胃癌发病风险随着腌制食品摄入量增加而升高。

(4)限量标准:WHO 和联合国粮农组织建议(1995),硝酸盐和亚硝酸盐的 ADI 分别为 3.7mg/kg 和 0.06mg/kg。我国食品卫生标准规定亚硝酸盐在酱腌菜中不超过 20mg/kg,蔬菜中不超过 4mg/kg。

(5)预防措施:①尽量不食用腌制食品。食用可选择蒸或煮的方法来减少摄入亚硝基化合物。②制作腌制食品时,可用抗氧化剂(维生素 C、烟酰胺等)代替亚硝酸盐作为发色剂。③茶多酚、大蒜疏基化合物、维生素 C、维生素 E 等能明显抑制亚硝胺及其前体化合物的致突变和致癌效应。

3. 多环芳烃类化合物

（1）简介：多环芳烃类化合物是烟熏、烧烤、煎炸食品中的主要致癌物，分子含 2 个及以上苯环稠合的碳氢化合物有 150 余种，主要来源于有机物的不完全燃烧。其中 15 种被 IARC 认定为对实验动物致癌的化合物。据流行病学调查和动物实验，多环芳烃类化合物可诱发皮肤癌、肺癌、胃癌、肝癌、阴囊癌等。

（2）暴露途径：对于不吸烟的非职业暴露人群，饮食是暴露多环芳烃类化合物的主要途径，约占总暴露量的 70% 以上。多环芳烃类化合物污染食物途径主要是环境迁移和加工污染。环境迁移指动植物在生长过程中可吸收水、土壤和大气的多环芳烃类化合物，加工污染指高温加工时脂肪受热超过 200℃会分解产生多环芳烃类化合物，常见的加工方式有烟熏、煎炸、烧烤、干燥等。在很多食品中可检出多环芳烃类化合物，如谷类、食用油、蔬菜、水果、饮用水、奶制品等。食用植物油样本抽检多环芳烃类化合物平均含量为 52.15μg/kg。多环芳烃类化合物中最典型的是苯并芘，致癌性很强。当咖啡烧焦后，苯并芘含量可增高 20 倍。

（3）致癌性及流行病学研究：绝大多数的多环芳烃类化合物是间接致癌物，需经微粒体混合功能氧化酶活化后，与 DNA 发生共价结合，使正常细胞转化为癌细胞，可引发多器官肿瘤。冰岛人长期食用含多环芳烃类化合物较高的烟熏食品，以致该地区胃癌高发。我国喜欢吃烧烤的女性患乳腺癌概率是不喜欢吃烧烤女性的 3 倍。

（4）限量标准：WHO 规定饮用水中 6 种常见的多环芳烃类化合物最高浓度为 0.02μg/L。我国《食品中污染物限量》GB 2762—2012 要求，谷物及其制品、肉及肉制品、水产动物及其制品中苯并芘含量要低于 5μg/kg，油脂及其制品中苯并芘的含量要低于 10μg/kg。

（5）预防措施：采取控制食品污染源，合理布局农作物的生产，优化饮食结构、改良食品加工和烹饪方式，可降低多环芳烃类化合物的饮食暴露风险。

4. 丙烯酰胺

（1）简介：丙烯酰胺是一种常见的化工原料，也是炸薯条或炸薯片中的主要致癌物。IARC（1994）判定丙烯酰胺是 2A 类致癌物（对人类致癌性证据有限，对实验动物致癌性证据充分）。2002 年，瑞士国家食品监督局首次报道在油炸或焙烤的食品中检出高含量丙烯酰胺，以致引起人们对丙烯酰胺的关注。动物实验证明丙烯酰胺可引起多器官肿瘤，欧洲食品安全局确认含有丙烯酰胺食品可能使患癌症风险增高。

（2）暴露途径：人们通过饮食暴露丙烯酰胺的途径主要有饮水和高温加工的食物。在高温加工食品时，天门冬酰胺和还原糖反应生成丙烯酰胺是食品中形成丙烯酰胺的主要途径，其中富含淀粉的油炸和烘烤食品（如炸薯条、法式油炸土豆片、谷物、面包等）中其含量较高。此外，咖啡在焙烤过程中会产生一定量的丙烯酰胺。例如，炸薯条丙烯酰胺含量为 1 000mg/kg，炸薯片丙烯酰胺含量为 500mg/kg。

（3）致癌性及流行病学研究：丙烯酰胺分子小，有亲水性，可抵达全身器官和组织，经肝代谢后生成环氧丙烯酰胺。体内外实验证实，其有致突变性和致染色体断裂性，也可能通过影响细胞的氧化还原状态导致基因转录错误或干扰 DNA 修复。人群肿瘤学调查观察到，丙烯酰胺暴露与消化系统肿瘤、男女生殖系统肿瘤、肺癌等相关，如儿童期每周食用一次炸薯条，至成年乳腺癌发病相对危险度会增高。丙烯酰胺可引起动物多器官肿瘤，其人群致癌性仍需要深入研究。

（4）限量标准：WHO 规定水中丙烯酰胺的最高限量为 1μg/L。2017/2158 欧盟新法规对食品中丙烯酰胺含量进行了限定,其中大多数谷类早餐的基准水平设定为 300μg/kg,速溶咖啡为 850μg/kg,烘焙咖啡为 400μg/kg,薯片为 750μg/kg,饼干为 350μg/kg。

(5)预防措施:因丙烯酰胺无法去除,只能减少其生成量或摄入量。如少吃煎炸和烘烤食品,降低烹调温度和缩短烹调时间。

5. 其他与饮食相关的致癌物

(1)花椒毒素:植物毒素,较常见于花椒、八角等调味料中,光敏性很强,WHO 将其伴紫外线 A 辐射列为 1 类致癌物。

(2)多氯联苯:WHO 将其列为 1 类致癌物。食品中多氯联苯的主要来源包括环境污染、食品容器、包装材料的污染和含多氯联苯的设备事故。

(3)食用色素、咖啡因、三聚氰胺、糖精等:IARC 将其列为 3 类致癌物(迄今尚无足够的动物或人体资料,以供分类该物质是否为人类致癌物)。

二、不合理的饮食方式

1. 高能量和高脂饮食　高能量和高脂饮食本身并不一定致癌,但可诱发其他致癌因子的启动。如能量摄入过多或高脂饮食会导致肥胖,可增加子宫内膜癌、结肠癌、乳腺癌、胆囊癌等的发病危险性。

2. 摄入过多的精制糖　精制糖指方糖、砂糖、白糖、红糖、糖浆等。2015 年,WHO 强烈推荐将儿童和成年人的糖摄入量控制在总能量摄入的 10% 以下,以预防肥胖、龋齿等。据流行病学调查,精制糖摄入量与乳腺癌发生率有关。

3. 高盐饮食　《中国居民膳食指南(2016)》推荐成年人每日盐摄入量要低于 6g,WHO 推荐的成年人每日盐摄入量要低于 5g。除了烹饪加入食盐,还包括咸菜、咸肉、其他腌制食品含有的食盐。盐本身不致癌,引起癌变的原因是高浓度盐溶液易破坏胃黏膜保护层,引起黏膜糜烂或溃疡。一旦致癌物入侵,会促使胃黏膜细胞癌变,诱发胃癌。

4. 摄入过多的红肉及加工肉制品　红肉指牛肉、猪肉、羊肉等,IARC 判定为 2A 类可能的致癌物;加工肉制品包括熏肉、火腿、腊肉等,IARC 判定为 1 类致癌物。红肉含有较高的饱和脂肪,食用过多红肉会使患直肠癌风险升高;食用过多加工肉制品会使患乳腺癌、结肠癌、前列腺癌、胰腺癌等的风险增高。红肉含有丰富的铁,建议日常生活中红肉摄入量每日低于 80g,可选择更有益于身体健康的白肉(鱼肉和家禽肉),尽量减少食用加工的肉制品。

5. 过热饮食　中国人多喜热食,如喝热粥、热汤、热茶等。如果入口食物温度大于 60℃,会烫伤食管黏膜,反复烫伤会形成浅表溃疡,长期刺激下将诱导细胞恶性转变,是导致食管癌发生的重要原因,IARC 判定过热饮食为 2A 类可能的致癌方式。此外,过热饮食可诱发慢性口腔黏膜炎症、萎缩性胃炎等,如潮汕人喜欢喝滚烫的功夫茶,可能是该地区食管癌高发的重要原因。

6. 入睡前吃大量的食物　入睡前吃大量的食物,会增加胃肠负担,并可能会造成胃黏膜充血、糜烂、溃疡,易诱发胃癌。晚间食用过多含致癌物的食品,以致致癌物在胃停留时间过长,使患胃癌风险增高。

三、合理饮食,防治肿瘤

1. 减少致癌物的摄入,不食或少食霉变食物、腌制食品、烧烤、熏制、煎炸食品,不食剩饭剩菜。

2. 控制脂肪、精制糖、食盐、红肉和加工的肉制品的摄入量。

3. 避免食用过热的食物和饮品。

4. 减少入睡前的饮食。

5. 食物多样化,多食蔬菜、水果和富含膳食纤维的食物。

第三节　生活方式与肿瘤

一、推杯换盏,可不要贪杯

在酒文化盛行的大环境里,酒精和肿瘤的关系虽一直在广大民众关注的视野中,却一直被"相关并不等于是因果"这样的想法或者"小酒怡情,大酒伤身"这样的思维掩盖着其背后的真相。近两年来,全球顶尖期刊发表多篇酒精与癌症密切相关的论文,发现酒精与口腔癌、咽喉癌、食管癌、乳腺癌、肠癌、肝癌等关系密切。从饮入酒精开始,酒精会对人体产生什么样的影响? 人们应该如何认识与预防它对人体的危害?

1. 酒精与肿瘤的关系　酒是由水、醇、酸、酯、酮、醛、杂环化合物、大环化合物等有机物组成的,其中水和乙醇(即酒精)约占总量的98%。

(1) 酒精摄入、吸收与代谢:人们一般通过饮酒将酒精摄入体内,酒精很容易被胃和肠道吸收,其中经胃吸收约25%,经肠道吸收约75%。因为大部分酒精被小肠吸收后会进入血液,所以从饮酒入体内开始至酒精浓度在血中达到峰值仅30min。酒精经血液循环将很快进入人体各个器官,其中近2%~10%通过肾、呼吸道、皮肤汗腺排出,而有高达近90%的酒精经肝代谢。酒精在肝代谢的反应途径见,酒精通过酒精脱氢酶(ADH)代谢为乙醛。乙醛在乙醛脱氢酶(ALDH)的作用下,可被代谢为毒性稍低的代谢产物乙酸。然而,由于不同的人体含乙醛脱氢酶量及类型不同,他们代谢乙醛的能力也不一,乙醛可通过损伤人体DNA并阻止细胞发挥修复损伤的功能,损伤机体。因此,乙醛被IARC判定为1类致癌物,乙醛在体内含量的升高会导致机体出现脸红、头痛、恶心、呕吐等。酒精在体内摄入、吸收、代谢的过程,反映出酒精与消化道肿瘤关系密切。

(2) 酒精是致癌物:1988年,IARC判定酒精为1类致癌物。酒精增加了人体患口咽癌、喉癌、食管癌、乳腺癌、肝癌的风险。酒精使多种癌症发生的风险增高,饮酒方式使酒精与口腔癌、咽喉癌、食管癌的关系更为密切,其患癌风险随着人体饮酒量增多而升高,人每天饮酒(约含纯酒精15ml)患口腔、咽喉癌的风险与从来不或者偶尔饮酒的人相比增加了约5倍。即使每天仅为少量饮酒,该风险也会高出约20%。戒酒可使上述患癌风险明显降低。酒精使体内雌激素水平异常升高,是引起乳腺癌的主要因素。长期酗酒可损伤肝,并由疤痕组织修复重建,以致发生肝硬化,并且也加大了肝癌发病的风险。对于已患有乙型或丙型肝炎的患者,酒精会加剧其患肝癌的风险。因此,患有这些疾病的人也应该尽量避免饮酒,即使少量饮酒也会损害肝。酒精还可以使其他致癌化学物质(如烟草化学物质)更容易被口腔和咽喉吸收。此外,酒精会减少血液叶酸的含量,而叶酸作为一种B族维生素,是促使我们机体细胞正常运转的重要维生素。目前,尚无证据说明酒精是否会降低叶酸水平,以致促使癌症的发生,或者叶酸水平的变化是否会影响酒精致癌的发生风险。但是,酒精可以在体内,尤其是肝中产生活性氧。活性氧有破坏性,通常机体正常代谢可以把这些分子维持在较低的水平,当酒精促使这些分子的增多,活性氧水平升高后就会破坏机体的DNA,从而影响机体正常功能。酒精除了可以增加消化系统的癌症发生率,也可以增加乳腺癌的发生率。据研究,女性饮酒的风险更大,每天摄入约10g的酒精,患乳腺癌的风险增加约7%~12%。

2. 危害与预防 了解了酒精对人体的影响,也更为清晰地了解酒精与癌症发生发展的密切关系。但是,在国内酒文化盛行的环境里,不少人认为喝酒只要不喝醉,对人体就不会有太大影响,也有人说,国内有很多地方盛产白酒,当地人也以品酒、喝酒作为地方特色和文化亮点,可大家并没有看到当地民众的身体健康受到饮酒的严重影响。甚至还有很多人认为,每天少喝一点酒,对心脏有一定的好处,少量饮酒的人患心血管疾病的风险较不喝酒的人更小。但是,酒精属致癌物是肯定的,而酒精对于心血管的保护效应尚不清楚。

(1)不论低度高度,是酒就有损伤:越少的摄入酒精,将越能够降低罹患癌症的风险。有人认为,只要不是总喝白酒,喝点酒精度相对较低的红酒或者啤酒,就没有风险。据研究,各类酒,不论是红酒、啤酒、白酒,都能够增加患癌风险,且这种风险与酒精含量以及醉酒次数的增加都有着密切关系。如果是在身体处于疾病状态或者女性处于怀孕状态,酒精会对机体及胎儿造成直接损伤。目前,尚没有明确的研究结果表明其中的直接关系,但有研究显示母亲在孕期饮酒将加大孩子在出生后患白血病等的风险。因此,在备孕、怀孕、哺乳期,母亲为了孩子的健康也应该远离酒精及含酒精的各类饮料。

(2)吸烟同时饮酒将加大患癌风险:烟草是引起口腔癌、食管癌、肝癌等的危险因素,同时吸烟与饮酒比仅吸烟或饮酒的危害更大。2012年,某Meta分析显示,不吸烟仅饮酒人比不吸烟也不饮酒的人患口腔癌、咽喉癌等癌症的几率高1/3。但是,长期吸烟和饮酒的人患此类癌症的风险比不吸烟不喝酒的人高出近三倍。此外,长期吸烟和大量饮酒的人患肝癌的风险比不吸烟不喝酒的人高出近十倍。由此可见,吸烟与饮酒同时进行对人体会造成严重的影响。迄今,尽管针对酒精与癌症关系的研究仍在进行,但是酒精致癌机制尚未十分清楚。

针对如何预防酒精对人体的影响,应该从量和度进行。在饮酒的量上,有一定的把控,在饮酒的酒精度数上,也有一定判断和选择。从减少醉酒次数到减少饮酒次数。然而,彻底减少酒精暴露,说起来容易,做起来却很难。但是,要遵循一定的原则,如备孕、怀孕、哺乳妇女要禁酒,幼儿、青少年也要禁酒,严禁酒驾等。对于有饮酒习惯或成瘾的人而言,学会控制显得十分重要。此外,食物也能缓解酒精的吸收,所以饮酒前吃些东西,不要空腹饮酒,控制饮酒量、酒后行为都是至关重要的。

二、吞云吐雾,伤害的是你自己和他人的健康

1. 吸烟与肿瘤 要说起吸烟与肿瘤的关系,首先要谈谈香烟中有哪些成分,因为很多人都认为,香烟就是纸包裹着烟草,但实际上其远不止这些。香烟燃烧时释放出的危险混合物中有超过5 000种不同的化合物。据IARC研究,这些化合物中很大一部分是有毒物质,其中超过70种化合物(如苯、砷、铅、镉、甲醛、钋-210、铬、氯乙烯、环氧乙烷等)可导致癌症,尤其是烟草的尼古丁。吸烟者不仅暴露在这些化学物中,还暴露于香烟燃烧形成的高浓度化学物烟雾中。因此,除了吸烟者本身,其周围任何人都呼吸这些有毒有害的化学物。吸烟不仅仅能够导致癌症,还可因其所释放的有毒有害物,导致吸烟者及其周围人的心、肺出现

不适。据 WHO 统计数据(2013 年),20 世纪烟草导致全球约一亿人死亡,并预测 21 世纪将有近十亿人因烟草丧命。

(1) 烟草有害物进入人体的过程及致癌机制:烟草烟雾经口腔进入人体,呼出的烟雾也可经鼻腔进入人体,烟雾通过鼻咽部、气管、支气管抵达肺。烟草烟雾中有害物能经呼吸道黏膜进入人体,对全身产生有害的影响。烟草化合物代表——尼古丁是一种强碱,很容易经皮肤和肺吸收。尼古丁从肺输送到脑仅需约 7s,一口接一口吸烟会使后吸入的尼古丁增强前一口尼古丁产生的效应。尼古丁的正面效应是兴奋感与轻松感之间的平衡状态。尼古丁在肝、肺和肾中代谢,半衰期较短,约为 2h。吸烟者在很短的时间里会产生再次接触尼古丁的渴望,以致血中尼古丁水平回升,这是烟瘾形成的原因。尼古丁是一种高毒性药物,60mg 可致成人死亡,一根香烟平均含有 8~9mg 尼古丁,因此一包香烟含有的尼古丁足以杀死一个成人。但是,一个吸烟者通过燃烧及不同的吸烟方式,从一根香烟中摄入约 1mg 的尼古丁,具体摄入量因吸烟方式、技术不同而略有差异。尼古丁的急性中毒反应主要有恶心、呕吐、流涎、腹泻、眩晕、意识模糊、虚弱等。

吸烟致癌机制可能有:①人体一些细胞有一些原癌基因,吸烟可激活这些基因,引起一系列疾病发生发展。②烟草有害物可导致人体免疫功能下降,容易导致肿瘤发生。如吸烟会导致胃幽门螺旋杆菌增多,以致胃出现炎症反应、癌变。

(2) 吸烟可导致多种癌症的发生:全球每年因吸烟、被动吸烟致死人数高达 600 万,中国每年因吸烟死亡人数约 100 万。据预测,吸烟者中将会有 50% 因吸烟而提早死亡。吸烟可引起口腔癌、咽喉癌、鼻癌、食管癌、肝癌等,其中吸烟导致肺癌病例的比例明显高于其他癌症类型。2016 年,在美国科学权威杂志《自然》上发表的研究显示,吸烟量越大,人体 DNA 越容易受到损害。每天吸 1 包烟,1 年后,会出现 150 多个肺细胞基因变异,其他器官如膀胱、肝和咽喉等也会出现与吸烟相关的基因变异。

(3) 二手烟的危害:不少公共场所有 “禁止吸烟” 的警示标识,有些人却认为自己抽烟与别人无关。但是,呼吸他人吐出的二手烟烟雾也有致癌风险。被动吸烟能够增加非吸烟者患肺癌、咽喉癌的风险。被动吸烟对儿童的伤害更大,暴露于二手烟的儿童患呼吸道感染、哮喘、细菌性脑膜炎等的几率更大,严重时可危及生命。父母居家吸烟是造成孩子暴露于二手烟的最大可能性。即使父母在吸烟过程中打开窗通风,但仍有近 85% 的烟雾及其颗粒可能落在家具表面或者衣物上,且难以清除。然而,很多人没有意识到二手烟对人体的危害。近年来,日本国立癌症研究中心报告,在非吸烟人群中,被动吸烟者罹患肺癌的风险是非被动吸烟者的 1.3 倍。该机构将被动吸烟可能引发肺癌的风险评价从 “几乎确凿” 提升为 “确凿”,这是基于多项有关非吸烟者被动吸烟的研究论文进行系统分析得出的结论。1981 年,该中心首次报道被动吸烟和肺癌的联系。2004 年,WHO-IARC 正式认定被动吸烟与肺癌有关。

2. 预防吸烟对人体损伤的措施

(1) 吸烟量少就意味着损伤的降低? 有人认为,吸烟是为了解压,没有多大的烟瘾,只是偶尔吸烟,吸烟量也不大,所以侥幸地认为吸烟对自己的损伤可以忽略不计。但是,轻度吸烟也会损害人体的健康。据美国 IARC 报告,每天吸烟小于 10 支的烟民,其早亡风险也会明显高于从不吸烟者,吸烟没有安全限值,并不是吸烟量少,可降低吸烟对人体的损伤。据《美国医学会杂志·内科卷》报告,为探讨轻度吸烟对死亡风险的影响,分析了 2004—2005

年全美约 30 万调查对象的健康数据,调查对象年龄为 59~82 岁,其中约 2.2 万人是烟民,约 15.6 万人是戒烟烟民,还有约 11.1 万人是非吸烟者。结果显示,长期吸烟但平均每天吸烟不足 1 支的人早亡风险比非吸烟者高 64%,而平均每天吸烟 1~10 支的人早亡风险较不吸烟者高出 87%。曾是轻度烟民的人早亡风险比轻度烟民要低,戒烟年龄越早,早亡风险也越低。

（2）戒烟是防止吸烟对身体损害的最好办法:由于尼古丁上瘾性,以致人们不停吸烟,且香烟中其他化合物也随吸烟进入体内,引起呼吸系统、心血管系统疾病和肺癌等。二手烟的危险性已广为人知,对室内吸烟的限制也越来越严格。鼓励以法律限制或规定吸烟区,但还是要求吸烟者本身能自觉戒烟,以减少与吸烟有关的疾病。然而,戒烟者可能会出现易怒、焦虑、心神不宁、缺乏耐心、食欲大增以及体重增加等尼古丁戒断症状。市售戒烟贴片（尼古丁贴片）利用尼古丁能透过皮肤进入血液的特点,以稳定血尼古丁浓度,减少吸烟欲望。类似产品还有尼古丁口香糖、尼古丁饮料等吸烟替代品。此外,市售电子烟可帮助一些吸烟者戒烟。然而,电子烟有一些潜在危险的化学物远低于烟草,但对于电子烟的好处、使用电子烟戒烟与其他戒烟方法的比较结果仍不清楚。2019 年 9 月以来,美国和欧洲发现电子烟可引起严重的肺部疾病。

三、槟榔与口腔癌

槟榔为棕榈科植物槟榔的干燥的成熟果实,卵形、球形或椭圆形,原产地为马来西亚,中国台湾、海南等地也不乏栽培,其味苦,性辛、温,归胃、大肠经,有杀虫、破积、下气、行水、利湿、除疳截疟等功效。槟榔果实含有槟榔碱（生物碱）、酚类油脂、鞣质等。槟榔嚼物由槟榔果、老花藤和煅石灰组成。

1. 槟榔与口腔癌的关系　2018 年 4 月 14 日,湘雅医院官网称,"在口腔颌面外科病室 50 名患者中,45 人患口腔癌,其中 44 人有长期、大量咀嚼槟榔病史。"该消息引发公众对槟榔安全性的质疑。湖南省有关肿瘤登记的最新数据显示,在男性发病前 10 位中,口腔癌位居第 7 位,湘籍口腔癌患者多有嚼槟榔习惯。2017 年,《中国牙科研究杂志》"预测槟榔在中国诱发口腔癌人数及产生的医疗负担"论文提及,咀嚼槟榔导致口腔癌的原因是槟榔纤维的摩擦损伤口腔黏膜,导致黏膜炎症、氧化效应增强和细胞增殖。槟榔块的有效成分主要有槟榔碱、槟榔次碱、鸟嘌呤碱等,槟榔子最有效的成分是草鞣酸和儿茶素,这些生物碱经亚硝基化效应转化为亚硝酸胺,产生细胞毒效应。槟榔致口腔黏膜危害主要有:①在龈颊沟的槟榔块不断与口腔黏膜接触,槟榔块生物碱被黏膜吸收而进入细胞代谢;②槟榔块的化学成分对黏膜的刺激;③槟榔块粗纤维对口腔黏膜的机械刺激,使口腔黏膜出现微创伤,微创伤又加速了化学成分的弥散,并进入黏膜下组织,造成黏膜下组织炎性细胞浸润。早期的刺激引起口腔黏膜萎缩和溃疡,持续的组织炎症引发口腔癌和组织纤维性变。咀嚼槟榔与口腔黏膜下纤维性变关系密切,咀嚼槟榔是导致口腔黏膜下纤维性变最主要甚至唯一的因素,口腔黏膜下纤维性变有恶变的高风险性。2003 年,WHO 把槟榔判定为 1 级致癌物。

也有人认为,槟榔和口腔癌没有直接的因果关系。我国湖南地区人们吃槟榔的方法与世界其他有嚼食槟榔习惯的地区不同,东南亚一带是鲜食槟榔,裹上蒌叶和贝壳粉一起吃,印度是把槟榔碾碎,裹上烟丝,蘸上香精、香料一起吃。而我国湖南产的槟榔是将槟榔鲜果烘干,经切片、去核、点卤等工序,食用部位是槟榔干果的纤维外壳,在加工中,不加蒌叶,也不加烟丝,食品添加剂也符合国家标准允许范围。因此,尽管中国内地吃槟榔人群中口腔黏膜下纤维化（OSF）比例较高,但由 OSF 进一步转化成口腔癌的比例仅 1.2%~2.6%,这也从一个侧面反映湖南地区的口腔癌与槟榔没有直接的因果联系。

2. 国内外对食用槟榔的有关规定　由于食用槟榔在我国的安全性和食品的定位尚不明确,国家卫健委要求湖南省暂停修订与食用槟榔有关的一切食品安全标准。湖南省卫健委表示,将加快推动槟榔安全性评估立项,并建议将槟榔归入嗜好品管理。湖南省槟榔食品行业协会建议,有关企业在槟榔外包装上印上"过量嚼食槟榔,有害口腔健康"标识,建议不要销售槟榔给未成年人。目前,在印度 29 个邦及 6 个联邦属地中,有 24 个邦和 3 个联邦属地已立法禁止销售槟榔。2013 年 11 月以来,巴布亚新几内亚禁止销售和食用槟榔。1996年 9 月,厦门市政府出台了全球最严厉的槟榔禁令。1997 年,中国台湾地区将每年 12 月 3日定为"槟榔防治日",大力宣传其危害,呼吁民众不要嚼槟榔。美国伊利诺伊州立大学牙医学院教授认为,取缔槟榔是有先例可循的。但是,基于地方的经济与就业,可将槟榔像香烟一样由政府统一管理,限定使用者年龄,适量食用,禁止未成年人和孕妇食用。

第四节　室内环境和肿瘤

据 WHO 报告（2011）,19% 的肿瘤（含各种类型）来源于环境因素（不包括饮食、抽烟和饮酒）。室内居住环境和肿瘤发病密不可分。大多数人每天一半以上的时间是在室内（住宅、办公室、学校或商场等）度过。以"头号杀手"肺癌为例,WHO 估计全球 25.3% 肺癌发病是因为室内环境污染,其中 17% 可归因于室内空气污染（如室内燃煤等）,6.5% 是放射性氡污染,1.8% 是二手烟。此外,14% 的肺癌归咎于室外大气污染,6.6% 的肺癌是职业性致癌因素暴露所致。值得注意的是,儿童大多在"安全"的室内生活和玩耍。首先,他们早期暴露于环境致癌物可能出现儿童常见肿瘤。其次,即便儿童期没有发病,到了成年期,这些致癌物早期暴露的潜在影响仍然可促进成人肿瘤的发生发展。

一、建筑和装修污染物

1. 石棉（1 类,明确的人类致癌物）　我国是石棉开采和使用大国。石棉有耐热、绝缘、耐酸碱、耐腐蚀、耐磨和隔音等特性,在隔热材料、建筑业、电器、汽车和家庭用品中应用广泛。因为滑石粉含有石棉样纤维,人们可通过使用含滑石粉的化妆品而经皮肤暴露或肺吸入。旧式建筑材料中一般含有石棉,当对房屋进行保养、翻新、拆除时,会破坏石棉材料的原来结构,造成含石棉灰尘飞扬,以致人们暴露于石棉。所以,在我国城乡旧房改造、拆除过程中,要关注含石棉建材（如石棉瓦）的妥善处理。如美国"9·11 事件",世界贸易中心大楼受恐怖袭击倒塌后,发现现场石棉污染。几年后,在当时参加现场救援的消防人员和抢险人员中,发现多人患肺部间皮瘤,这是典型的石棉性肿瘤。为此,他们集体起诉建筑商和市政府,要求赔偿。

经肺吸入是石棉进入人体的主要途径。在某些地区,饮用水也可能由于自然水体侵蚀含石棉的水底沉积物、运输管道和过滤装置而携带石棉。石棉作业工人家属也可能经衣服、头发污染而二次暴露。

各种类型的石棉都可以引起罕见的人弥散性肺间皮瘤和多处肿瘤（肺、喉和卵巢）。此外,石棉还可引起食管、胃和结肠肿瘤。吸烟可促进石棉致肺癌过程。在多项慢性动物致癌实验中,石棉致癌结果是确凿的。因此,IARC判定石棉是1类致癌物。

2. 放射性氡(1类致癌物) 氡是一种自然界产生的放射性气体,几乎所有的土壤、石头和水都有氡存在。氡很容易离开土壤进入空气。氡气在室外开阔地区可快速地稀释到很低的无害浓度。但是,氡易蓄积在密闭的建筑物内(如住宅、教学楼、公共场所)。氡在空气中衰变,并放出放射性颗粒,随着人呼吸而进入肺部。氡无嗅、无色、无味,是室内的隐形杀手。

氡的存在与地理位置密切相关,建筑在富含氡地质上的房屋含有较高的氡元素。2003年,我国建筑部组织“中国土壤氡水平研究”课题研究,撰写《中国土壤氡概况》。全国土壤氡浓度平均值是7 300Bq/m³,部分地区氡浓度超出正常范围(大于或等于10 000Bq/m³称为土壤氡高背景区)。如云南部分岩洞、室内、大气和土壤氡含量都远远高于全球陆地平均含量。此外,不容忽视的问题是随着城市建设和住宅室内装饰,氡高背景地区的建材或装饰性石板可能进入住宅,使装饰精美的住宅和办公室变成致病场所,让人在不知不觉中长期暴露于放射性氡。

美国EPA将氡列为第二位的肺癌危险因素和第一位的环境致癌因素。WHO和EPA的数据都显示,氡是不吸烟人士罹患肺癌的头号杀手,其危害程度在所有肺癌患者中仅次于烟草。估计氡导致了3%~14%的肺癌发病率,氡浓度每增加100Bq/m³,人群患肺癌风险会增高16%。此外,血液系统肿瘤发病也可能与氡暴露有关。所以,WHO和多家国际组织都将氡列为明确的致癌物。

3. 甲醛(1类致癌物) 是工业常用物质,2000年全球使用量高达2 100万吨。甲醛常用于合成树脂,用于木制家具和地板黏合(刨花板、胶合板等)、墙壁涂料和壁纸、可固化模塑材料(电子遥控器、电话、儿童塑料玩具等)的制作,纺织品、皮革、地毯、橡胶产业也常使用甲醛,甲醛在医学院校、医院和生物实验室用作防腐剂。烟草和其他自然物质的燃烧、汽车尾气、激光打印机使用也可产生甲醛。

甲醛是一种气态毒物,在自然环境形成和从生产场所泄漏或排放外,也会在室内环境从上述制成品中缓慢释放,在某些食品中也可检出。甲醛在城市室外环境中一般低于0.02mg/m³。在室内环境中,由于甲醛制品的堆积和通风不佳,甲醛含量往往要高于室外环境数倍以上。尤其在新装修住宅中,甲醛超标情况更加严重,可高达0.5mg/m³。我国室内甲醛最高容许浓度(MAC)是0.08mg/m³。决定室内甲醛浓度的因素主要有含甲醛材料的体表面积(决定释放能力)、室温、相对湿度(影响释放速度)和通风情况(影响稀释和排出速度)。

甲醛在人体内可以自然形成,但含量较低,一般血液浓度是2~3mg/L。在生活中甲醛暴露不会直接在血中检出,但可使尿液甲醛含量增加到12.5mg/L。这是因为甲醛在体内代谢很快,血甲醛半衰期仅有1min。甲醛吸入后,>90%的甲醛被上呼吸道直接吸收,并被人体氧化成甲酸盐。急性甲醛暴露可刺激眼睛、鼻咽喉,慢性皮肤暴露也可引起皮炎。

据流行病学调查,甲醛可引起多部位肿瘤,包括鼻咽和血液系统。美国、丹麦和英国人群队列研究证实甲醛可导致鼻咽癌,并使患癌致死的风险增高。甲醛还可引起血液系统肿瘤,尤其是甲醛暴露工人。动物实验证实,吸入甲醛可导致鼻腔部鳞状细胞癌,皮肤暴露可以加速皮肤癌的发生,经饮水摄入也可增加胃肠道肿瘤和白血病的发生。体外细胞实验显示,甲醛有致突变能力(DNA-蛋白交联)。因此,IARC把甲醛判定为1类明确的人类致癌物。

4. 甲苯和二甲苯(3类,不能确定的人类致癌物) 来源于石油加工,是家庭装修的常见污染物。甲苯主要用于苯生产、汽油调合、油漆和制衣业，常作为溶剂用于油漆、清漆、墨水、黏合剂、清洁剂和防锈防腐剂。二甲苯按其甲基位置分为邻、间和对二甲苯，主要用于化学和溶剂工业，可作为溶剂用于汽油调合，生产油漆、墨水、黏合剂、香水、杀虫剂、药物、橡胶、塑料和皮革。甲苯毒性比苯低，常用以替代苯而作为溶剂。但是，工业甲苯常混有少量苯。苯是 1 类明确的人类致癌物，可导致急性非淋巴细胞白血病，可能与急性、慢性淋巴细胞白血病、多发骨髓瘤和非霍奇金白血病有关。

甲苯、二甲苯在生产性操作、运输和存储过程中易挥发，蓄积在密闭的室内环境。二甲苯也可来源于烹饪，燃料燃烧和烟草燃烧。甲苯和二甲苯的主要毒效应靶点是神经系统。甲苯或二甲苯暴露造成人类肿瘤较少见，多见于混合暴露。长期动物皮肤肿瘤实验观察到，小鼠皮肤多次涂抹甲苯不能引起皮肤肿瘤发生率的变化。但是，甲苯可使大鼠细胞染色体异常和微核形成增多。基于二甲苯没有引起相似的 DNA 损伤，IARC 暂时将甲苯和二甲苯判定为第 3 类不能确定的致癌物。

二、厨房内环境

1. 煤等固体燃料（1 类致癌物） 近半个世纪以来，固体燃料的使用与健康的问题颇受关注。室内使用固体燃料时，由于通风不良导致燃烧排放气体蓄积。尤其是不充分燃烧时，固体燃料可排放近千种化学物（包括 CO、NO_2、PM 颗粒物、苯、苯并芘、甲醛、多环芳烃、砷、镍、氟等），其中很多化学物都是明确（1 类）或可能（2A 类）的致癌物。

我国不少地区已摒弃了固体燃料如煤、柴木作为主要燃料来取暖和烹饪食物，而改为集中供暖和使用液化煤气、天然气等清洁燃料。但是，农村地区或偏远山区仍然保留使用固体燃料的习惯。据 WHO 估计，我国有几亿人口受困于室内燃煤引起的空气污染，明火烧烤尤其是炭烤在城市中逐渐流行，但是，室内使用固体燃料性健康问题被忽视了。

目前，固体燃料致癌唯一确定的肿瘤类型是肺癌。动物实验显示，煤提取物煤焦油和煤燃烧排放物有致癌性，体外细胞实验也佐证，煤燃烧释放的多种物质有致突变性。室内用煤作为燃料是全球公认的 1 类致癌方式，使用柴木等生物材料是可能的（2A 类）致癌物。

2. 厨房油烟（2A 类，可能的人类致癌物） 我国家庭厨房常见油烟，尤其是在油锅高温煎、炸食物时，热火朝天的厨房会成为气态油颗粒、燃烧产物、气态有机污染物和水蒸气的混杂暴露场所。烹饪造成的颗粒物往往被忽视了，例如油炸食物时就容易产生颗粒物质（PM）。据美国哈佛大学研究，约 25% 的 $PM_{2.5}$ 和 25% 的 PM_{10} 颗粒物来源于烹饪。高温产生的气态有机化学污染物（如多环芳烃、乙醛、丙烯酰胺、丙烯醛）会附着在这些颗粒物上，被吸到人的肺里。与癌症关系较为密切的污染物是多环芳烃、杂环胺和醛类有机化学物。较为健康的烹饪方式如清蒸，仅产生有食物成分的大量水蒸气，对人体没有太大的影响。

上海、甘肃、香港的人群流行病学调查显示，高频率或长时间高温油炸和煎炒会产生两倍罹患肺癌的风险。大鼠致癌实验观察到，大鼠吸入高浓度菜油烟雾后，肺腺癌发生率增高。烹饪油烟的提取物有致突变效应，可使体外培养的动物或人细胞产生 DNA 加合物、染色质畸变等 DNA 损伤。因此，IARC 将高温油炸烹饪方式产生的厨房油烟判定为可能的（2A 类）致癌物。

3. 全氟辛酸（2B 类，可疑的人类致癌物） 如果提及全氟辛酸（perfluorooctanoic acid，PFOA），很多人可能都不知道。但是，如果说特氟隆不粘锅和食物包装盒，很多人就会担忧了。全氟辛酸用于制造聚四氟乙烯(商品名为特氟隆)。2017 年,IARC 将全氟辛酸判定为可疑的(2B 类)人类致癌物,认为全氟辛酸与睾丸和肾肿瘤可能有关联。

全氟辛酸是人工合成的含氟羧酸,在工业和消费品中应用广泛,在日常生活中最常见于不粘锅涂层和食物包装防水防油涂层。全氟辛酸从食物包装物转移到食物是人最主要的暴露途径。居住在全氟辛酸生产工厂附近的居民可能经饮用水摄入。全氟辛酸在环境中十分稳定,可在空气、水、食物中检出。在人血也可检出全氟辛酸,含量从血清每毫升 10~2 000μg 不等。全氟辛酸可经肾小管再吸收而蓄积在体内。据美国西弗吉尼亚州的某项研究,高水平全氟辛酸暴露人群罹患睾丸肿瘤发病率比对照人群要高出 3 倍,肾肿瘤死亡率也会增高。长期动物致癌实验也观察到,给大鼠喂食含全氟辛酸的食物,可使雄性大鼠睾丸间质细胞腺瘤、肝腺瘤和胰腺腺泡细胞瘤发病率增高。

三、家居和生活用品

1. 电子产品释放的非电离辐射(2B 类,可疑的人类致癌物)　大量使用电子用品如电话会接触到非电离辐射(波长介于 3 万 Hz~30 万兆 Hz)。在现代社会,人们的生活和电子产品息息相关。尤其是几乎人手一台手机,甚至有的人有数台手机,出现"手机控"和"手机电话煲",吃饭睡觉不离手、贴身携带,长时间贴近头部使用。除了手机,WiFi 无线网络、蓝牙、无线电等电子产品也可产生非电离辐射。其次,家庭住宅附近可能有手机基站、转播天线等。非电离辐射是否有致癌效应?

据 IARC 对非电离辐射致癌性评价(2013),无线电话(手机)释放的非电离辐射可能与神经胶质瘤、听神经瘤有关,但对人群致癌的证据比较有限,动物致癌实验结果也不充分,以致非电离辐射致癌的结果比较可疑,判定为 2B 类可疑的人类致癌物(指致癌证据有限,不能排除其他因素致癌的阳性结果,或多项研究的结论不一)。丹麦人群队列调查和欧美国家病例对照研究都没有观察到使用手机可致癌的证据。某多中心病例对照研究观察了 2 700 余例神经胶质瘤患者和 2 900 多位健康对照者,没有发现经常使用手机会使神经胶质瘤发病危险性增强;但是,通话时间最长的一组人群出现神经胶质瘤发病率增高。随着科技的进步,手机释放的非电离辐射量也在大幅度减少,无线 / 有线耳机的应用也减少了长时间贴近头部使用手机的时间。手机使用是否对特殊人群(如脑部发育不成熟的儿童)有致癌效应,尚有待深入研究。

2. 塑化剂　邻苯二甲酸二(2- 乙基己)酯是 2B 类可疑的人类致癌物。1949 年,美国首次商业使用邻苯二甲酸二(2- 乙基己)酯,是使用最广、产量最大的塑化剂,年产量高达 300 万吨。主要用作塑化剂、软化聚氯乙烯塑料和多聚物制品(如塑胶鞋、食品包装、玩具、塑料管等),也可用在涂料、黏合剂和墨水中。邻苯二甲酸二(2- 乙基己)酯还可用于塑胶地板、墙面和屋顶涂层、铝合金外涂层、电线电缆外层和医用材料。1980 年前,邻苯二甲酸二(2- 乙基己)酯是软塑料玩具的主要塑化剂,此后在很多国家被邻苯二甲酸二异壬酯等其他塑化剂取代。在大量使用聚氯乙烯作为涂层的建筑物和车辆中,邻苯二甲酸二(2- 乙基己)酯可释放到空气中,并经空气(和灰尘)吸入肺,或经动物奶和肉制品被人摄入。当该化学物从塑料中释放出来,会逐渐在环境中富集,并在人体血、组织中被检出。

邻苯二甲酸二((2- 乙基己))酯一般最主要的暴露途径是经食物摄入人体。据美国研究,人每天暴露量可达到 0.5~2mg。邻苯二甲酸二(2- 乙基己)酯在各种食物原材料中的含量较低,一般来自(聚氯乙烯)食品包装袋或食品加工过程。美国疾病预防控制中心(2009)对 2 605 人的尿检发现,塑化剂代谢物在尿中的含量可达到 2~32μg/g 肌酐;未成年人尿液中这些代谢物的含量比成人更高。对于婴儿和儿童而言,接触聚氯乙烯玩具或其他物品后,还可以通过手抓取食物而摄入。欧美研究也发现,母乳被检出邻苯二甲酸二(2-乙基己)酯。2009 年,中国台湾地区发现多款塑胶鞋中含有的邻苯二甲酸二(2-乙基己)酯超标,建议使用者先穿上袜子再穿鞋来减少皮肤直接暴露。2011 年,中国台湾地区塑化剂事件引起社会对塑化剂危害的进一步关注。

目前,关于邻苯二甲酸二(2-乙基己)酯是否致癌的人群流行病学研究还缺乏有力的证据。塑化剂使用可能导致某些癌症发生,但是研究人群数量有限,暴露时间短,也未能排除其他混杂因素,因而不能得到确凿结论。多项动物致癌实验一致发现,食入邻苯二甲酸二(2-乙基己)酯可使大鼠、小鼠肝腺瘤和癌症发生增加。体外人体细胞邻苯二甲酸二(2-乙基己)酯暴露也可引起 DNA 损伤和细胞转化。基于目前的研究证据,IARC 将邻苯二甲酸二(2-乙基己)酯暂判定为 2B 类可疑的人类致癌物。

第五节　环境污染与肿瘤

案例 14-3　某县有一座开采多年的雄黄矿,主要生产砒霜、硫酸和雄黄粉(用于制造鞭炮、药材)。该矿曾是当地最好的企业,但是,在人们环保意识薄弱的情况下埋下了砷中毒与有关肿瘤的种子,成为国家的 5 大污染源之一。媒体曾曝出当地河水砷超标数倍,引起了社会的广泛关注。据当地政府披露,在矿社区 3 000 多名居民中,有 1 200 余人患砷中毒。从 1971 年到 2013 年 1 月,该矿已有 600 多名砷中毒工人去世,其中 400 多人死于肿瘤。2011 年,因环境污染问题已依法关停该厂。目前,当地政府已经启动环境治理工程,努力解决工人、居民搬迁、困难群众生活救助、矿区砷中毒和肿瘤患者纳入大病医疗救助体系等民生问题。

恶性肿瘤是人类死亡的重要病因,其发生除与遗传因素有关外,也与环境因素(约占 70%)关系密切。在环境因素中,1/3 的肿瘤与环境污染、职业致癌物暴露、感染等有关,2/3 与不良生活方式(如吸烟、不合理饮食等)有关。因此,环境污染对肿瘤的影响不容忽视。

一、大气污染与肿瘤

污染的空气可能含有许多致癌物,常见的大气致癌物主要有多环芳烃类、二噁英等,前者主要来源于煤和石油的不完全燃烧。苯并(a)芘是多环芳烃的代表性物质,有强致癌性。

(一)大气颗粒物与肿瘤

近年来,我国不少城市受到雾霾天气影响,因此,大气 PM_{10} 和 $PM_{2.5}$ 等颗粒物颇受关注。颗粒物是我国大多数城市的首要污染物,成为影响城市空气质量的主要因素。2015 年,我国 335 个地级市以上的大气监测结果显示,PM_{10} 年平均浓度范围是 24~357μg/m³,平均为 87μg/m³;$PM_{2.5}$ 的年平均浓度范围为 11~125μg/m³,平均为 50μg/m³。

大气颗粒物的来源有:①沙尘天气、火山爆发、山林火灾等,我国部分城市空气已受沙尘天气的影响。②人类生产和生活活动,如煤炭、石油、天然气、煤气等各种燃料的燃烧所释放的颗粒物,其次是公路扬尘、建筑扬尘也是重要来源。近年来,我国对一些城市的大气颗粒物进行了系统检测分析,初步摸清了不同城市的大气颗粒物污染来源。

颗粒物大小不同对人体的作用也不一样。一般颗粒物越小,沉降速率越慢,在大气中漂浮时间越长,越有机会被人体吸收。颗粒物大小也会影响其在呼吸道的阻留部位:颗粒物比较大(>5μm)时,被阻拦在上呼吸道,可通过打喷嚏或咳嗽排出来;小于5μm的颗粒物可随呼吸进入细支气管或肺内,不易排出。其次,颗粒物的大小不同,其吸附的有害物质也不同。60%~90%的有害物质吸附在PM_{10}中,铅、镉、镍、锌、多环芳烃等物质主要附着在2μm以下的颗粒物中。

大气颗粒物浓度增高对居民呼吸系统造成有害的影响,如使哮喘儿童的临床表现加重。如大气PM_{10}浓度每升高$10μg/m^3$,人群出现呼吸道炎症或咳嗽的人数将会增加。此外,大气颗粒物对心血管系统也产生有害的影响。颗粒物可吸附多种致癌物或促癌物,可随着呼吸将致癌物吸收进入体内,引发癌症。人群流行病学调查和动物试验显示,颗粒物可引起人类和动物癌症发生率增高。因此,IARC将颗粒物认定为人类致癌物,可引起肺癌。

(二)多环芳烃(PAH)

PAH是一类有机化学物质的总称。目前已知PAH有3万多种,美国国家标准与技术所登记的有922种,常见有660多种,其中致癌性PAH及其衍生物已达400多种。

大气PAH主要来源于煤、木柴、烟叶和石油产品等各种含碳有机物的热解和不完全燃烧,如汽车尾气。汽车尾气除含有二氧化碳、氮氧化物外,还含有多种PAH和颗粒物,也可能含有二氧化硫。大气颗粒物,尤其是<2μm的颗粒物,对PAH有吸附作用,同时二氧化硫对PAH的致癌性有促进和增强效应。对许多城市而言,汽车尾气是城市的主要污染源;其次,家庭烹调产生的油烟中也含有比较多的PAH,各种有机废物的焚烧亦是PAH的来源之一。

在空气中,PAH可与大气中其他污染物反应形成二次污染物,例如,与大气中NO_2反应形成硝基PAH,后者有致基因突变作用。PAH中四环到七环的稠环化合物致癌性最强。由于苯并(a)芘是第一个被发现的环境化学致癌物,而且致癌性很强,所以常将苯并(a)芘作为PAH的代表。大气中苯并(a)芘占致癌性PAH的1%~20%。据研究,一些PAH有免疫毒性,生殖和发育毒性。

苯并(a)芘同时与香烟烟雾、石棉物质和颗粒物等联合暴露,可使苯并(a)芘引发肺癌的风险增强。人群流行病学研究显示,肺癌死亡率与空气中苯并(a)芘水平呈明显正相关。

(三)二噁英

二噁英是一类有机氯化合物,包括多氯二苯并二噁英、多氯二苯并呋喃等210种。因多氯联苯分子平面结构、毒性特征与二噁英相似,有时也将多氯联苯归为二噁英。

大气二噁英主要来源于生活垃圾和工业垃圾的焚烧;其次,含铅汽油、煤、石油产品等燃料燃烧也会释放二噁英;同时,医疗废弃物低温焚烧(300~400℃)时也容易产生二噁英。某些工艺过程,如农药合成、聚氯乙烯塑料生产、造纸厂漂泊过程、钢铁冶炼、氯气生产等过程均可向环境排放二噁英。

大气二噁英浓度一般比较低,可吸附在颗粒物上,沉降到水体和土壤中,经食物链富集后进入人体。因此,食物是二噁英进入人体的主要途径,主要随食用鱼贝类、肉蛋类和奶制品进入机体。一般人群经肺吸收的二噁英很少,但垃圾焚烧人员血二噁英含量约是正常人群水平的40倍。

二噁英属于剧毒物,其毒性是氰化钾的1 000倍以上,砒霜的900倍,即使在其微量的情况下,长期摄入也会引起机体癌变、畸形等。动物实验显示,二噁英能诱发皮肤癌、肝癌和肺癌的发生,也能使腭裂、肾畸形率增加;人群二噁英暴露与人类呼吸系统、胸腺、结缔/软组织、造血系统、肝等肿瘤发生有关,尤以引起软组织肉瘤的危险性增加较为突出。

越南战争期间,美国在越南喷洒了大量含有二噁英的 2,4-D 和 2,4,5-T(称橙色制剂)。战后调查显示,当年暴露于橙色制剂的美国士兵恶性肿瘤发病率为 4.95%,是对照组(2.23%)的 2 倍。1976 年,意大利 Seveso 化工厂大爆炸,造成二噁英污染。10 年后流行病调查发现,污染地区造血系统恶性肿瘤、胆道恶性肿瘤、软组织肉瘤发生率上升。1985 年,美国首先在全球发表了二噁英危险性评价报告,指出 1/10 000 的癌症患者是二噁英引起的,1995年又将这数值修改成 1/1 000。2007 年,意大利焚化炉工人病例对照研究观察到,氯代二苯并二噁英/二苯并呋喃(polychlorinated dibenzo-p-dioxins and dibenzofurans,PCDD/Fs)暴露人群肉瘤发病风险是对照组的 3.3 倍。1997 年,IARC 将四氯双苯环二噁英(2,3,7,8-TCDD)判定为 1 类人类致癌物,2001 年被列入《关于持久性有机污染物的斯德哥尔摩公约》清单。

二、水污染与肿瘤

水污染与人群肝癌、膀胱癌及消化道癌等癌症发生的关系,多年来一直受到人们的关注。全球在水中检测出的有机化学污染物约 2 221 种,美国 EPA 从自来水中检出 765 种有机物,其中确认致癌物有 20 种,可疑致癌物有 36 种。

(一)亚硝胺、亚硝酸盐、卤代烃与肿瘤

目前认为,饮水中三卤代甲烷类物质可能与膀胱癌、结肠癌和直肠癌的发生有关。我国水与肿瘤关系的流行病学调查显示,饮用以黄浦江上、中、下游河段为水源自来水的男性居民胃癌、肝癌标化死亡率依序增高,以下游河段最严重,其次是中游,上游最小,该发现支持水质致突变性污染物质测试结果。广西南宁 14 个县市的调查发现,饮用水水质污染与肝癌死亡率有关,饮用水体污染越严重的人群肝癌死亡率越高。肿瘤发生可能与饮用水 N-亚硝基化合物、氯化消毒副产物超标以及苯并(a)芘污染有关。河南林州是食管癌高发区,当地人群队列改水研究观察到,改饮清洁水的人群发病率降低 28.0%,死亡率降低 38.2%。食管癌高发可能与浊漳河水受到亚硝胺等致癌物质污染有关。食管癌高发区饮水硝酸盐和亚硝酸盐含量都明显高于低发区,上消化道恶性肿瘤高发可能与饮用氨氮、亚硝酸盐氮和硝酸盐氮(简称"三氮")含量较高的河塘水有关。

(二)砷与肿瘤

很久以前,人们用砷来治病,砷也可做毒药。目前,砷类化合物作为化疗药物治疗白血病。三氧化二砷(As_2O_3)看上去像糖,无味,但毒性很强,只需约 0.1g 就可致人死亡。砷的最大用途是在木材加工处理中用作防腐剂,迄今在甲板、游乐设备、栅栏、建筑木材、电线杆、桥墩和木桩等处,也可见到砷化合物处理的木材。砷在这些木材中的含量相当之大,一块 5cm 厚、10cm 宽、20cm 长的标准木材中含砷量可高达 15g,而砷对人体的致死剂量仅为 70~200mg(或约 1mg/kg 体重)。雨后,砷会从木材中渗出,并经手的接触进入人体。儿童可在甲板或其他木材表面接触到砷,通过吸吮手指或用手拿食物,将砷摄入体内。

饮用水砷污染是一个全球性难题,会影响到人类生命健康,土壤或岩石的高浓度砷会对地下水源造成污染。最近,EPA 将砷含量标准上限从 50μg/L 降低到 10μg/L,高于该标准的饮用水要经过特别处理才能饮用。降低该标准含量上限是因为长期暴露于低水平砷会引起

皮肤癌、肺癌和其他疾病，即便是 10μg/L 的新标准，仍然有引发癌症的风险。早在 100 年前，人们就在用砷化合物治疗的患者中发现皮肤癌病例，而肺癌见于长期吸入砷尘的冶炼工人。

三、建议和忠告

人类与肿瘤的对抗是一场永无止境的斗争。科学家在对肿瘤病因认识和治疗上都取得了进步，癌症的发生除与个体遗传因素有关外，与环境因素有很大关系。与环境致癌物的暴露剂量关系密切，有剂量 - 效应关系。为此，减少环境致癌物的暴露，可以使肿瘤的发生风险降低。

对于大环境来说，如室外空气污染相对个人来说是很难控制的，因为空气污染没有边界，这属于全国性乃至国际性问题。空气污染的主要来源是煤、石油、天然气等能源物质的燃烧或使用。从长期来看，针对大气污染的有效措施是加快替代能源的研发，降低空气污染。从个人角度来说，可以采取必要的防护措施，如戴防尘口罩或面罩，减少暴露量。

饮用水方面，民众应当了解当地的水质标准，可考虑使用净水装置。监管部门要严控饮用水砷、亚硝胺、氯化消毒副产物等含量，对饮用水进行适当的处理，以减少水中有害物含量。

对砷而言，除上述饮用水的处理外，首先对甲板、游乐设备、家具或住宅等使用的木材用砷处理时，要尽量减少砷暴露，尤其是儿童。其次，除了可淘汰砷处理的木材，还可在砷处理的木材上涂上无毒无害的封闭剂，以防止儿童用手接触砷而经口摄入。再次，在砷暴露后要洗手。

（卢国栋　于德娥　张翠丽　贺小琼　王迪雅）

第十五章 生活中毒物引起的突发性中毒

第一节 概 述

案例 15-1 2002 年 9 月 14 日,某市中学及其附近工地的学生和民工 300 多人因食用油条、烧饼、麻团等出现突发性中毒。据调查,犯罪嫌疑人陈某在经营面食店时,为琐事与另一面食店业主陈某武发生矛盾。他见对方生意兴隆,遂有去陈某武店投毒的恶念。9 月 13 日 23 时许,陈某平潜入陈某武面食店外操作间,将毒鼠强投放到白糖、油酥等食品原料内,并加以搅拌。次日上午,陈某武面食店使用掺有毒鼠强的食品原料制成食用油条、烧饼、麻团等早点出售,导致 300 余人食用后中毒,其中 42 人死亡。

一、生活中毒物性突发性中毒

生活中毒物性突发性中毒指由生活中毒物引起的突发性中毒事件。其特点如下。

1. 原因多样性 如环境污染、食物中毒、药品危险、生态破坏、交通事故等。
2. 危害复杂性 对人健康产生有害,且对环境、经济、政治也有很大的影响。
3. 种类多样性 如生物因素、食品药品安全事件等。
4. 食源性疾病和食物中毒尤为突出 如苏皖肠出血性大肠杆菌食物中毒(2001 年)、南京毒鼠强中毒(2002 年)、奶粉添加三聚氰胺事件(2008 年)等。
5. 公共卫生事件频繁发生 有毒有害物质滥用或管理不善。
6. 远期效应 如福岛核电站核泄漏事件(2011 年)与肿瘤(如白血病、甲状腺癌、肺癌等)发生有关。2015 年 10 月 20 日,日本政府首次承认在福岛第一核电站核泄漏事故现场工作过的一名工作人员患白血病与核辐射有关。2018 年 9 月 6 日,日本政府宣布一名曾参加福岛核电厂紧急救援核灾的男性工作人员(50 多岁)患肺癌死亡。

二、常见的有关生活中毒物性突发性中毒分类

1. 细菌性食物中毒 如沙门氏菌、副溶血性弧菌、真菌毒素、黄曲霉毒素等污染食物,造成突发性中毒事件。1994 年 6 月 26 日,上海青浦县因食用不洁海蜇皮引起副溶血性弧菌食物中毒事件,造成 41 人住院,1 人休克。2004 年发生的重大食物中毒事件中,细菌性食物中毒发病人数最多,超过总人数的 4.7%。
2. 化学性中毒 通常是环境污染化学物引起的群体性突发性公共卫生中毒,如水体、大气污染等,波及范围极广,影响深远。据统计,全球每分钟有 28 人死于环境污染,每年有 1 472 万人为此丧命。2003 年 12 月 23 日,重庆开县天然气井喷事件使 243 人因硫化氢中毒死亡,2 142 人住院治疗,直接损失达 6 432.31 万元。2012 年 2 月,山西古交市发生 CO 中

毒事件,39 人送医。化学性食物中毒也时有发生,2004 年发生的重大食物中毒事件中,化学性食物中毒的发生起数和死亡人数比例最多,分别占总数的 44.5% 和 71.7%。

（1）有毒食品添加剂:如三聚氰胺奶粉、假酒、瘦肉精、苏丹红等中毒事件。2008 年 9 月,39 965 名婴幼儿因食用含三聚氰胺的奶粉被送医治疗,死亡 4 人。2016 年 4 月 7 日,山东聊城流动摊点售卖含碳酸钡的有毒面粉制作的酱香饼,导致 24 人住院治疗,1 人死亡。2019 年 11 月 7 日,云南西双版纳使用工业酒精勾兑自烤酒聚餐,造成 14 人住院,5 人死亡。

（2）农药中毒:百草枯、有机磷农药、拟除虫菊酯、毒鼠强中毒多由于投毒、误食、农药污染农作物或食品所致。

（3）其他毒物和突发性公共卫生事件:如地震、火山爆发、泥石流、台风、洪水等自然灾害突然袭击,引发公共卫生问题。

3. 物理性损害　如 1986 年 4 月 26 日,切尔诺贝利核电厂第 4 号反应堆发生爆炸,释放的辐射线剂量是二战时期广岛原子弹爆炸的 400 倍以上,导致约 27 万人患癌症,约 9.3 万人死亡。2011 年 3 月 11 日,日本由于里氏 9.0 级地震、海啸导致福岛第一核电厂放射性物质泄漏到大海。20 日,日本茨城县政府宣布露天栽培的菠菜检出放射性碘是日本《食品卫生法》暂定基准值的 27 倍。截至 2018 年 2 月,福岛县发现 159 名癌症患者,其中 84 名患者被诊断为甲状腺癌。

第二节　常见的生活中毒物中毒

一、副溶血性弧菌食物中毒

案例 15-2　1994 年 6 月 26 日下午 6 时,102 人参加了某县某村民因乔迁新居在某餐厅举办的酒席。晚上 11 时 30 分后,44 人出现阵发性腹部绞痛、腹泻、呕吐、恶心,50% 患者出现低热,体温 38℃ 以下。41 名患者因剧烈呕吐、腹泻去当地医院治疗,其中 1 例休克。经抗菌、补液纠正脱水和电解质紊乱,所有病例均康复出院。据调查,这是一起因食用副溶血性弧菌污染海蜇皮引起的细菌性食物中毒。

副溶血性弧菌,又称致病性嗜盐菌,是引起细菌性食物中毒的主要细菌之一。1950 年,在日本暴发性食物中毒中分离检出,多见于沿海地区,发病高峰是 7~9 月。目前,随着物流业的快速发展和海鲜空运,发生副溶血性弧菌中毒事件也日益增多,常引起群体性发病,以日本、韩国和我国较多见。

1. 生物学特性　副溶血性弧菌是一种分布极为广泛的近海细菌,属弧菌科弧菌属,有副溶血生物型和溶藻生物型。仅副溶血生物型可污染食物,引起食物中毒和急性腹泻。按菌体抗 O 抗原不同分为 13 个血清型。副溶血性弧菌为革兰氏阴性杆菌,呈弧状、杆状、丝状等多种形态,有鞭毛,运动活泼,无芽孢,是一种嗜盐性细菌,在含盐 3%~4% 的环境中生长良好,在海水中存活 47d,无盐却不能生长,在含盐 12% 以上的环境中也不易繁殖。最适宜生长温度为 30~37℃,最适 pH 7.7,对热抵抗力弱,60℃ 5min,90℃ 1min 即可杀灭。不耐酸,2% 的醋酸或 50% 的食醋可将其杀灭,但在抹布和砧板上能存活 1 个月以上。

2. 致病性　副溶血性弧菌致病性主要与溶血毒素有关,该毒素耐热,有细胞毒效应。该溶血毒素分为耐热直接溶血素（TDH）和耐热直接溶血相关毒素（TRH）,都有溶血活性和肠毒素效应。TDH是一种孔蛋白,可使细胞膜形成小孔通道,使细胞内外离子浓度发生改变,造成细胞渗透压改变,使细胞膨胀死亡,以致肠祥肿胀、充血和肠液潴留,引起腹泻。TRH使细胞外Ca^{2+}浓度增加,激活Cl^-通道并开放,使Cl^-分泌增加,引起腹泻。TDH和TRH都可引起腹泻,并且随食物吞食10万个以上活菌进入肠道,导致发病。

3. 污染来源　主要是进食含该菌的海产品(如海蜇、海鱼、海虾、海鱼等)发生中毒。沿海居民经常接触该菌,带菌率高,带菌者可直接食用被污染的食品。在近海海域、海底沉积物中,该菌可污染海产品,如墨鱼带菌率93%。也可见于含盐不高的盐渍食品,如咸菜、腌肉等。人群带菌者可直接污染各种食品,如沿海地区的餐饮从业人员、健康人群及渔民的带菌率可达11.7%,肠道病史者带菌率为31.6%~88.8%。间接污染,沿海地区炊具的带菌率为61.9%。该菌污染的食物在高温下存放,食用前没彻底加热或直接生吃,或熟制食品受到带菌者、带菌的生食品、带菌容器及工具等的污染都可致病。

4. 中毒表现　中毒潜伏期短,多呈暴发。平均10h发病,短的3~4h,长的24h以上。本菌感染后,可引起食物中毒或急性肠炎,本病的特点是腹痛,多在脐周附近,呈阵发性绞痛、频繁腹泻,开始时是水样便或洗肉水样便,接着是黏液血便或脓血便,里急后重者少。在腹泻后,常有恶心、呕吐、畏寒发热,体温37.5~39.5℃,重患者有脱水、血压下降、意识障碍,甚至休克。

国内副溶血弧菌食物中毒因患者体质、免疫力不同而临床表现不一样,表现为胃肠炎型、菌痢型、中毒性休克型或慢性肠炎型。病程3~4d,预后较好。常常暴露于该菌者可获得一定的免疫力,欠巩固。山区、内陆患者病情较重,临床表现典型,沿海地区患者病情较轻。

5. 防治措施

(1)治疗:轻症患者不用抗菌药物,重症患者要用喹诺酮类抗菌药物治疗,如复方新诺明、庆大霉素、阿米卡星和诺氟沙星。呕吐腹泻严重者、脱水者或血压下降者给予支持及对症治疗,补充血容量,大量输入生理盐水、葡萄糖盐水。中毒后,要马上停用可疑食品,及时就医。

(2)预防:①要有效预防和控制由副溶血性弧菌引起的食物中毒,监管部门要从污染源头开始对海产品、生长环境副溶血性弧菌污染进行有效的监控。对污染程度高的海域要禁止捕获或关闭养殖场,以防止高风险食品进入消费市场。对污染程度较轻的海域,可控制海产品的采收时间和采收方式,通过净化降低污染。②加强海产品卫生处理。低温贮藏海产品,对海产品清洗、盐渍、冷藏、运输,要严格按卫生规定管理。③防止生熟食物交叉污染,不生吃海产品。加工过程中生、熟用具要分开,生菜和熟菜要分开,防止交叉感染,用完后严格进行消毒处理。④海产品要烧熟煮透,烹调和调制海产品拼盘时可适量加食醋。食品烧熟至食用的放置时间不要大于4h,贮存食品在进食前要重新煮透。⑤加强对有关从业人员进行《食品卫生法》宣传教育,对饮食行业和集体食堂要加强卫生监督,推广大型集体用餐食品卫生登记制度,防止大型副溶血性弧菌中毒事件的发生。

二、一氧化碳中毒

案例15-3　2012年2月,某市韩某在酒家为女儿办婚宴,有28桌,280人参加。进餐约50min后,一楼包间有人头痛头晕、恶心呕吐、口唇呈樱桃红色,陆续有人出现中毒表现,39人被送当地医院就诊。据调查,这是一起突发性一氧化碳中毒,就餐人数多而密集,且每桌 1 个火锅,燃料为木炭,燃烧时间较长,在通风不好(无机械通风设施)的环境下燃烧,一氧化碳聚积,导致就餐人员一氧化碳中毒。

一氧化碳(CO)无色、无味、无臭,在含碳物质不充分燃烧时产生。我国 CO 中毒多见于使用柴炉、煤炉时通风不畅,或煤气取暖器、煤气热水器使用不当,以致引起 CO 中毒。CO 是易燃气体,与空气混合遇明火可能产生爆炸。人体吸入 CO 后,往往毫无知觉,以致出现严重中毒却浑然不知。人体 CO 暴露时间越长,浓度越高,中毒程度越严重。

1. 中毒机制　空气含 CO 0.04%~0.06% 就会很快进入血流,在较短时间内形成碳氧血红蛋白,取代氧合血红蛋白,使血红蛋白失去输送氧气功能。CO 结合血红蛋白的能力比氧合血红蛋白大 300 倍。CO 中毒后,血液不能及时供给全身组织器官充分的氧气,血氧量明显减少。高浓度 CO 可与细胞色素氧化酶的 Fe^{2+} 结合,直接抑制细胞内呼吸产生内窒息。大脑和心肌对缺氧特别敏感,在 CO 中毒时受损最为严重,尤其是大脑,如无氧气供应,体内氧气仅够消耗 10min,中毒者会很快出现昏迷,并危及生命。

2. 急性中毒表现

(1) 轻度中毒:主要表现为头痛、头昏、心悸、恶心、呕吐、四肢乏力,若及时通风,吸入新鲜空气,则临床表现较快减轻、消失。

(2) 中度中毒:除上述中毒表现外,还有多汗、烦躁、走路不稳、皮肤苍白、意识模糊、困倦乏力,如能及时识别,采取有效措施可治愈。

(3) 重度中毒:多见于意外情况,尤其在夜间睡眠出现中毒,发现时神志不清、面色口唇呈樱红色、呼吸脉搏增快,伴有意识障碍(牙关紧闭、强直性全身痉挛、大小便失禁),甚至深昏迷。意识障碍恢复后,经过 2~60d 假愈期,有可能再次出现神经精神表现(迟发性脑病)。

3. 中毒急救　①尽快让患者离开中毒环境,马上开门窗,促使空气流通,关掉火源、电源。②有自主呼吸者要给予氧气吸入;呼吸停止、心搏骤停者要马上进行人工呼吸、心脏按压。③呼叫 120 急救服务,将患者护送到医院接受治疗,有条件尽早给予高压氧治疗。

三、工业酒精中毒

案例 15-4　2019 年 11 月 7 日至 8 日,某县村民为儿子办婚宴,用了邻村村民提供的自烤酒。参加婚宴的部分群众饮酒后,产生呕吐、视力模糊等中毒表现,14 人被送当地医院治疗,5 人死亡。据调查,邻村村民把在互联网上购买的 95 度工业酒精勾兑后,提供给婚宴使用,该酒甲醇含量严重超出国家食品卫生标准,以致发生甲醇中毒。

工业酒精有酒香和刺激性辛辣味,其有效成分是乙醇。工业酒精含有少量甲醇、醛类、有机酸等杂质,人饮用会引起甲醇中毒,甚至死亡。我国禁止使用工业酒精生产或勾兑各种酒类。

1. 中毒机制　甲醇进入体内被氧化成甲醛,再氧化成甲酸。甲醇的代谢产物甲醛和甲酸对人体危害很大,对神经系统有麻醉效应,并可损害视神经细胞,以致失明。脑神经也会受到破坏,产生永久性损害。甲酸进入血液后,可抑制某些氧化酶系统,使需氧代谢受阻,体内乳酸及其他有机酸积聚,引起酸中毒,损害肾功能。

2. 中毒表现　生活性中毒是饮用大量含甲醇酒所致。甲醇毒性较强,成人服用 5~10ml 可出现中毒反应,对人体神经、血液系统影响最大。误服超过 10ml 可造成双目失明,饮入 30ml 可致死。饮用大量工业酒精勾兑酒数小时后,可出现头痛、恶心、呕吐、视线模糊,重者有呼吸困难,甚至呼吸中枢麻痹而致死。甲醇在体内不易排出,长期饮用工业酒精勾兑酒可引起慢性中毒,出现眩晕、昏睡、头痛、耳鸣、视力减退、消化障碍等。

3. 中毒急救 ①马上用手指、筷子刺激咽后壁催吐,喝牛奶解毒。然后,用3%~5%碳酸氢钠液或肥皂水洗胃,口服硫酸镁20ml导泻。②给患者戴眼罩或用软纱布遮盖患者眼部,以防光刺激眼睛。③尽快送医院救治。

四、碳酸钡中毒

案例15-5 2016年4月7日上午,某市一些居民在小区门口流动摊点购买酱香饼食用,3h后不断有人出现恶心、呕吐、腹痛、腹泻、口面部麻木等。24人被送医院救治,其中10例儿童,14例成年人(其中1例死亡)。当地疾病预防控制中心接到报告后,马上进行流行病学调查,采集患者呕吐物,并将食品制售摊点剩余的面饼、面团、面粉、酱、白糖、鸡精、五香粉等封存、检测。结果显示,这是一起因进食含碳酸钡面制食品引起的群体性食物中毒。

钡中毒我国的最早记载见于清初,因出产井盐氯化钡含量较高,居民食用发生中毒。钡化合物广泛应用于陶瓷、玻璃工业、钢材淬火、医用造影剂、农药、化学试剂制作等。钡盐毒性大小与其溶解度有关,在水或稀盐酸中溶解的钡化合物(如氯化钡、碳酸钡)有毒。碳酸钡为白色粉末,与面粉相似,不溶于水,溶于酸。食入后与胃酸作用生成氯化钡(剧毒),中毒量为0.2~0.5g,致死量为0.8~4.0g。钡及其化合物可经消化道、呼吸道和皮肤进入体内,产生肌肉、免疫和生殖毒性,并有致畸、致癌、致突变效应。生活性中毒多见将钡盐误作发酵粉、碱面、面粉、明矾等混入食品所致。

1. 中毒机制 钡盐经胃肠道吸收后,1h内血浆钡浓度达最高峰,血钡浓度540μg/100ml可出现中毒,≥1mg/100ml可致死。随后快速分布到骨骼、肝、肾和肌肉组织,与体内氨基酸的巯基、羧基等结合,引起许多重要酶失活,使重要脏器功能发生障碍,甚至致死。钡离子对细胞膜钠钾泵有兴奋效应,使钾离子逆梯度由细胞外进入细胞内。钡离子能阻滞Na^+-K^+-ATP酶离子交换通道,使K^+进入细胞内,特异性阻滞细胞内钾离子外流,以致细胞外低钾,导致膜电流抑制,肌肉麻痹。重度低血钾使四肢、躯干、呼吸肌麻痹,引起心律失常。

2. 中毒表现 钡盐中毒潜伏期与钡盐种类、暴露剂量、途径有关。急性钡中毒多见于暴露后0.5~4h发病,发病时间长短与摄入量相关。主要表现为四肢软瘫、心肌受累、呼吸肌麻痹、低钾综合征、恶心、呕吐、腹痛、腹泻等。口服中毒者最早出现消化道刺激表现,上腹部不适、恶心、呕吐、腹痛、腹泻;接着口周、面部、四肢麻木,四肢无力、肢体软瘫,肌肉痉挛、肌束颤动、肌张力下降,头晕,吞咽困难,胸闷、心悸、呼吸困难,重者有心律失常、呼吸肌麻痹。低钾时出现异常心电图:U波增高(大于0.1mV),与T波融合成为"双峰T波",有ST段压低、T波改变(波振幅减小、双相、倒置)、U波增高、T-U融合、Q-T间期延长、QRS波幅增宽。

3. 诊断 按患者短期内食入大量可溶性钡化合物,有胃肠道刺激反应、低钾血症、肌肉麻痹、心律失常的临床表现,结合心电图、血清钾检查可给予诊断。

4. 治疗 ①尽快清除毒物。给予硫酸镁或硫酸钠导泻,使消化道内未被吸收的Ba^{2+}形成$BaSO_4$(无毒)排出。中度、重度中毒患者,早期给予血液净化治疗,如血液透析、血液灌流、血液透析滤过等。②纠正低钾血症。这是抢救急性钡化合物中毒的关键,在心电图、血清钾严密的监护下及时、足量补钾,直至检测指标恢复正常。③对症处理。出现呼吸肌麻痹,血气分析提示呼吸衰竭时,要及时给予机械通气、控制心律失常。

5. 预防　生活性钡中毒多因误食所致,建议钡盐生产厂家在包装袋上印刷毒物标志。卫生监督部门要加强监督管理和宣传教育,不购买无证摊贩的食品,不使用来路不明的面粉、淀粉和添加剂等,以免造成误食中毒。

五、三聚氰胺中毒

案例 15-6　2008 年 9 月 8 日,甘肃某县有 14 名婴儿患肾结石。9 月 11 日,甘肃发现 59 例肾结石患儿,部分患儿发展为肾功能不全,死亡 1 人,所有婴儿食用了某品牌奶粉。当时近两个月,国内陆续有类似病例报告,卫生部怀疑该婴幼儿配方奶粉被三聚氰胺污染。三聚氰胺是一种化工原料,可提高蛋白质检测值,人长期摄入会导致膀胱结石、肾结石,并可能诱发膀胱癌。9 月 11 日,该品牌厂商承认 2008 年 8 月 6 日前出厂的部分批次幼儿奶粉被三聚氰胺污染。据国家质量监督检验检疫总局对全国婴幼儿奶粉三聚氰胺含量检查,在 22 家婴幼儿奶粉生产企业 69 批次产品检出不同含量的三聚氰胺。截至 2008 年 9 月 21 日,39 965 名婴幼儿因使用婴幼儿奶粉接受门诊治疗且康复,12 892 人仍在住院,1 579 人已治愈出院,4 人死亡。

三聚氰胺俗称蛋白精、密胺,是一种三嗪类含氮杂环有机化合物,主要用作生产三聚氰胺甲醛树脂的化工原料,一般在医药制造、纺织、皮革加工、食品包装材料、塑料等生产应用。

1. 理化性质　三聚氰胺常温下性质稳定,是白色、单斜晶体,大于 300℃时会升华,354℃可分解。不溶于冷水,溶于热水,微溶于乙二醇、甘油、(热)乙醇,不溶于丙酮、醚类、四氯化碳。水溶液呈弱碱性(pH=8),与盐酸、硫酸、硝酸、乙酸、草酸等能形成三聚氰胺盐。在中性或微碱性时,与甲醛缩合成羟甲基三聚氰胺。在微酸性中(pH5.5~6.5),与羟甲基衍生物产生缩聚反应,生成树脂产物。遇强酸或强碱水溶液水解,生成三聚氰酸二酰胺,接着水解生成三聚氰酸一酰胺,最后生成三聚氰酸。三聚氰胺含氮量为 66.6%,加入 1% 三聚氰胺可使蛋白质含量(凯氏定氮法)上涨 4%,由于该法测不出氮的来源,以致三聚氰胺被用于奶粉掺假。

2. 毒性　三聚氰胺的主要靶器官是泌尿系统,其泌尿系统疾病证据来自大鼠、小鼠、兔子、绵羊、猫、狗的毒理学实验和人中毒事件。美国宠物中毒事件(2004 年、2007 年)和我国奶制品污染事件(2008 年)都观察到猫、狗肾结石、肾衰竭以及大量婴幼儿泌尿道结石和肾衰竭。动物实验显示,三聚氰胺对动物生殖系统、幼年动物中枢神经系统有毒效应。

3. 毒作用机制　动物体内三聚氰胺伴有大量氰尿酸,患病婴幼儿体内有尿酸含量异常。目前,人三聚氰胺中毒仅见于婴幼儿奶粉中毒性肾、尿道结石。中毒原因是人摄入含三聚氰胺奶粉后,部分三聚氰胺在体内水解生成三聚氰酸,三聚氰酸代谢到膀胱和肾后,又与未水解的三聚氰胺在膀胱、肾形成大网状结构、晶核,然后产生三聚氰胺 - 三聚氰酸 - 尿酸共结晶,沉积成结石,阻塞肾小管,无法排出尿液,以致肾衰竭。婴幼儿膀胱、肾功能发育不完全,对三聚氰胺敏感度比成人灵敏。

4. 防治措施　为避免再发生该类事件,要控制生产源头,制定食品三聚氰胺限量标准,加强市场监督和宣传管理。由于婴幼儿生理、饮食结构,三聚氰胺易在下尿道沉积,产生三聚氰胺 - 三聚氰酸 - 尿酸结石,引起逆行性肾病。目前,主要对症支持治疗,必要时给予外科手术。此外,为了避免患儿出现肾功能受损,最好采取二级预防,做到早发现,早诊断,早治疗。

六、急性断肠草中毒

案例 15-7　2015 年 5 月 24 日,某县林场 5 名民工因误饮断肠草根泡制的米酒中毒致死。数天前,他们在林场干活时,误将断肠草当作"白狗肠"(又称紫珠叶、马鞭草)而挖其根晾晒。5 月 23 日,自制"补酒"。5 月 24 日 21 时,5 名民工饮了两斤多"补酒"30min 后,出现头晕、视力模糊、胸部不适、呼吸困难、不能言语、站立不稳等,其中 2 人出现呕吐、手脚乱舞,4 人快速死亡,有 1 名患者至 22 时死亡。据调查,从患者呕吐物、酒杯残余物检出钩吻碱,故判断这是一起误用断肠草根泡酒引起的中毒。

断肠草(学名钩吻)又称野葛、大茶藤、山砒霜等,是马钱科杆物胡蔓藤属的全草,可分为:①中国钩吻,最早见于《神农本草经》,古人以该草入口即钩入喉吻,故称"钩吻",在国内分布广泛,主要分布在广西、云南、贵州、湖南、福建、江西和浙江等地;②北美钩吻,见于美洲。断肠草有剧毒,主要有毒成分为钩吻碱。

断肠草常见的中毒方式有误将断肠草叶子当成野菜食用中毒(4~5 月)、食用受断肠草花污染的蜂蜜中毒(11~12 月)、使用断肠草根浸泡药酒中毒。2015—2017 年,广西发生 5 起钩吻碱中毒事件,其中 2 起误食钩吻浸泡米酒、2 起进食含钩吻碱蜂蜜、1 起误喝钩吻叶子汤,发病 21 人,死亡 10 人。春夏季时叶之嫩芽极毒,断肠草的花和金银花尤其相似,其根外观与五指毛桃非常相像,经常有人误采、误食而中毒。

1. **毒性**　钩吻是剧毒植物,其毒性主要来源于不同亚型的吲哚类生物碱。2~3g 钩吻根或 7 个新鲜嫩芽即可达到人中毒致死量,用从钩吻中提取的总生物碱结晶制成的钩吻碱,雄性大鼠腹腔注射 LD_{50} 为 1.2mg/kg,雌性小鼠肌内注射 LD_{50} 为 1.5mg/kg,小鼠尾静脉 LD_{50} 为 1.56mg/kg。钩吻总碱的急性毒性实验显示,低剂量染毒小鼠活动减少、静伏、精神沉郁,中、高剂量染毒小鼠的前期反应与低剂量反应类似,但抑制时间明显缩短,接着逐渐出现阵发性惊厥、延脑呼吸中枢抑制,以致呼吸中枢麻痹,甚至呼吸衰竭致死。钩吻提取物的慢性毒性高水平染毒可抑制血胆碱酯酶活性,使体内乙酰胆碱水平升高,并能明显抑制心肌收缩力,血液循环受阻,以致死亡。

2. **毒作用机制**　钩吻生物碱毒性与烟碱、毒蕈碱相似,有很强的神经毒性,主要通过抑制延髓呼吸中枢与呼吸有关的运动神经,引起中枢性与周围性呼吸衰竭而致死。钩吻碱还可作用于迷走神经,引起心律失常和心率改变。钩吻可能有类似 γ- 氨基丁酸(GABA)的拮抗剂作用,使动物强制性抽搐,以致死亡。

3. **中毒表现**　与钩吻毒素的类型、暴露剂量与途径有关。较低剂量钩吻素甲可使迷走神经张力降低,引起心动过速。注射一定量的钩吻素丙会导致肌肉抽搐、四肢麻痹、惊厥,使呼吸变慢而有间隙;钩吻素子会有较强的中枢神经抑制效应,使反射亢进、后肢僵硬,并因呼吸抑制致死;钩吻素乙抑制呼吸作用较强,高剂量暴露可抑制心脏,使血压降低,甚至因心室颤动致死。钩吻中毒临床表现为:①口腔、咽喉灼痛、呕吐、腹痛、腹胀、腹泻、便秘等;②眩晕、言语含糊、吞咽困难、肌无力、呼吸肌麻痹、昏迷等;③中毒早期,呼吸快而深,心跳缓慢,接着心搏加快,呼吸慢、浅或不规则,中毒后期体温、血压下降、呼吸困难,甚至因呼吸麻痹致死。

4. **诊断**　根据毒物暴露史、临床表现、实验室检查进行诊断,并检测血液钩吻碱含量,以了解中毒严重程度、指导治疗和估计预后。

5. 治疗　目前尚无有效解毒剂,以对症支持治疗为主。对轻度、中度断肠草中毒患者(中毒 3~4h、神态清醒),给予催吐、洗胃、导泻、输液、利尿处理以促进毒物排出。用适量阿托品对抗迷走神经的抑制效应,用新斯的明解除肌麻痹;血液灌流和透析清除水溶性小分子毒物。若呼吸困难明显或呼吸停止,给予气管插管通气,调整好呼吸参数,并应用纳洛酮,帮助患者度过呼吸肌麻痹期,纠正呼吸性衰竭。及早保护肝、肾功能,防治并发症,维持水、电解质酸碱平衡。

6. 预防　断肠草与一些中草药、野菜的外观相似,误采误食断肠草是中毒的主要原因。所以,大家不要乱采食野菜,不要乱采集药草浸泡药酒,不要擅自饮用无标签和安全性不确定的药酒,秋冬季要警惕蜜蜂活动附近是否有断肠草花。

(靳翠红　王迪雅　张春莲　潘校琦　张志刚　张　婷)

第十六章　毒物的风险评估

　　生活中毒物包括化学物、药物和食物中可能有毒有害物质,都可能会引起人们的担忧,甚至恐慌。因而,科学工作者需要对其进行科学研究或安全性评价,试图解释其自然现象,了解其本质、毒作用机制和防治方法;其次,在这些毒物出现时,企业、有关政府部门等必须对其进行评判,解决人际纠纷,必要时做出消除或减少其影响人类行为的规范。因此,我们要对生活中经常接触的化学物、药物和食物中可能存在的有毒物质进行控制和消减及制定限值,这就是管理毒理学的职责,风险分析在起作用,其包含了风险评估、风险管理和风险交流。科学的风险评估,需要对可能存在毒性的物质进行安全性评价,在此基础上才能进行科学的、合理的风险管理。

第一节　安全性评价

　　毒理学安全性指在特定条件下化学物暴露对人体不会产生健康有害效应。安全性毒理学评价指应用毒理学规定程序和方法,通过毒理学动物实验和暴露人群观察,评价某化学物的毒效应及其潜在健康危害,对该物质能否投放市场作出决定,或提出人类的健康安全暴露条件,也就是对人类使用该物质的安全性作出评价的过程。常用于新化学物的生产、使用许可和管理,以及化学物暴露的安全评价。

　　自 19 世纪工业革命以来,化学品不断涌现和广泛使用,不但为人类生活带来益处,也可能对生态环境和人类健康产生不良的影响。不少国家和组织为此制定了有毒化学物的卫生管理法规,如美国 FDA 于 1938 年颁布的《食品、药物和化妆品法》,包括了对人类和动物食品、人类和动物用药、医疗器械、化妆品的管理,其后又进行了多次的补充和修订,以加强FDA 保证食品安全的能力。此外,日本、加拿大、新西兰、挪威、法国、德国等先后制定了相应的化学物质或有毒物质管理法规,并提出了对化学物质安全性及毒理学评价的要求。自 20世纪 80 年代以来,我国卫生部、农业部、国家技术监督局等部门陆续发布了一些化学物质的毒性鉴定程序和方法,法律法规体系已逐步形成、完善,各级行政部门依法执法,管理有强制性和时效性。我国和世界各国一样,对食品、保健食品、化妆品、农药、工业化学品和消毒产品等人们在日常生活和生产中广泛暴露的化学物质作出规定,要求其必须经过安全性评价,才能被允许投产、进入市场或进出口贸易。

一、药物安全性评价

(一)概述

　　药物指能够影响机体生理生化功能,或改善临床表现,可用于疾病的诊断、预防或治疗,并为使用者带来有益作用的物质,包括化学药品、中药和天然药物、生物制品等。药物研发指从药物发现至其进入市场的过程,包括药物发现(含药物分子设计、药物合成、提取分离与纯化、药物靶标发现与验证以及早期生物学活性筛选等)、药物制剂与生产、临床试验研究、新药申报与注册、药品上市以及上市后的监测与再评价等过程。有效性和安全性评价是决定药物研发成败的两个关键要素。药物安全性评价指在药物研发过程中,通过体外实验、动物实验、临床试验等技术方法,评价药物的安全性与潜在毒性风险,阐明其安全剂量范围,提示用药风险,为临床安全用药提供重要科学依据。药物安全性评价是决定药物能否获得批准上市的必需程序和主要依据之一,也是药物研发过程中资金投入最大、消耗时间最长的内容之一。完整的药物安全性评价应该贯穿于整个新药研发过程,包括药物非临床安全性评价、临床安全性评价以及药品上市后安全性监测与再评价等。药物非临床安全性评价是指药物进入临床前开展的实验室安全性研究,包括药物早期毒性筛选、一般毒性/特殊毒性评价、毒作用机制等研究。它是决定候选药物能否进入临床试验的重要依据,研究资料不仅用于推算临床试验剂量和安全剂量范围,并且为临床试验中监测潜在的毒性反应症状、制订临床检测指标提供重要参考。

(二) 总的要求

1. 阐明药物毒性作用特征,包括毒性作用临床症状、剂量与时间依赖性。

2. 为确定临床试验使用的安全起始剂量以及随后的剂量递增方案提供依据。

3. 为确定临床试验监测的安全性参数提供参考。

4. 提示药物毒作用机制,为药物毒性防治提供参考。

5. 充分权衡候选药物的"利弊",及时发现后续药物的潜在安全性问题,淘汰因毒性问题而不适合继续开发的候选药物。

(三) 评价内容

经过早期的药物发现毒理学研究之后,对确定的候选药物进行正式、以支持临床试验为目标的临床前毒理学评价研究。同时它也以药物注册申报为目的,各国药监部门对其实施监督管理,该部分评价内容还要符合各国政府的管理要求,其研究内容包括单次给药毒性试验、重复给药毒性试验、免疫原性试验、局部毒性试验、安全药理学试验、毒代动力学试验、生殖毒性试验、遗传毒性试验、致癌试验、依赖性试验等。

临床前安全性评价研究应按药物本身的特点具体问题具体分析,根据不同试验的目的和意义,合理确定评价的阶段性,选择合理的试验组合;着眼不同药物的自身特点,综合考虑适应证、用药人群、疗程、给药途径、同类药物毒性特点等,在常规评价项目内容的基础上,结合具体项目对研究内容进行增减;把握研究的整体性,综合分析、相互验证、互为补充,重点考虑重复给药毒性、生殖毒性、致癌性和毒作用机制,注重评价过程的全面性与科学性,最终为药物临床应用的风险管理决策提供支持。

(四) 规范与技术要求

20世纪30年代以来,各国药政管理部门针对药物毒性和安全性评价的问题,制定了药物安全性评价相关的法规、条例和技术指导原则,为新药审批提供了依据,也为药物疗效和安全性提供了重要支撑。

1. 优良实验室管理规范(GLP)　GLP的指导思想是"各司其职,各负其责、沟通交流、团队合作、创新高效",强调实验过程"事事有标准,事事有培训,事事有检查,事事有记录"的标准化和规范化理念。它并非评价实验本身的内在科学价值,它是一种管理系统,其目的是保证药物安全性评价结果的真实、完整和准确。2017 年 6 月 20 日,国家食品药品监督管理总局局务会议审议通过新修订的《药物非临床研究质量管理规范》(CFDA 局令 34 号),自 2017 年 9 月 1 日起实施。

2. 技术指导原则

(1) 国际协调会议(ICH):1990 年 4 月,人用药物注册技术要求 ICH 是由欧盟、美国、日本的药品管理当局和制药行业共同发起的对人用药品注册技术规定的现存差异进行协调和统一的国际组织。该组织通过协商对话使三方对药品注册的技术要求取得了共识,制定出质量、安全性和有效性共同技术文件,并将协商一致通过的技术文件列入本国药品管理法规中,以加快新药在全球范围内上市周期,并有效地减少动物实验、动物使用数量,避免重复性试验。目前,ICH 制定的技术文件是药品研究开发、审批上市的国际性指导原则,在世界范围内被广泛采纳。2018 年 6 月 7 日,在日本神户举行的 ICH 2018 年第一次大会上,我国国家药品监督管理局当选为 ICH 管理委员会成员。ICH 的指导原则分为质量控制(quality)、安全性(safety)、有效性(efficacy)和多学科(multidisciplinary)。截至 2018 年 7 月,ICH 发布有关安全性的指导原则见表 16-1。为推动药品注册技术标准与国际接轨,国家药品监督管理局决定适用《S1A:药物致癌性试验必要性指导原则》等 13 个 ICH 指导原则,要求从 2020 年 5 月 1 日起开始的非临床研究适用 13 个 ICH 非临床指导原则。

(2) 美国与欧盟:20 世纪 30 年代,由于磺胺酏剂致儿童死亡事件的发生,美国国会开始立法授权 FDA 对上市药物进行审批。此后,FDA 陆续颁布了多项与药物安全性有关的法规和技术指导原则。美国联邦管理法规规定,任何药物在第一次使用于人类之前,都必须以临床前试验数据证明其可以适度安全用于人类。FDA 对于安全性评价研究的指导原则的技术要求与 ICH 指导原则基本一致,同时也提出自己的研究规范。

欧洲委员会的企业和事业局(DG-enterprise)和欧洲医药产品评审局(European medicines agency,EMEA)共同负责人用药品安全性及有效性评价。欧洲委员会的企业和事业局负责颁布并完善药物管理法规,EMEA 评审并监管药品的安全性、质量和有效性。欧盟药品管理法规简化并完善了管理程序,尽量保持药物研发资源消耗与药物安全信息的全面性有效性之间的平衡,欧盟对药物毒理学申报资料的要求与美国 FDA 的基本相同。指导原则主要采用 ICH 的药物安全性指导原则。此外,EMEA 也发布了自己的指导文件作为 ICH 原则的补充。

(3) 中国:我国药物毒理学研究与安全性评价起步较晚。1985 年,我国实施《中华人民共和国药品管理法》(简称《药品管理法》)。2017 年 10 月,国家食品药品监督管理总局为贯彻落实中共中央办公厅、国务院办公厅《关于深化审评审批制度改革鼓励药品医疗器械创新的意见》(厅字〔2017〕42 号)和《国务院关于改革药品医疗器械审评审批制度的意见》(国发〔2015〕44 号),组织对《药品注册管理办法》进行了修订,起草了《药品注册管理办法(修订稿)》,并向社会公开征求意见。2019 年 8 月 26 日,《药品管理法》经第十三届全国人民代表大会常务委员会第十二次会议审议通过,自 2019 年 12 月 1 日起施行。为建立科学、严格的药品监督管理制度,确保《药品管理法》有效贯彻执行,国家药品监督管理局组织起草了《药品注册管理办法(修订草案征求意见稿)》,并于 2019 年 9 月 30 日向社会公开征求意见。

2013 年,国家食品药品监督管理总局全面启动了指导原则的修订和更新工作,并于 2014 年 5 月颁布实施,包括药物单次给药毒性研究技术指导原则、药物 QT 间期延长潜在作

表 16-1　ICH 发布与药物安全性评价有关的技术指导原则

编号	英文题目	中文译文	阶段	发布时间
S1A-S1C Carcinogenicity Studies/ 致癌性研究	S1A：Need for Carcinogenicity Studies of Pharmaceuticals	S1A：药物致癌性的研究需求	阶段 5	1995.11.29
	S1B：Testing for Carcinogenicity of Pharmaceuticals	S1B：药物致癌性测试	阶段 5	1997.7.16
	S1C (R2)：Dose Selection for Carcinogenicity Studies of Pharmaceuticals	S1C (R2)：药物致癌性研究的剂量选择	阶段 5	2008.3.11
S2 Genotoxicity Studies/ 基因毒性研究	S2 (R1)：Guidance on Genotoxicity Testing and Data Interpretation for Pharmaceuticals Intended for Human Use	S2 (R1)：关于人用药基因毒性试验和数据解读的指导原则	阶段 5	2011.11.9
S3A - S3B Toxicokinetics and Pharmacokinetics/ 毒代动力学和药代动力学	S3A：Note for Guidance on Toxicokinetics：The Assessment of Systemic Exposure in Toxicity Studies	S3A：毒理动力学指导原则说明：毒性研究中系统性暴露的评价	阶段 5	1994.10.27
	S3A Implementation Working Group Questions and Answers	S3A：实施工作组问答部分	阶段 3	2016.1.19
	S3B：Pharmacokinetics Guidance for Repeated Dose Tissue Distribution Studies	S3B：关于重复剂量组织分布研究的药代动力学指导原则	阶段 5	1994.10.27
S4 Toxicity Testing/ 毒性试验	S4：Duration of Chronic Toxicity Testing in Animals (Rodent and Non Rodent Toxicity Testing)	S4：动物慢性毒性试验的持续时间（啮齿动物和非啮齿动物毒性试验）	阶段 5	1998.9.2
S5 Reproductive Toxicology/ 生殖毒性	S5 (R2)：Detection of Toxicity to Reproduction for Medicinal Products & Toxicity to Male Fertility	S5 (R2)：检测药品的生殖毒性以及对雄性生殖能力的毒性	阶段 5	2000.11
S6 Biotechnological Products/ 生物技术产品	S6 (R1)：Preclinical Safety Evaluation of Biotechnology-Derived Pharmaceuticals	S6 (R1)：生物科技来源药品的临床前安全性评价	阶段 5	2011.6.12
S7A-S7B Pharmacology Studies/ 药理学研究	S7A：Safety Pharmacology Studies for Human Pharmaceuticals	S7A：人用药的安全性药理学研究	阶段 5	2000.11.8
	S7B：The Non-Clinical Evaluation of the Potential for Delayed Ventricular Repolarization (QT Interval Prolongation) by Human Pharmaceuticals	S7B：人用药延迟心室复极化（QT 同期延长）潜力的非临床评价	阶段 5	2005.5.12
S8 Immunotoxicology Studies 免疫毒理学研究	S8：Immunotoxicity Studies for Human Pharmaceuticals	S8：人用药免疫毒性研究	阶段 5	2005.9.15
S9 Nonclinical Evaluation for Anticancer Pharmaceuticals/ 抗癌药物的非临床评价	S9：Nonclinical Evaluation for Anticancer Pharmaceuticals	S9：抗癌药物的非临床评价	阶段 5	2009.10.29
	S9 Implementation Working Group Questions and Answers	S9 实施工作组问答部分	阶段 3	2016.6.8
S10 Photosafety Evaluation/ 光安全性评价	S10：Photosafety Evaluation of Pharmaceuticals	S10：药物的光安全性评价	阶段 5	2013.11.13

用非临床研究技术指导原则、药物安全药理学研究技术指导原则、药物刺激性、过敏性和溶血性研究技术指导原则、药物单次给药毒性研究技术指导原则、药物毒代动力学研究技术指导原则和药物非临床药代动力学研究技术指导原则等。2018年3月,为指导和规范药物遗传毒性研究,国家食品药品监督管理总局发布了《药物遗传毒性研究技术指导原则》。

这些指导原则的内容设置在遵循药品研发的客观规律,借鉴国际上最新的药物研究技术要求的基础上,切实依据我国目前药物研发与评价的现状和实际水平,成为我国药品注册管理法规不可获缺的技术支撑,在鼓励创新、引导药品研发科学化及促进药品评价规范化等方面起到了积极作用。

(五) 常用方法

1. 一般毒性评价　主要包括急性毒性、亚急性毒性、亚慢性毒性和慢性毒性。急性毒性试验即单次给药毒性试验,指药物在单次或24h内多次给予后一定时间内所产生的毒性反应。对于不同给药周期的重复多次给药毒性试验,称为重复给药毒性试验,包括亚急性(短期)、亚慢性和慢性毒性试验。

一般毒性试验是药物非临床安全性评价的核心内容,与生殖毒性试验以及致癌性试验等毒理学研究有着密切的关系,是候选药物从药学研究进入临床试验的重要环节。急性毒性试验应以近似致死剂量下观察量效关系为主,非啮齿类动物给予出现明显毒性的剂量即可,而不必达到致死剂量。国外申报资料建议进行逐渐增加剂量的耐受性研究,以监测不同剂量下的毒性反应;建议采用2种哺乳动物,可以用2种啮齿类动物或1种啮齿类动物加1种非啮齿类动物的严格设计的、单次给药的、逐渐增加剂量的耐受性研究,取代啮齿类动物或非啮齿类动物 LD_{50} 测定的要求。

药物临床前重复给药毒性试验是药物研发体系的重要组成部分,试验设计既要重视与其他药理毒理试验设计和结果的关联性、关注同类药物临床使用情况、临床适应证和用药人群、临床用药方案等内容,还要结合受试物的理化性质和作用特点,使得试验结果与药理毒理试验互为说明、补充和/或印证。对于不同给药周期的重复给药毒性试验在药物研发阶段所处的时间不同、目的不同,因此试验设计有所区别,如关注点不同,监测指标和预测的毒性也不同。

国内的药物一般毒性评价参照的规范和技术要求有2015年4月颁布的《药物单次给药毒性研究技术指导原则》《药物重复给药毒性研究技术指导原则》等。涉及一般毒性评价的非临床安全性评价指导原则持续在补充、更新,相继制订了《预防用生物制品临床前安全性评价技术评审一般原则》(2005年12月)、《细胞毒类抗肿瘤药物非临床研究技术指导原则》(2006年11月)、《治疗用生物制品非临床安全性技术评审一般原则》(2007年1月)等,用以规范和指导临床前安全性评价。ICH也颁布了多项涉及一般毒性评价的非临床安全性方面的指导原则,并不断更新修订,如S3A、S4和S6(R1)等,详见表16-1。FDA和EMEA除采用ICH的指导原则外,又发布了相关指导原则作为ICH指导原则的补充。

2. 生殖毒性评价　药物对生殖细胞发生、卵细胞受精、胚胎和胎儿形成与发育、妊娠、分娩和哺乳过程的损害作用即生殖毒性,对交配受孕分娩哺育产生正常子代的能力的影响。药物对胚胎发育、胎仔发育以及出生幼仔发育的有害作用即为发育毒性。生殖和发育毒性评价必须是对一个完整的生命周期,即从某一代动物受孕到其下一代动物受孕的全过程。目前,ICH推荐的最常用发育和生殖毒性试验设计分为三段:I段,生育力和早期胚胎发育毒性试验；Ⅱ段，胚胎 - 胎仔发育毒性试验；Ⅲ段，围生期发育毒性试验。对大多数药物而言，采用三段试验方案即可发现药物对于生殖发育过程的影响，但是根据具体药物情况的不同，也可选择其他的试验方案，如单一试验设计或两段试验设计等，原则是能充分反映药物的生殖毒性。但无论采用何种试验方案，各阶段试验之间（给药处理）不应留有间隔，能够对生殖过程的各阶段进行直接或间接评价。当观察到某一作用时，为明确其毒性的性质、范围和原因，判断其剂量 - 反应关系，便于风险评估，应根据具体情况进行后续试验。

3. 致癌性评价　致癌试验是创新药物安全性评价和上市风险控制内容的重要组成部分，主要用于评价新药的潜在致癌性风险，是安全性评价的重要内容之一。预期临床用药时间至少连续 6 个月的药物及治疗慢性和复发性疾病而需以间歇方式重复使用的药物一般需要进行致癌试验。同时，某些可能导致暴露时间延长的释药系统，也应考虑进行致癌试验。

目前，国外已经就新药致癌性试验和结果评价形成了多个可供采纳使用的技术指导原则，主要有 ICH S1A-《药物致癌试验必要性的指导原则》；ICH S1B-《药物致癌试验》；ICH S1C-《药物致癌试验的剂量选择和剂量限度》；FDA-《啮齿类动物致癌性试验设计和结果分析的统计学考虑》；FDA-《致癌性试验设计方案的提交》；EMEA-《致癌性风险潜力》；EMEA-CHMPSWP-《对采用转基因动物开展致癌性试验的建议》；EMEA-《治疗 HIV 药品的致癌性风险》。这些致癌性试验技术指导原则内容涉及致癌性试验、结果分析等，为新药开展必要的致癌性试验提供了技术支持。

药物致癌性评价方法主要有构效关系理论分析、遗传毒性试验、体外细胞转化试验、哺乳动物短期致癌试验、哺乳动物长期致癌试验、转基因动物致癌试验和人群肿瘤流行病学调查等。

4. 遗传毒性评价　遗传毒性指化学物和辐射线等因素对机体基因组产生的毒效应，使生物细胞基因组分子结构发生特异性改变，或使遗传信息发生异常改变的效应。遗传毒性评价是药物非临床安全性评价的重要内容，它与其他毒理学研究（尤其是致癌性 / 生殖毒性研究）有着密切的联系，是药物进入临床试验、上市的重要环节。

现行的 ICH S2（R1）《人用药物遗传毒性试验和结果分析指导原则》推荐两种平行选择的标准试验组合。

（1）选择一：①细菌突变试验；②体外哺乳动物细胞突变试验（体外中期相染色体畸变试验或体外微核试验）或小鼠淋巴瘤 tk 基因突变试验；③体内啮齿类动物造血细胞染色体损伤试验（微核试验或染色体损伤试验）。

（2）选择二：①细菌回复突变试验；②采用两种不同组织 / 终点的体内试验。这充分考虑了降低体外哺乳动物细胞试验的假阳性，同时引入了动物实验"3R"（替代、减少、优化）的原则。

5. 安全药理试验　新药安全药理学属于非临床安全性评价范畴。安全药理学的目的和意义：①确定可能关系到人安全性的非期望药理作用；②评价药物在毒理学和 / 或临床研究中所观察到的药物不良反应和 / 或病理生理作用；③研究观察到的和 / 或推测的药物不良反应机制。

ICH 推荐的 S7A（人用药的安全性药理学研究）和 S7B（人用药延迟心室复极化（QT 间期延长）潜力的非临床评价）全面阐述了安全药理学的定义、目的、推荐的研究方法和规定的研究内容以及有关的研究原则。

安全药理学的主要研究内容包括核心组合实验研究和补充的安全药理学研究,其中核心组合实验研究是研究受试物对中枢神经系统、心血管系统、呼吸系统重要生命功能的影响。

6. 毒代动力学研究与评价　毒代动力学是将药代动力学的原理和方法应用在研究药物的毒性和不良反应方面,研究毒性剂量下药物在体内吸收、分布、代谢和排泄的动力学。毒代动力学研究能够为毒性试验的剂量设计、确定动物在受试物中的实际暴露水平、解释出现毒性的原因以及将毒性资料从动物外推到人类等方面提供科学和定量的依据。

(六) 发展趋势

针对传统毒理学所面临的机遇和挑战,美国国家科学研究委员会(2007年)发布了"21世纪毒性测试:远景与策略"的报告。根据该报告,未来毒性测试方法将逐渐由当前采用的体内试验向体外试验发展,形成以人体生物学为基础的、包括广泛剂量范围、高通量、低成本的体外测试方法,以及基于毒性通路和靶向测试为核心的毒性测试策略。该策略重点从"有害结局路径(AOP)角度",即基因、蛋白质和小分子物质相互作用维持细胞功能的分子通路,以及外源性化合物的暴露如何破坏这些路径引起关键事件的级联反应,综合评价外源性化合物导致机体的有害效应及其机制。基于此,预计未来药物安全性评价将呈现如下趋势:①在药物研发早期开展毒性优化筛选,建立灵敏、快速的高通量测试方法;②替代方法和替代模型将更广泛地用于药物安全性评价;③一些现代毒理学技术手段有助于研究药物的毒性机制,从而更深入了解药物的毒性特征;④计算机毒理学和生物信息学将在药物安全性评价领域发挥更重要的作用;⑤药物临床前安全性评价与临床结合更为紧密;⑥转基因动物模型在药物安全性评价中的应用将更加深入;⑦毒性生物标志物的研究和应用将更为广泛、深入。

二、外源化学物安全性评价

(一) 安全性毒理学评价的基本内容

我国现行的毒理学评价程序一般把安全毒理学试验分为四个阶段。

1. 第一阶段　包括急性毒性试验和局部毒性试验。急性毒性评价通常要求使用两种动物、两种染毒途径进行。通过急性毒性试验求得 LD_{50} 或 LC_{50},为后续试验的剂量设计提供参考依据;同时可根据毒作用的性质、特点推测靶器官,并对受试化学物的急性毒性进行分级。农药、化妆品等可能与皮肤或眼接触的化学物质还要求进行皮肤、黏膜刺激试验、眼刺激试验、皮肤致敏试验、皮肤光毒和光变态反应试验等局部毒性的评价。

2. 第二阶段　包括重复剂量毒性试验、遗传毒性试验和发育毒性试验。目的是观察受试化学物多次作用于机体后(如28d)可能造成的潜在健康危害,并评价受试物是否具有遗传毒性和发育毒性。遗传毒性试验包括原核细胞基因突变试验、真核细胞基因突变和染色体畸变试验、微核试验或骨髓细胞染色体畸变分析等,一般几个试验成组进行,以观察不同的遗传学终点,从而提高预测遗传损害和致癌危害的可靠性。发育毒性试验主要采用传统致畸试验。

3. 第三阶段　包括亚慢性毒性试验、生殖毒性试验和代谢试验/毒物动力学试验。亚慢性试验是为了观察较长时间内重复暴露受试物(如6个月或6个月)引起的毒效应强度的性质、靶器官及可逆性,获得亚慢性暴露的观察到有害作用的最低水平(LOAEL)和未观察到有害作用水平(NOAEL),预测对机体健康的危害性,并为第四阶段试验的剂量设计和指标选择提供参考依据。生殖毒性试验(繁殖试验)可观察受试化学物对生殖过程的有害影响。代谢试验/毒物动力学试验可了解化学物在体内的吸收、分布和排泄速度,有无蓄积性及在主要器官和组织中的分布。

4. 第四阶段　包括慢性毒性试验和致癌试验。慢性毒性试验的目的是观察受试化学物长期暴露于机体后(如两年)所致的一般毒性作用,确定靶器官,获得慢性暴露的 NOAEL和 LOAEL。致癌试验检测受试化学物的致癌作用。这两项试验可合并进行。

(二)安全性毒理学评价需要注意的问题

1. 毒理学试验前有关资料的收集　无论是何种受试化学物或产品,在进行毒理学实验前要充分收集该化学物的基本数据和相关资料,如化学结构、组成成分、纯度、理化特性、用途、使用方式及人体暴露途径、使用范围、使用量等,并注意选用人类实际暴露和应用的产品形式进行毒理学试验,以反映人体实际暴露的情况,必要时对原料或纯化学品进行检测和评价。

2. 3R 原则和毒理学替代法　安全性毒理学评价中选择实验动物时应当考虑其对受试化学物的体内代谢方式尽可能与人类相近,并要求选用持有实验动物生产许可证的机构生产的无特定病原体(SPF)级或清洁级的实验动物。应用动物开展的毒理学试验也必须在持有实验动物使用许可证的、经有关部门认定合格的机构或实验室中进行。在试验设计和实施时注意贯彻 3R 原则,不仅出于动物保护主义的需求,也是符合生命科学发展的要求。

毒理学替代法(toxicology alternatives)是 3R 原则的具体应用。在安全性毒理学评价中,替代法的范围包括组织学、胚胎学、细胞学或物理化学方法及定量构-效关系(QSAR)等计算机方法取代整体动物实验,或以低等动物取代高等级动物等。在安全性毒理学评价中替代动物实验的体外模型研究已成为毒理学发展的重要方向。

3. 试验质量的保证和控制　在对不同受试化学物进行检测和评价时,一定要遵循相应的国标或有关部门的规范。我国各类化学物及产品的安全性毒理学评价要求必须在具有相关资质认定的检验机构进行,以确保试验质量的可靠性。各项试验方法力求标准化、规范化,并应有质量控制。当前试验质量的保证和控制还有赖于更大程度上贯彻执行优良实验室规范(good laboratory practice,GLP)及其标准操作规程(standard operation procedure,SOP),这也是实现与国际接轨和国内外实验室之间数据通用的基础。

GLP 是为保证实验数据的准确、可靠,对实验室的组织管理、人员组成、研究设备、仪器设备、实验动物、受试物及对照物、试验方案、原始记录、试验报告、保证体系等提出明确的要求和具体规定;而 SOP 是保证实验过程规范,结果准确、可信的重要手段。

4. 安全系数的应用　经安全性毒理学评价可得到受试物 LOAEL 和 NOAEL,并以NOAEL 为阈值的近似值,计算出安全限值 =NOAEL/安全系数,如 ADI、MAC 等。安全系数又称为不确定系数,一般采用 100 倍,旨在调整动物与人之间的物种差异、人群中的个体差异,即假设人较动物对受试化合物敏感 10 倍,人群内敏感性个体差异为 10 倍,$10 \times 10=100$ 倍。

5. 结合人群暴露资料及实际需要进行综合分析和评价　毒理学试验是安全性毒理学评价的有效手段和必要途径,但每项试验方法都有其局限性,而且将动物实验的结果外推到人时具有不确定性。故应尽可能多地收集人体暴露的资料,包括职业性暴露人群监测、环境污染区居民调查、新药临床试验、药物毒性的临床观察、中毒事故原因追查和志愿者试验等。最后,在考虑安全性评价结论时要十分慎重,对于受试化学物的取舍或是否同意上市使用,不仅要按毒理学试验的数据结果以及人群暴露资料结果，还应分析社会/经济效益，并考虑其对环境质量和自然资源的影响，充分权衡利弊，作出合理的评价，提出禁用、限用或安全暴露、使用条件、预防对策等建议，为政府有关管理部门的最终决策提供科学依据。

第二节　风险评估

案例16-1　2012年11月19日，某品牌酒被某质量技术服务有限公司查出塑化剂超标2.6倍。据检测报告，在该酒中检出邻苯二甲酸二(2-乙基)己酯(DEHP)、邻苯二甲酸二异丁酯(DIBP)和邻苯二甲酸二丁酯(DBP)等塑化剂成分，其中DBP含量为1.08mg/kg，超过规定的最大残留量。2012年11月21日，国家质量监督检验检疫总局通报湖南省商品质量监督检验院对该酒样品DBP最高检出值为1.04mg/kg。

食物是人类赖以生存和发展的基本物质，也是人们生活中最基本的必需品，所谓"民以食为天，食以安为先"，体现了食物安全对于百姓健康的重要性。近年来，国内外食品安全事件层出不穷，"疯牛病""二噁英鸡蛋"、辣椒酱和鸭蛋"苏丹红"、"三聚氰胺"奶、多宝鱼"孔雀石绿"等食品安全事件均使食品安全问题受到了全社会的关注。食品生产、销售和食用过程中引入安全隐患的机会太多，有害物质存在与否、存在量的多少是人们必须要考虑的，因而食品和外源化学物的安全要求涉及安全风险。

食品安全风险评估指对食品、食品添加剂中生物性、化学性和物理性因素对人体健康可能造成的不良影响进行的科学评估。风险评估不是简单的检测几个指标然后判断某种食物的合格与否。如果要评估重金属对老百姓的健康状况影响到底有多大，例如铅，首先通过危害识别和危害特征描述得出这样一个有害因素——铅，再通过暴露水平评估来调查其实际摄入的量，即使终生摄入这个量的铅都不会对人的健康造成危害，这个暴露可能来源于各种各样的食品，再来评估人在目前的膳食模式情况下铅的暴露是否安全。来源于空气、饮水和食物等暴露的可能的毒物均可以通过风险评估进行分析和应对，最终为管理层形成决策和采用何种措施提供相应的科学依据。

一、风险分析

危害是指当机体暴露某种有害因素时可能产生的不良健康效应。风险是指在具体的暴露条件下，某一种危害对机体产生不良健康效应的概率及后果严重性的组合。风险分析是指对机体可能暴露某一危害的控制和管理过程。

近30年来，风险分析方法和原则已越来越多地应用于有毒有害物质对人体危害的安全性评价。1983年，美国科学院国家研究理事会发布的红皮书《风险评估在联邦机构风险管理中的作用》，最先将风险评估引入环境管理和食品安全乃至整个公共卫生领域。1991年，联合国粮农组织(FAO)和WHO建议国际食品法典委员会(CAC)把风险评估原则应用于食品标准的制定过程。1993年第20届CAC大会提出，食品安全标准的制定应以风险评估为基础。1995年、1997年和1998年，FAO/WHO先后召开了有关风险评估、风险管理和风险交流的专家咨询会议，出台了一系列有关食品安全方面风险分析基本原理、方法和应用的文件和报告，构建了食品风险分析的基本框架。风险分析由风险评估、风险管理和风险交流构成。风险分析必须明确以下事项：识别可能导致危害的事件；分析可能导致危害的后果；估算这些损失或危害发生的可能性;评估估算的不确定性;将评估结果用于企业和政府部门的风险管理;在整个过程中与所有利益相关方要保持良好的风险交流状态。

二、风险评估

风险评估指对化学物质或物理因素暴露引起的有害健康效应进行定性和定量评估,并采用一定的数学模式估计特定人群暴露于某预期有害效应(性质、强度、概率)的过程,包括评估伴随的不确定性。风险评估是管理毒理学的基础。风险评估是在毒理学安全性评价的基础上发展起来的,两者有联系,也有区别。风险评估严格地依据科学原理进行,但在某些数据的输入或描述上只能依赖于估算或者主观判断,因此,风险评估往往被视为一个不确定的过程和结果,也存在一些局限性。基于以下的过程,风险评估仍然可为阐明或解释外源化学物暴露可能带来的各种危险提供参考依据。风险评估步骤由危害识别、危害特征描述(剂量 - 反应评估)、暴露评估、风险特征描述(包括定性和定量的危险性和不确定性)组成。安全性评价和危害识别用的毒理学实验方法基本一样。

(一) 危害识别

危害识别指对环境 / 食品中生物、化学和物理有害因素及其可能产生不良健康效应的识别,并进行定性、定量描述的过程。对于化学物而言,危害识别要从危害因素的理化特性、吸收、分布、代谢、排泄、毒理学特性等进行描述。根据科学数据和文献信息确定人体暴露于某种危害后是否会对健康造成不良效应、造成不良效应的可能性,以及可能处于风险中的人群和范围。危害识别要基于已知的资料获得该有害因素的效应模式,用以评价其对不良健康效应的证据充分性。该步骤中要通过全面分析评价各类数据,提取出所评价因子潜在危害的信息。

进行危害识别的主要方法是根据证据权重法综合分析,对来源于各类数据库、经同行专家评议的文献及未发表的研究报告的科学资料进行充分的评议。该方法对不同研究的权重排序为流行病学研究、毒理学体内试验、体外试验以及化学物结构 - 活性关系研究,该资料也可用于危害特征描述。

流行病学调查方法主要有队列、横断面和病例对照研究,其中队列研究最有因果关系说服力。人群研究包括个体病例报告和罕有的临床研究。近年来,生物标志物应用和分子流行病学发展使流行病学研究中发现的相关性更具有生物学意义。对于大多数化学物,临床和流行病学资料是很难得到。在实际工作中,最常用的资料是动物毒理学实验数据。化学物在动物实验中所能观察到的毒性终点可能取决于染毒期限、途径、剂量、个体或动物种系敏感性等。应用动物实验资料的前提是在动物中所观察到的结局适用于人。

结构 - 活性关系(structure activity relationship,SAR)指外源化合物分子结构与生物活性(药理、毒效应)之间的关系。在风险评估中尚有待发展,实际上在缺乏毒性资料的情况下,SAR 分析应当首先用于危害识别中。在遗传毒性的危害识别中,多数化学诱变剂包括与其诱变性、可能致癌性有关的"警示结构"基团,如磷酰或磺酰烷化酯、脂肪或芳香硝基团、芳香叠氮基团、芳香烷化胺或双芳香烷化胺基团、烷化乙醛等结构都是化学物质诱变性的"警示结构"基团。在人群资料和动物实验数据不充分时,SAR 分析可在预测化学物潜在致突变性、致癌性方面发挥重要的作用。

（二）危害特征描述

危害特征描述定性或定量地描述可引起不良健康效应的有害因素的性质，即回答"每天暴露多少是安全的"。危害特征描述是风险评估的第二阶段，应包括剂量 - 反应关系评估及其伴随的不确定性分析。定性指确定危害是否导致不良健康效应的产生，并在确定不良健康效应的基础上，建立剂量 - 反应关系。剂量 - 反应关系指一个生物、系统或（亚）人群摄入或吸收某种物质的量与其基于该物质暴露而发生毒理学变化的关系。利用的数据和文献与第一步骤相同，可利用临床研究、流行病学研究及动物毒理学实验确定危害与各种不良健康作用之间的剂量 - 反应关系并评估其作用模式等。剂量 - 反应关系评估可以解答人群在外源化学物的不同暴露水平下，健康效应的发生及其发生率增加的问题，是判断化学物与机体出现健康效应之间因果关系的主要依据。一般是以最低剂量（阈值）可能产生的不良健康效应为依据，进行剂量 - 反应关系评估：①依据实验或调查数据进行剂量与反应的关联性评估；②应用多种数学模型进行模拟，并初步估计人群低剂量的暴露风险。可分为有阈值化学物的剂量 - 反应关系评估和无阈值化学毒物的剂量 - 反应关系评估。

为了使动物毒理学试验达到一定的敏感度，安全性毒理学评价实验剂量通常设计得较高，从动物实验高剂量资料外推出人低剂量接触的风险或安全限值。该外推过程在质和量上均存在不确定性。如果动物与人体对毒物的反应在本质上不一致，危害的性质或许会随剂量而改变或完全消失。毒物在不同剂量下代谢特征可能不同，人体与实验动物对同一外源毒物毒代动力学作用可能也有所不同。例如高水平化学物暴露使正常解毒 / 代谢途径饱和，产生有害效应，并可能诱导与剂量有关的生理、病理学变化。因此，在剂量 - 反应关系外推时，必须考虑随着不同剂量而出现哪些生理、病理学改变。

由于在危害识别与危害特征描述阶段尚存在着很多不确定因素，如上述实验动物资料向人体外推、高剂量向低剂量外推、较短染毒时间向长期持续接触外推、少量人群资料向大量人群外推的不确定性等。不确定系数（uncertainty factor，UF）在剂量 - 反应关系中的外推中至关重要。不确定系数指在制定健康指导值时，用于将实验动物数据外推到人，或将部分个体数据外推到一般人群或敏感人群时的所采用的系数。UF 的应用对于提高毒物风险评估的可信度非常重要。逐一的个例评判是正确选择 UF 的基础。

对于有阈作用的化学物，通常根据实验获得的起始点，如 NOEL/NOAEL/LOAEL 或 BMD 值除以合适的不确定系数来获得安全水平或每日允许暴露量数值。美国 EPA 在对有阈值的非致癌物的风险评估中提出了参考剂量（reference dose，RfD）和参考浓度（reference concentration，RfC）的概念。参考剂量（RfD）与 ADI 在含义上是相同的，采用 RfD 的说法是为了避免"安全"或"可接受"等有一定偏向性的用词。RfD 和 RfC 为日平均暴露剂量或浓度的估计值，人群（通常包括敏感亚人群）终生暴露于该水平，预期发生非致癌或非致突变的有害效应的风险可以忽略。RfD 与 ADI 在含义上是相同的。对有阈值的化学物来说，在制定 RfD 过程中，首先从人群流行病学或动物实验研究中根据最敏感的毒性终点确定 NOAEL/LOAEL/BMD，同时对毒性终点、受试动物种系、染毒途径和期限等进行不确定性评价确定 UF，有阈化学物的 RfD 计算公式如下。

$$RfD = NOAEL \text{ 或 } LOAEL \text{ 或 } BMD/UFs$$

式中：RfD、NOAEL、LOAEL 及 BMD 的单位均为 mg/（kg·d），UFs 为不确定系数。UF 的选择应根据可利用的科学证据，将动物资料外推到人 100 倍的 UF 通常是作为起点（长期动物实验资料外推的不确定系数为 100），可因毒效应性质和毒理学资料的质量而改变。如探讨某外源性化合物的大鼠肾功能损伤（认为是敏感毒效应）时，慢性毒性实验 NOAEL 值是 20mg/（kg·d），取种间差异和种内差异的 UF 分别为 10，则该物质的 ADI 值 =NOAEL/UFs=20mg/kg/100=0.2mg/（kg·d）。理论上有可能某些个体的敏感程度超出了不确定系数的范围。因此，采用不确定系数并不能保证每一个个体的绝对安全。

无阈值化学物指遗传毒性致癌物、致突变物。对于遗传毒性致癌物，一般不能用上述 NOAEL- 不确定系数法来制定允许暴露量，因为即使在最低暴露量时，仍然有致癌危险性。在风险管理中，通常对该类化学物制定一个极低的、对健康影响可忽略不计或者社会可接受的化学物的风险水平，即对致癌物定量的风险评估。对于，目前认为，某化学物终生暴露的致癌性风险在百万分之一（10^{-6}）或以下，为可接受的风险。

目前，一般应用数据外推模型进行低剂量范围的外推。在无阈值化学物的剂量 - 反应关系评价中，理论上在没有暴露的情况下，是不会有健康效应发生的。在现实的实验数据中，可利用已知的剂量观察发生癌症的情况，而与原点（即没有剂量也没有效应的情况）所观察得到的直线的斜率称为斜率因子。癌症发生的终生风险评估主要就是以暴露的强度与斜率因子来进行推估。1986 年，美国 EPA 在致癌物危险度评定指南中提出用线性多阶段模型进行剂量 - 反应关系的评定，2005 年又强调对作用模式不同的致癌物利用不同模型评定。对致突变性致癌物利用线性外推，对非致突变性致癌物可选择非线性外推如根据作用模式建模或上述 NOAEL- 不确定系数法。

NOAEL 值（包括遗传毒性致癌性）在风险评估中还可采用评价暴露限值（margin of expose，MOE）进行评估。动物实验得出的 NOAEL 值或其他 POD 值与估算人群的实际接触剂量的比值，即为 MOE。MOE 作为评估化学物的危险程度，比值越大，则风险越小。如果人类饮用水或水源中某种化学物含量平均值为 10mg/L，假设人每日平均饮水量为 1.2L，则对于一个体重 60kg 的成年人来讲，每天暴露值是 10mg/L × 1.2L/d ÷ 60kg=0.2mg/（kg·d）。如果某种外源化学物的 NOAEL（生殖毒性为其最敏感的毒性效应）值为 20mg/（kg·d），则经饮水摄入该种外源化学物的 MOE 等于 NOAEL 值 / 实际摄入量，计算得为 10 000。高 MOE 值表示人类的暴露水平远远低于动物产生该毒性效应的 NOAEL 值。一般情况下，当 MOE 值 <100 时，需要对有关物质进行进一步评价；>10 000 时认为危害可忽略。

（三）暴露评估

暴露评估指评价机体对某有害因子接触程度的评价；即要回答每天暴露了多少。需要描述危害进入人体的途径，估算不同人群通过不同途径暴露于该危害的水平。暴露评估是对机体暴露于外界因素进行的定性或定量评价，通常包括描述暴露途径、强度、频率、时间。在定量评价中应充分利用暴露资料，评估的要点不仅包括总暴露量及类型，也应考虑到内暴露及抵达靶组织的量，并描述暴露群体的特征。暴露场景指用于评价和定量暴露源、途径、外源化学物的量 / 浓度、观察的机体、系统或（亚）人群（分布、易感性等）的一组暴露评估因子组合。确切的暴露指在确定的期限内到达（亚）人群、靶机体、系统或器官 / 组织的某种有害因子及其代谢物的浓度或量。

（1）各类介质毒物浓度测定：环境化学物检测 / 监测指测定出各种环境介质中的有害因子浓度。调查点分布、采样季节 / 时间 / 次数、检测方法等都应严格设计；应注意同时分析其他干扰因素，以全面分析该有害因素与暴露人群健康效应之间的因果关系；测定时应实施相应的质量控制措施。

（2）人体暴露量的计算：暴露参数是风险评估过程中暴露评估阶段的重要定量参数，是用于表征人体暴露剂量与人群行为和人体特征关系的因子。无论哪种暴露途径，暴露量的计算除了取决于该介质中的化学物浓度，还与各暴露参数值的选取息息相关。主要的暴露参数包括体重、期望寿命、呼吸速率、饮水量、体表面积、食物摄入、平均暴露时间等。不同气候、区域、活动条件下的不同人群的暴露参数存在差异。如食物消费量数据包括个体或群体消费固体食物、饮料（包括水）和膳食补充剂的量。较准确的食物消费量数据可通过个体和家庭水平的食物消费量调查获得，也可经食物生产统计进行估计。食物消费量调查包括食物记录、24h 膳食回顾、食物频率、膳食史等方法。食品化学物含量数据来源包括食品添加剂建议的最大水平或最大使用限量、农药/兽药最大残留限量、食品污染物含量监测数据、各个国家/地区总膳食研究、GEMS/Food 数据库以及科学文献。膳食暴露评估是将食物消费量数据和食品中所关注化学物在食品中的含量数据相结合，推算消费者暴露于该化学物的水平。

暴露参数取值的变化对暴露量的不确定性影响很大。在介质中化学物浓度准确定量的情况下，选择的暴露参数值越接近目标人群的实际暴露状况，暴露剂量估计就越准确。经呼吸道暴露的日均呼吸量与性别、年龄、生理状态、运动状态等有关，经食物摄入暴露与人群的地域、季节不同而差异较大。美国、欧盟、日本、韩国等发布了暴露参数手册，但其暴露参数不能代表我国居民的暴露特征和行为，测算暴露量要尽可能利用本国或地区代表性调查数据。

不同介质的暴露量计算有所不同。对于非癌生物学效应可用日均暴露量（average daily dose，ADD），对于致癌效应可用终身日均暴露量（life average daily dose，LADD），单位为 μg 或 mg/（kg·d）。在暴露浓度（C）与环境介质的摄入量比较稳定的情况下，可采用下列公式。

$$ADD=(C)\cdot(I)\cdot(ED)/(kg)\cdot(AT)$$
$$LADD=(C)\cdot(I)\cdot(ED)/(kg)\cdot(LT)$$

式中，C 为各类介质（大气、水、食物、土壤）物质浓度（mg/m^3、mg/L、mg/kg、mg/kg）；I 为环境介质摄入量（m^3/d、L/d、kg/d、kg/d）；ED 为暴露持续时间（d）；kg 为平均体重；AT 为暴露平均持续时间（d）；LT 为终身暴露，以平均预期寿命表示（d）。

（3）多介质/多途径暴露量估计：污染物由于其不同暴露途径而有不同的来源，且不限于经口或呼吸道摄入。如铅暴露可来源于食物摄入，也可来源于呼吸暴露。在目前多数风险评估中，由于条件和数据所限，通常只考虑一种环境介质中一种有害因子通过一种途径的暴露量。但在实际情况中，往往在多种环境介质中都存在该种有害因子，人体通过多种途径暴露。在每种暴露途径贡献率都较高时，计算总暴露量就必须根据每种暴露介质中的暴露参数分别计算出暴露量，再相加得出总暴露量。

（4）生物标志物与内暴露：从环境介质评估暴露并不能完整表征化学物的健康风险，因为仅涉及外暴露剂量，并不反映吸收、分布、代谢和消除后的暴露内剂量和生物有效剂量。在目前的暴露评价中，不能直接对人群内剂量进行检测。为对人群的实际暴露和剂量-反应关系进行准确的评估，可根据公式或经验证的生物学标志推算内剂量。开展机体负荷和生物监测是研究外源化学物对于健康影响的重要手段。生物标志物指能反映生物机体与环境因子相互作用引起的机体任何可测定的变化。应用灵敏、特异性的生物标志物能准确地表述从接触危害因素至发病过程的暴露水平、生物学效应和遗传易感性。

暴露评估应该提供包括暴露场景的完整的描述，也应该包括对所评估(亚)人群的完整描述，尤其是应当讨论高暴露人群／易感人群。不确定性的讨论是暴露评估的一个关键的组成部分。综合暴露评估的描述有如下内容。

1）暴露人群：描述本次评估的暴露人群，应特别注意高暴露、易产生不良健康效应的人群，如孕妇、老人、儿童、特殊生理状态的人群。

2）暴露测定：测定外暴露(如食品或水)介质中化学物含量的方法描述以及推算内暴露的方法和对结果的讨论。

3）暴露情境：对可能发生的实际情形构建暴露情境。说明相关的暴露途径、来源和人群，要描述高暴露的情境或易感人群。

4）暴露参数：用来描述人体经呼吸道、消化道、皮肤暴露化学毒物的量和速率，以及人体特征(如体表面积、体重等)参数。不同性别、年龄、生理状态的人群，暴露参数的数值有所差别。因此，在暴露剂量计算过程中，引用合理的参数极为重要。

5）暴露剂量估算：采用一定的模型估算特定人群的总暴露剂量。

6）暴露评估的不确定性：暴露评估是整个风险评估过程中不确定性的主要来源之一。外源化学物在介质的分布、转运，生物体对其摄入、分布、生物转化、降解、排泄、代表性数据、应用模型等，都是暴露评估中不确定性的来源。

7）变异分析：个体内(同一个体不同时间段)、个体间(不同人群在同一期限)、人群间(不同社会经济特征)、时间(不同季节或时间)和空间(如不同地域)的暴露水平分析。

暴露评估需要各种来源的数据信息、大量假设和数据模型的建立和推导。故暴露评估是整个风险评估过程中不确定性的主要来源之一。各种外源化学物在水体、土壤、空气和食物链中的分布、转运与转化，生物体对这些物质的摄入、分布、生物转化、降解、排泄，生物自身物种、品系、个体及器官组织的生物利用度的差异等，都可对暴露评估的结果产生影响。在不同的风险评估中，对一般人群和特殊人群(高暴露或高易感性)的关注度不一致。在医学暴露中，样本数较低但暴露强度高，个体风险评估是主要的。空气、水、食品等介质暴露水平很低，覆盖个体较多，群体风险占主要地位。

(四) 风险特征描述

风险特征描述指在危害识别、危害特征描述和暴露评估的基础上，对评估结果进行综合分析，描述危害对人群健康产生不良效应的概率、严重性和不确定性。即通过人体暴露水平和安全健康指导值进行比较，按上述信息估计在某种暴露条件下，人群健康产生不良效应的可能性。

定性风险评估是描述性的，按危害特征描述和暴露评估结果综合对特定危害的危害识别和暴露情况作出叙述，可用半定量方式表达，如可忽略的、极低、中等或严重等用词，也可用比较级的词汇(如小于、接近、大于)等描述风险的大小及其严重程度。

化学性风险特征描述主要采取跟一个产生"理论零风险"的暴露水平比较的方式，该"理论零风险"水平指危害特征描述阶段确定的健康指导值或近年来采用的适当保护水平(设定小于造成不良健康效应的有关剂量)。风险特征描述是将估算出人体暴露量，并将其与健康指导值(ADI、PTWI、PTMI 等)进行比较。

风险特征描述应包括：①有关危害、剂量 - 反应和暴露的主要结论；②关键支撑数据和分析测定方法;③风险评估过程中的不确定性,包括当数据缺失或不确定时默认值选项的使用;④数据分析和模型建立的重要优点和缺点;⑤与相似的同类物质风险分析的比较分析;⑥全人群风险、处于风险的人群比例、特定人群风险;⑦综合上述分析结果,提出相应的风险管理措施。

不确定性是风险特征描述的重要组成部分。在风险评估的各个环节中均存在一定的不确定性。在风险特征描述时,必须说明评估过程中每一步涉及的不确定性。总的不确定性应反映前几个阶段评价中的不确定性。当分析不确定性时,一个必须解决的问题是如何辨别自然变异性和认知不确定性。自然变异性指评价因素本身变异引起的,即客观世界内在的随机性,如评价人群个体间的暴露参数变异,该部分不确定性无法被消除,可根据一定的数学模型进行分析。认知不确定性是目前科研受限引起的不确定性,如样本量大小和生物学指标的意义。

三、风险管理与交流

(一)风险管理与交流

风险特征描述是风险评估的结果,可为风险管理者所用并作为控制危害的政策和措施的依据,也可为风险交流者提供与公众交流健康效应相关信息的资料。风险管理是决定如何采取行动以减少已知或可疑风险的过程。

《中华人民共和国食品安全法》第二章专门阐述了食品安全风险监测与评估,规定"国家建立食品安全风险评估制度,对食品、食品添加剂中生物性、化学性和物理性危害进行风险评估",表明建立食品安全风险评估制度的重要性。风险分析包括风险评估、风险管理和风险交流。如在"红心鸭蛋"事件中,红心鸭蛋是非法添加了苏丹红。苏丹红是工业染料,不是食品添加剂,它是有毒物,对动物有致癌效应。风险评估结果是按红心鸭蛋检出的苏丹红含量,每人每天要吃多少才可能对人的健康造成风险,而且还要假设人和动物对苏丹红是同样敏感的。在风险管理和风险交流方面,首先要马上禁止在饲料里添加苏丹红,凡是添加的必须禁止出售。其次,要告知消费者已采取的防治措施;如果你吃了含苏丹红的红心鸭蛋也不必惊慌,因为暴露水平比较低,对健康的不良影响非常低。

食品从原料生产、加工、贮运、销售、消费的各个环节都可能存在物理、化学、生物等危害因素。随着食品生产规模的不断扩大、改变以及消费方式的多样化,食品安全问题分析的重要性日益突出。消费者不仅要面对食品安全问题,来自大气、水、化妆品的相关物质都可能存在健康风险。如何应用风险分析的框架和原则进行良好的管理和应对,是管理者和消费者未来需要关注的公共卫生重点问题。

(二)塑化剂风险评估与讨论

1. 塑化剂信息　一类常用的塑料添加剂,主要用于增加塑料材料的柔软性、延展性、可加工性。其种类高达上百种,如邻苯二甲酸酯类、己二酸酯类等。邻苯二甲酸酯类物质是使用最多的塑化剂。2011 年,中国台湾地区塑化剂事件主要涉及邻苯二甲酸酯类物质。白酒塑化剂事件也涉及邻苯二甲酸酯类。常见的邻苯二甲酸酯类塑化剂有 20 多种,如邻苯二甲酸二甲酯(DMP)、邻苯二甲酸二乙酯(DEP)、邻苯二甲酸二丁酯(DBP)、邻苯二甲酸二(2-乙基)己酯(DEHP)、邻苯二甲酸二异壬酯(DINP)等。随着工业废气、废水排放和塑料制品的广泛应用,邻苯二甲酸酯类物质进入大气、水体、土壤和生物体中富集。塑化剂(如 DEHP)

在塑料制品生产过程中被释放至空气中,在塑料燃烧、夏季环境高温时,也容易被释放出来。DEHP 可释放到土壤,进入地下水或地表水中。粮食在生产过程中也会受环境塑化剂污染,如白酒酿造可能含微量的塑化剂。塑料应用于食物包装材料时,邻苯二甲酸酯类物质可能会迁移至食物中。大多数白酒包装都有塑料部件,市售白酒一般是装在塑料桶或塑料袋出售,以致塑料材料的塑化剂有可能溶入白酒中。经饮食摄入邻苯二甲酸酯类物质的情况不乏存在。2000 年,丹麦研究人员调查了 29 种成人食品和 11 种儿童食品,发现 50% 的食品含有邻苯二甲酸酯类物质,其中 DBP 含量为 0.09~0.19mg/kg,DEHP 含量为 0.11~0.18mg/kg。健康人血清塑化剂 DBP 含量可高达 7mg/L。

2. 毒理学分析与评估　大部分邻苯二甲酸酯类物质对人类致癌性证据不足,DEHP 等邻苯二甲酸酯类物质对健康的影响取决于其摄入量。据欧盟、美国毒理学研究,大部分邻苯二甲酸酯类物质都没有被列入致癌物名单,其中 DEHP、DBP、邻苯二甲酸丁酯苄酯(BBP)有 2 类生殖毒性,即对动物产生生殖毒性,有类雌激素效应,可能会引起男性内分泌紊乱,导致精子数量减少,但对人类致癌性证据不足,也未发现人体受危害的临床病例。DEHP 等邻苯二甲酸酯类物质对健康的影响取决于其摄入量。WHO 提出,成人摄入 25μg/(kg·d) 及以下的 DEHP 是安全的。美国 EPA 对 DBP 生殖发育毒理学研究提出,DBP 经口摄入参考剂量为 10μg/(kg·d)。欧盟食品科学委员会(SCF)评估认为,DEHP 的人体每日允许摄入量(ADI)为 50μg/(kg·d),邻苯二甲酸二异壬酯(DINP)的毒性更低,即使每天摄入 150μg/kg 也是安全的。

3. 我国有关法规　邻苯二甲酸酯类物质是食品中禁止添加的非食品原料或食品添加剂。2011 年,我国卫生部《关于公布食品中可能违法添加的非食用物质和易滥用的食品添加剂名单(第六批)的公告(卫生部公告 2011 年第 16 号)》,将邻苯二甲酸酯类物质列为食品中可能违法添加的非食用物质,且禁止在食品中使用。2013 年,《国家卫生计生委办公厅关于通报成人饮酒者 DEHP 和 DBP 初步风险评估结果的函》(国卫办食品函〔2013〕283 号)指出,白酒 DEHP 在 5.0mg/kg、DBP 在 1.0mg/kg 以下时为合格。

因此,建议通过政府网站、公报、发布会、新闻媒体等方式向社会公布权威信息,杜绝以讹传讹的报道,加大交流力度和信息公开透明,避免公众由于信息不通畅而造成误解和恐慌。建议尽快制定白酒中塑化剂的国家标准,禁止使用含邻苯二甲酸酯类塑化剂的塑料桶和塑料袋盛装白酒。建议研制开发、推广使用更安全的塑化剂,从根本上解决邻苯二甲酸酯类塑化剂的潜在影响,保护环境和消费者健康。

(李建祥　张晓芳　陈锦瑶　陈　艳)

第十七章　毒理学与伦理、法律、社会问题

案例 17-1　1899 年,国外某一所监狱的医生观察到,与不饮酒女性亲属比较,酗酒女性犯人死产率较高,提示孕妇饮酒对胎儿可能产生有害的影响。1973 年,国外某大学畸形学专家发现,在 3 个族群间无亲缘关系而母亲酗酒的 8 个儿童有颅颜、四肢、心血管缺陷,出生前也有生长缺陷、发展迟缓,且这些损害见于出生前,故称为胎儿酒精综合征。此后四年内,一项包括非人类的灵长目动物研究证实酒精是一种致畸胎物。至 1978 年,已发现 245 例胎儿酒精综合征。截至 2002 年,25 个酒精综合征婴儿尸体解剖显示,其病理改变与神经发育缺陷有关。胎儿酒精综合征的防治方法是避免妊娠期饮酒。1981 年、2005 年,美国医疗总监建议妇女在怀孕期戒酒,避免在怀孕早期对胎儿产生有害的影响。1988 年,美国法律规定酒精性饮料器皿上要有警告标识。

毒理学的基本任务之一是探讨环境因素对人类健康的损害效应,有关化学物毒效应的知识影响到消费品、药品、制造、三废处理、监管行动、民事纠纷及其有关政策的制定。随着毒物学对个人、商业和社会问题的影响不断扩大,毒理学在社会决策中的作用越来越重要,毒理学家的责任也越来越大,面临的伦理、法律、社会和专业问题也日益复杂,并与社会需求交织在一起。毒物学信息已成为决策过程中不可分割的一部分。毒理学家和政策制定者使用的信息对人类健康和环境有着巨大的影响,更不用说对经济的影响了。

第一节　毒理学与伦理

毒理学致力于了解和评估各种有害因素对环境和人类健康的影响,涉及大量的动物实验和人群暴露流行病学调查研究,实验动物伦理和人体医学研究伦理自然成为广泛关注的关键问题。人们越来越多地认识到伦理在公共卫生决策中起着至关重要的作用,其涉及个人、群体和社会公正目标之间的各种矛盾,所有涉及人类或动物的研究都必须以负责任的态度和遵循伦理准则的前提下进行。

一、毒理学研究的伦理道德原则

在开展毒理学研究和阐释研究结果的过程中,毒理学家要有正直和诚实的品格,必须遵守在科学研究中使用动物和人群进行实验的规范和条例。与毒理学相关的各种组织、学会/协会以及各国政府、非营利性机构及科研院所都应该制定关于遵循伦理道德的细则和指南,确保参与者对研究有足够的知情权与选择权。

一名有道德的毒理学家,在开展科学研究时要考虑的伦理道德基本原则有:①尊重,包括尊重人和动物的自主权;②真实,坚持公开透明地呈现所有事实,让各个群体都可以发现事实的真相;③公正,包括合理分配成本、危害和收益;④正直,要采取诚实和直率的方式;⑤责任,所有参与群体承担各自应尽的义务;⑥持续性,认识到影响会持续很长一段时间。此外,拥有建立在伦理道德基础上的环境健康观也十分重要,即拥有"一个能使所有生物最大可能地实现和保持全部遗传潜力的健康环境"。

二、动物毒理学研究的伦理原则

毒理学安全性评价在很大程度上依赖于动物实验来获取各项毒性资料,以此外推对人体健康的可能危害。毒理学动物实验是典型的有害因素处理,也是国际上关注动物伦理的关键。

动物实验指为了获得有关生物学、医学等方面的新知识或解决具体问题而在实验室用动物进行的科学研究。狭义的实验动物指啮齿类(小鼠、大鼠、仓鼠及天竺鼠等)、兔、犬、猫及猿猴等哺乳类动物,广义的实验动物包含了大型哺乳类、非哺乳类之脊椎动物、爬虫类、两栖类与鱼类。换言之,凡是人为饲养、有特殊遗传性质、品系分类明确、可供人类作为实验研究的动物都称为实验动物。现代人类生命科学的发展以及人类的福祉可以说奠定在牺牲大量实验动物生命的基础上。1882年,巴斯德(Louis Pasteur)用牛脑分离的狂犬病毒在家兔脑多次传代培养,获得全球第一例真正意义上的病毒疫苗。1914年,荷兰生理学家埃因托芬(Willem Einthoven)用狗做实验,开发了至今仍应用广泛的心电图。实验动物在人类了解生命现象、发展基础与临床医学、药学、农学等生命科学技术中的重要性及贡献度皆无可取代。

20世纪开始,生命科学飞快发展,实验动物及其实验也进入快速发展期,人类利用动物实验来探索未知的依赖与日俱增。在300多种灵长类动物中,黑猩猩与人类遗传组成的相似度大于98%,生理作用非常相似,以至于在相当长的时间内,黑猩猩被用作实验动物模型。直至20世纪50、60年代影响到生态平衡后,有关国家签订了《华盛顿公约》(1973年),灵长类动物实验才大幅度减少。随后,与人类有80%以上基因同源性的啮齿类动物开始占据主角,尤其大、小鼠占实验动物的90%以上,豚鼠、兔、狗、猪、猴、鸡等也十分常见,它们成为"有生命的仪器和试剂",为人类承担"神农尝百草"的风险。1975年,澳大利亚哲学家辛格(Peter Singer)出版的《动物解放》揭露了动物在实验中被虐待的行为,阐述了实验动物本身也能够感觉疼痛、冷热,有社会性和情感系统,同样害怕死亡和渴望爱护;动物不应该被简单视为实验对象。该书使人们对实验动物有更多的道德、伦理思考,使实验动物从"实验材料"转变为"生命"的形象,呼吁人们在实验动物的生命价值和科学价值之间进行理性的取舍,推进了实验动物伦理的研究与发展。

实验动物伦理指在保证动物实验结果科学、可靠的前提下,针对人的活动对实验动物产生的影响,从伦理方面研究保护动物的必要性。由于科学研究的需要,尤其毒理学安全性评价的需要,动物实验在相当长时间内还是不可替代的,许多国家在实验动物福利框架下制定了其福利和伦理条例或公约。1959年,英国动物学家拉塞尔(W.M.S.Russell)和微生物学家博奇(R.L.Burch)发表了《人道主义实验技术原理》,本着人道关怀与增进动物福祉的理念提出动物实验的"3R原则",也是毒理学家开展动物实验研究和给予动物实验处理时要遵循的重要原则:①减少(reduction),指在科学研究中,减少实验动物的数目与频率,借由统计方法减少动物的使用量,或是研究人员针对不同的研究焦点,共享实验动物的各个器官与部位,降低实验结果的差异与误差,避免过多且不必要的实验;②替代(replacement),指研究人员尽量寻求动物活体实验的替代方案,如使用没有知觉的实验材料或是利用计算机动态仿真、组织、细胞培养等离体技术;③优化(refinement),指通过改进和完善实验程序,减轻或减少给实验动物造成的疼痛和不安,维持优良的饲养环境与卫生,适宜的麻醉与镇痛减轻实验动物的痛苦,以及实验人员良好的训练与正确的态度等。

1986 年,欧盟制定《用于实验和其他科学目的的脊椎动物保护欧洲公约》导言指出,人类有尊敬动物的道德义务,有把动物的感受痛苦能力和记忆能力纳入考虑的道德义务。2008 年 11 月,欧盟委员会和欧盟议会提出《科学实验动物保护法》,对 1986 版公约作了更细致的强调。1988 年 11 月 14 日,中国颁布了《实验动物管理条例》。2004 年 9 月 25 日,中国最大的实验动物"慰灵碑"落成于武汉大学实验动物中心,该碑正面刻"献给为人类健康而献身的实验动物"金色大字,反面刻"特别是为了 SARS 研究献身的 38 只恒河猴"等字样,该碑的设立,彰显人类对自然、地球生命怀有敬重之心,体现了中国科学工作者对实验动物的尊重和敬仰。2006 年 9 月 30 日,中国科学技术部颁布了《关于善待实验动物的指导性意见》,首次倡导关注实验动物福利状况。

我们期望实验动物不再成为实验材料,但在可预见的未来,实验动物还将继续为人类奉献和牺牲。因此,实验动物伦理的研究还将有很多作为,人类在开展动物实验研究时应更多地怀着崇敬的心情对待实验动物,以更优厚的福利厚待实验动物。

三、人群毒理学研究的伦理原则

人群毒理学研究是人体医学研究的一部分,就是以人群作为研究对象,采用流行病学调查和实验研究手段,有控制地对人群观察和研究的行为过程。其中"人群"既可以是患者群体,也可以是健康的普通人群。人体医学研究在医学科研中意义重大,它是医学发展的有效手段。历史上许多医药学家在研制、探索新技术和新药物时,都曾用人体或人群做过实验。比如"神农尝百草,始有医药"(《史记·补三皇本纪》),"伏羲氏……乃尝百味药而制九针,以拯天枢"(《帝王世纪》),美国医生 J.W.Lazear 用自己的生命证明蚊子是传播黄热病的元凶,英国医生 Jenner 在家人及邻居中首次接种牛痘预防天花成功等。人体医学研究也是医学研究成果从动物实验到临床应用及投入市场应用的不可缺少的必要环节。因为人与动物存在种属差异,而且人有不同于动物的心理活动和社会特征,人的某些特有疾病不能用动物复制出疾病模型。经动物实验所获得的研究成果必须经过人体医学研究作最后验证,以确定其在临床及实际应用中的价值。如果把只经过动物实验研究的成果和技术直接、广泛地应用于临床和市场,就等于用所有的患者或人群做实验,这实际上是对广大民众的健康和生命不负责任,是极不道德的。

在人群毒理学研究过程中,有害因素或处理因素及实验方法的本身都是对人体所施加的一种蕴含危险的侵袭,客观上存在不明确性和危险性。因此,人群毒理学研究是医学研究中的伦理聚焦点。1932—1972 年,美国研究人员随访 400 名患梅毒的贫穷非洲裔美国人,以观察他们的疾病发展过程。尽管当时青霉素已普遍使用,但是研究人员没有告知受试者实验的全部信息,也没有对他们应用青霉素治疗,而是给予安慰剂,以此观察不用药物梅毒的发展情况。该研究虽然揭示了梅毒发病、发展、病理机制和预后的一些本质问题,为后来的梅毒治疗提供了不可多得的临床第一手材料,但是,该研究严重违背人体医学研究伦理原则,应该受到谴责。另一个典型违背人体医学研究伦理的研究来自德国某公司,为了测试一种新农药是否对人体有害,该公司农作物科学子公司从 1998 年到 2000 年,在英国爱丁堡某研究中心秘密出钱诱骗赫瑞瓦特大学 16 名经济条件较差的学生喝下有"高危险性"的谷硫磷农药,以此作为毒物人体实验。该公司的"人体实验"旨在用研究结果说服美国 EPA 放宽对谷硫磷的限制,他们认为谷硫磷没有对人体产生直接的不良影响,而且实验也完全符合国际法规与要求。实际上,谷硫磷是 WHO 认定的高危害性药品,对血液和神经系统有极大的破坏力。所以,该实验不科学,也不人道,侵害了观察对象的知情同意权。

在以人为对象的医学研究伦理方面,国际社会有高度的共识。1974 年 7 月 12 日,美国国家科研法案(Pub.L.93-348)出台,成立了保护参加生物医学和行为学研究人体实验对象的国家委员会。1979 年,发布了《贝尔蒙报告》。国际医学科学组织理事会(CIOMS)与 WHO 合作完成《人体生物医学研究国际伦理指南》(2002 版),该指南由 21 条指导原则组成,旨在规范各国的人体生物医学研究政策,根据各地情况应用伦理标准,以及确立和完善伦理审查机制。2007 年 1 月 11 日,中国卫生部印发了《涉及人的生物医学研究伦理审查办法(试行)》。2016 年 9 月 30 日,国家卫生和计划生育委员会正式发布《涉及人的生物医学研究伦理审查办法》。

人群毒理学研究伦理原则主要有:①自主与尊重原则,尊重包括知情同意及保护参与调查研究的人和人群。《贝尔蒙报告》指出,尊重能够自己作出参与研究的决定的人意味着"尊重他们的自主权",也就是保证不要干涉他们充分考虑的判断,除非他们的判断伤害他人。在研究中贯彻尊重的一种重要方式是通过知情同意的过程,《涉及人的生物医学研究伦理审查办法》从 7 个方面强调知情同意书的主要内容,充分尊重参与者的知情权和自主权。②行善与避免伤害原则,行善与避免伤害包括适当地平衡伤害与可能利益的风险,及时把伤害减少到最小。研究者行善与避免伤害的责任与卫生保健提供者的责任不同。研究者首要的义务是进行具有科学有效性及科学和社会价值的研究。伦理审查委员会的首要职责是保证同意的研究具有有效性和价值。③公正原则,公正包括公平地选取研究对象与研究人群,努力为对研究作出贡献的人和人群带来有益的研究结果,涉及受试者和医学科研人员双方的负担和受益的公平分配的伦理问题。对于医学科研人员来说,一种新的医学研究,如果获得成功,可以获得科研成果和商业利益;如果研究失败,也可以从中汲取有益的宝贵资料。无论是成功还是失败,医学科研人员从中只受益而不承受任何负担,这是不公平的。另一方面,对于参与调查研究的人来说,大部分人是为了解健康状况或为救命和康复,也有少数参与调查者出于贫困或其他原因而自愿接受调查研究。不管参与者出于何种动机和目的,医学科研人员都要主动地对参与者的代价、负担和受益作出合理的、公正的分配,这才是符合道德的。

总之,为更好地维护以增进人类健康、促进医学发展为目的的科学的合乎规范的动物毒理学实验和人群毒理学研究,不仅是必然、必要的,而且也应该得到伦理的论证和支持。它们对医学发展、对人类健康作出了巨大贡献。

第二节 毒理学与法律

案例 17-2 磺胺类药物是第一个治疗细菌性感染取得重大进展的药物,1935 年开始在临床应用。1937 年初,美国很多制药厂都在出售用于治疗感染性疾病的氨苯磺胺药片和胶囊,其中包括田纳西州的某公司,6 月,该公司为了方便儿童服用而生产了液体剂型。氨苯磺胺较难溶于液体药品常用的赋形剂,该公司在试用了很多种工业溶剂后,发现二甘醇能溶解该药,就将氨苯磺胺溶于二甘醇,加上矫味剂、水配成了色、香、味俱全的口服液体制剂,称为“磺胺酏剂”(简称“酏剂”)。当时,并未做动物实验来检测其成分和成品的毒性,也没测定“酏剂”是否稳定,药厂实验室仅检测了该合剂的外观和气味,1 100L“酏剂”便生产销售了,并且,此程序符合美国当时的法律。

1937 年 10 月,美国 FDA 接到一位医生的电话,报告俄克拉荷马州出现 8 名咽喉炎患儿,1 名成年淋病患者因服用“酏剂”而死亡。生产该药物的公司获悉中毒消息后,给顾客和销售员发出 1 100 份电报,要求回收所有出售的“酏剂”。在回收“酏剂”过程中,尽管所有的FDA 工作人员和该公司化学家都承担了追回药物的任务,甚至电台报纸也发出警告,但是,仍有少部分药物和处方难以追回。医生们向美国医学会求援,美国医学会立即向该公司询问“酏剂”的配方,公司告知了成分,同时要求美国医学会保密,并向美国医学会寻求解毒剂及处理方法,美国医学会也束手无策。最终,约有 107 人死于“酏剂”,其中大部分是儿童。

1937 年 10 月 23 日,Massengill 博士声明其公司在生产“酏剂”过程中一直满足合法、专业的需求,并且声明不应该负任何责任。虽然氨苯磺胺是获准使用的,但二甘醇作为抗冻剂的一个组成成分,从文献上可得到其有毒证据,动物实验也证实其毒效应。11 月,Massengill博士在给美国医学会的信中声明:“我没有犯法”。

毒理学是研究外源性化学物质对生物机体损伤效应的一门学科,也是一门与毒物有关的基础科学。20 世纪 40 年代以来,合成化学物种类越来越多,包括化学合成的药物,这些化学物大量涌入人类的生活和生产环境中,以致人们暴露的毒物种类和数量日益增加。为了保护人类的健康和生存环境免受毒物的危害,制定有关的法律法规对毒物的生产和使用进行管理和约束显得十分重要。

毒理学在社会中的影响随着全球产业化的发展而发展。毒物的种类呈急速增加的态势,同时也增加了毒物对环境、健康、安全等潜在危险,以至于衍生出管理毒理学、法医毒理学和法规毒理学等。管理毒理学的使命是在合适的法律范围内,协助管理部门对化学合成物质进入环境和生物机体中的危险因素进行控制。比如毒物对环境污染方面,世界各国通过立法来减少毒物的固定来源和活动来源的传播,以减少对空气、水、土壤等的污染。随着全球经济的飞速发展,环境和生态污染引起的公害成为世界各国关注的重要问题。如有毒废气、废水、废渣进入空气、水域和土壤,继而这些有毒物质进入粮食、动物体内残留、通过有害的食品添加剂污染食物,或工业毒物不按规定处理引起的法律问题,都将会涉及法医学鉴定,所以,法医毒理学应运而生。法规毒理学则产生于化学工业飞速发展的背景下,主要从法规的角度,用毒理学方法对化学物质进行评价和管理,主要研究政府机构或组织为确保安全使用化学物质,通过法规来进行的活动和采取的措施,其核心内容是对化学物质“危害性”的评价。

1880 年,美国发生的食物中毒事件,促使了美国农业部首席化学家 Peter Collier 建议制定国家级食品和药品法规。20 世纪初,磺胺、青霉素等化学药品问世后,制药业飞速发展,新的药品数量急剧上升。20 世纪 70 年代以前发生了多起国际性严重药物中毒事件,例如上述的“磺胺酏剂中毒事件”。1938 年,美国颁布了《食品、药品和化妆品法案》,这成为世界上大部分国家的食品安全管理模式,也是各国制定相关法律的模板,该法案不仅适用于食品或天然农产品中可能含有的危害健康的添加剂,也适用于食品的功能添加剂、加工工具和包装接触转移到食品的非功能或间接添加剂。日本是全球最早以法规对化学物质进行管理的国家,1973 年制定的《化审法》是世界上第一个对化学物质引入事前审查制度的法律,具有划时代的意义。

曾经震惊全世界的"反应停"事件,患者因为服用沙利度胺(又称反应停),使得英国、联邦德国和其他国家在 1961—1969 年间出生了 12 000 多名四肢发育不全的畸形新生儿。为此,世界各国对药品法规作出相应的调整,加强对药品研发、生产和使用的管理与监督。1962 年,美国通过 Kefauver-Harris 修正法对药品临床试验提出了更严格要求,尤其是人用药物,在候选药物经过了大量的临床前期动物实验后,仍需要通过临床试验来验证其安全性和有效性。绝大多数人用药物的批准依赖其治疗效果与毒副作用的比较。药品的分配和使用也是在严格的药品管理制度下进行的。

20 世纪 60 年代,Rachel Carson 撰写的《寂静的春天》出版发行,给世人敲响了生活中毒物的警钟,以致产生不少毒理学法规,毒物对人体危害阈值也在法律管理下进行制定。1995 年,美国 FDA 提出法规阈值,食品添加剂在摄取总量不超过 0.5ppm/d,对包装和处理装置的过程中出现的间接接触的食物添加剂可以不被管理。

20 世纪 80 年代以来,我国陆续制定和颁布了一系列关于化学物管理的法律和法规。如涉及环境中有毒有害化学物的《中华人民共和国水污染防治法》(1984)、《中华人民共和国大气污染防治法》(1987)、《中华人民共和国环境保护法》(1989)等;涉及药品的《中华人民共和国药品管理法》(1984)、《麻醉药品管理办法》(1987)、《医疗用毒性药品管理办法》(1988)、《中华人民共和国药品管理法实施办法》(1989)等;涉及化妆品管理的《化妆品卫生监督条例》(1989);涉及食品管理的《中华人民共和国食品卫生法》(1995);涉及劳动生产过程中生产性毒物的《中华人民共和国职业病防治法》(2001)等。这一系列法律法规和具有法规性质的卫生标准的制定,为技术法规和管理部门对化学物品管理和监督提供了法律依据。在毒理学有关法律、法规在制定过程中,毒理学家也参与到对新化学物质和新产品有关法规的毒理学安全性评价中,并参与其专业技术评审,提供技术咨询和技术支持。

第三节　毒理学与社会问题

案例 17-3　2012 年 1 月 15 日,某水电站网箱养鱼出现少量死鱼现象。据调查,某河某乡码头前 200m 水镉含量超标 80 倍,对两岸、下游居民饮水安全产生严重的有害影响。当地政府主动开展治污工作,于当年的 2 月 23 日突发环境事件应急响应解除。

一、毒理学与环境健康

目前,全球环境问题的危机是资源短缺、环境污染、生态破坏,我国环境问题涉及大气污染、水环境污染、垃圾处理等重要的公共卫生问题。大气颗粒物是我国多数城市的首要污染物,PM_{10} 是大气颗粒物中对环境与人体健康危害最大的污染物,二氧化硫、氮氧化合物、一氧化碳等也是常见的大气污染物。近年来,饮用水重金属污染也时有发生,威胁着人类的健康,如铅从古至今一直被广泛地使用,除了生产中使用铅,人们的生活也不乏铅暴露,如旧城镇自来水含铅供水管道,所以生活中的毒物暴露不容忽视。为了保护生态环境和人类可持续发展,必须采取有效措施来遏制环境污染。毒理学试验方法和技术的应用,一方面可为了解环境污染物的毒作用特点和临床表现提供帮助,同时也能更深入地探讨有关作用机制,以便采取及时有效的防控措施。

二、毒理学与公共健康

毒理学的主要任务是提供有关外源化学物的毒理学资料和危险度评定,目的是预测外源化学物对人类和生态环境的危害,为确定安全限值和采取防治措施提供科学依据。并将毒理学的原理、技术和研究结果应用于化学物质的管理中,以达到保障人类健康和保护生态环境的目的。《寂静的春天》描述了农药对人类环境的危害,提出"我们必须与其他生命共同分享我们的地球",作者 Rachel Carson 将人类活动和狭义的"环境"问题与广泛的生态系统影响联系起来,推动了 DDT 的限制使用。我国的环境保护事业也是从停止 DDT 生产开始的,2017 年中国国务院修订了《农药管理条例》,以加强农药生产、经营和使用的监督管理,保护农林业生产和生态环境。

三、毒理学的社会责任

毒理学贯穿了预防医学的思想,毒理学家有责任通过一系列科学方法探讨人类健康的各种影响因素,并对当前威胁环境与健康问题有针对性地进行深入研究,通过制定严格的环境与食品卫生等安全限值和采取防治措施来促进环境可持续性发展。

（王取南　张玉媛　张春莲　洪　峰）

参考文献

1. （美）史蒂芬 G. 吉尔伯特著 . 生活中的毒理学 . 周志俊, 顾新生, 刘江红等译 . 上海: 上海科学技术出版社, 2013.

2. （英）约翰 . 亭布瑞著, 庄胜雄译 . 毒物魅影: 了解日常生活中的有毒物质 . 桂林: 广西师范大学出版社, 2011.

3. 吴凡, 郭常义 . 工作和生活环境突发健康危害事件百例剖解 . 上海: 复旦大学出版社, 2008.

4. 孙梅著 . 危机管理: 突发公共卫生事件应急处置问题与策略 . 上海: 复旦大学出版社, 2013.

5. 张晓玲 . 突发公共卫生事件的应对及管理 . 成都: 四川大学出版社, 2017.

6. 姜岳明, 赵劲民, 李超乾 . 临床毒理学 . 北京: 人民卫生出版社, 2016.

7. 姜岳明, 唐焕文, 刘起展 . 毒理学 . 第 2 版 . 北京: 人民卫生出版社, 2017.

8. 张玉温, 赵琳, 姜岳明 . 临床毒理学在急性中毒救治应用的研究进展 . 中华劳动卫生职业病杂志, 2020, 38 (1): 58-62.

9. Walley SC, Wilson KM, Winickoff JP, et al. A public health crisis: Electronic cigarettes, vape, and JUUL. Pediatrics, 2019, 143 (6). pii: e20182741.

10. Konduracka E. A link between environmental pollution and civilization disorders: A mini review. Rev Environ Health, 2019, 34 (3): 227-233.

11. Gassel M, Rochman CM. The complex issue of chemicals and microplastic pollution: A case study in North Pacific lanternfish. Environ Pollut, 2019, 248: 1000-1009.

12. De Miranda BR, Greenamyre JT. Trichloroethylene, a ubiquitous environmental contaminant in the risk for Parkinson's disease. Environ Sci Process Impacts. 2020, 22 (3): 543-554.

13. Cagac A. Farming, well water consumption, rural living, and pesticide exposure in early life as the risk factors for Parkinson disease in Igdir province. Neurosciences (Riyadh), 2020, 25 (2): 129-133.

14. Chua CB, Sun CK, Tsui HW, et al. Association of renal function and symptoms with mortality in star fruit (Averrhoa carambola) intoxication. Clin Toxicol (Phila), 2017, 55 (7): 624-628.

15. Stevens A, Hamel JF, Toure A, et al. Metformin overdose: a serious iatrogenic complication - Western France Poison Control Centre Data Analysis. Basic Clin Pharmacol Toxicol, 2019, 125 (5): 466-473.

16. Wijerathna TM, Gawarammana IB, Mohamed F, et al. Epidemiology, toxicokinetics and biomarkers after self-poisoning with Gloriosa superba. Clin Toxicol (Phila), 2019, 57 (11): 1080-1086.